高等职业教育系列教材

伺服与变频应用技术项目化教程

主　编　陈晓军
副主编　顾添翼　张丽娟
参　编　刘宪鹏　朱云开　陈　智
主　审　吴长贵

机械工业出版社

本书包含伺服控制系统应用技术和变频器应用技术两部分内容，共6个项目，18个任务，每一个任务都由浅入深地安排了任务描述、基础知识、任务实施、拓展知识等教学环节。伺服控制系统应用部分介绍了机电设备常用的直流、交流等伺服控制技术，并以安川公司最新推出的ΣV系列交流伺服驱动为载体，对伺服电动机的控制操作做详细介绍，通过实践进一步加深对伺服理论的理解。变频器应用部分重点围绕西门子MM440变频器进行介绍，通过具体的任务设计讲述变频器的组成原理、变频调速的特点、变频器的基本操作、速度控制等，并在拓展知识部分对西门子SINAMICS G120系列变频器的应用做了简要介绍，以拓宽读者知识面。最后是综合应用部分，精选工程实际案例，旨在提高读者解决实际问题的能力。每个项目后都配有一定量的思考与练习题，以供读者复习、巩固所学内容。

本书可作为高职高专院校机电一体化、电气自动化等专业的教材，也可作为应用型本科、自学考试和相关专业应用技能培训班的教材，以及相关行业工程技术人员的参考用书。

为方便教学，书中附有动画和微课视频的二维码，读者可扫码观看。本书配有电子课件和习题答案，读者可以登录机械工业出版社教育服务网（www.cmpedu.com）免费注册后下载，或联系编辑索取（微信：15910938545，电话：010-88379739）。

图书在版编目（CIP）数据

伺服与变频应用技术项目化教程/陈晓军主编. —北京：机械工业出版社，2021.8（2024.1重印）
高等职业教育系列教材
ISBN 978-7-111-68505-0

Ⅰ.①伺… Ⅱ.①陈… Ⅲ.①伺服系统-高等职业教育-教材 ②变频器-高等职业教育-教材 Ⅳ.①TP275②TN773

中国版本图书馆CIP数据核字（2021）第118035号

机械工业出版社（北京市百万庄大街22号 邮政编码 100037）
策划编辑：李文铁 责任编辑：李文铁
责任校对：张艳霞 责任印制：刘 媛

涿州市京南印刷厂印刷

2024年1月第1版·第7次印刷
184mm×260mm·15.5印张·384千字
标准书号：ISBN 978-7-111-68505-0
定价：59.00元

电话服务
客服电话：010-88361066
010-88379833
010-68326294

网络服务
机 工 官 网：www.cmpbook.com
机 工 官 博：weibo.com/cmp1952
金 书 网：www.golden-book.com
机工教育服务网：www.cmpedu.com

前　言

党的二十大报告提出，要加快建设制造强国，推动制造业高端化、智能化、绿色化发展。实现制造强国，智能制造是必经之路，伺服与变频技术作为智能制造中电气控制的重要组成部分，在工业自动化领域发挥着越来越重要的作用。

随着技术的发展和教改的推进，教材也在不断的丰富和提升中，适应新时代技术技能人才培养的新要求。本书以《伺服系统与变频器应用技术》（ISBN：978-7-111-52915-6）为基础进行编写，该书自2016年出版以来，作为高职高专院校机电一体化、电气自动化等专业的教材，涵盖了伺服控制系统应用技术和变频器应用技术两部分内容，以培养应用型人才为目标，着重体现“能力培养为中心，理论知识为支撑”的指导思想，被院校广泛选用，受到了师生们的认可。

本书依据职业教育国家教学标准，在内容组织上体现“学做合一”的职业教学理念，以真实工程项目为指引，以典型工作任务为载体，来驱动学生主动参与、教师做好指导和引领，实现教、学、做一体化的教学模式。本书有6个项目，18个工作任务。项目1、2主要介绍机电伺服系统及其具体应用；项目3~5主要介绍了变频器的基本知识及其应用；项目6介绍了综合应用案例，分别列举了伺服系统和变频控制的综合应用实例。

本书在内容组织与安排上有以下特点：

1）采用了“项目+任务”的课程体系，从项目选择到任务设计再到全书的审稿，行业和企业专家全程参与，凸显深度校企合作。

2）课程内容选取上既有基础知识的讲解，也有前沿知识的拓展。例如，变频器应用技术部分重点围绕使用面广的西门子MM440变频器进行介绍，同时在拓展知识部分对西门子SINAMICS G120系列变频器的应用做了简要介绍，以拓宽读者知识面和实际应用能力。每个项目后都配有一定量的思考与练习题，以供读者复习、巩固所学内容。

3）采用“纸质教材+数字课程”的立体化呈现形式，扫描书中二维码即可观看操作演示微课和动画等数字资源，实现“互联网+”教育，促进学生自主学习。

4）工作手册式设计。每个任务都由任务描述、基础知识、任务实施和拓展知识四部分组成，任务的实施步骤详细，具有较强的指导性和操作性，任务完成后配有相应的任务评价表，实现任务环节工作化，便于教学实施。

参加本书编写工作的有江苏城市职业学院的陈晓军、顾添翼、张丽娟等，其中，任务1.1、项目6及附录由陈晓军编写，任务1.2、任务1.3及项目2由张丽娟、陈晓军（负责基础知识部分）编写，项目3、4、5由顾添翼、刘宪鹏（负责基础知识部分）编写。全书由陈晓军负责统稿，朱云开、陈智等参与了课程资源建设，吴长贵担任主审。

本书在编写过程中参阅了同行及专家们的论著、文献及相关网络资源，并得到了单位同仁的大力支持，在此表示真诚的感谢。

限于编者的学识水平和实践经验，书中不妥之处在所难免，敬请专家和读者批评指正。

编　者

目　录

项目1　直流伺服系统及应用

学习目标

- 掌握机电伺服系统的概念和主要类型；
- 掌握机电伺服系统的基本组成和工作原理；
- 掌握直流伺服系统的组成和特点；
- 掌握直流伺服电动机的工作原理和主要特性；
- 掌握直流伺服电动机调速系统的组成及调速方式。

任务1.1　机电伺服系统的认识和拆装

【任务描述】

为使初学者对机电伺服系统有初步认识，本任务以某一典型机电伺服系统为例，分析伺服系统的主要组成及功能，并能够对伺服控制部件进行拆装，正确调试。填写调试运行记录，整理相关文件并进行检查评价。

【基础知识】

1.1.1　伺服系统的概念及分类

1. 伺服系统的概念

伺服系统可用来控制被控对象的某种状态，使其能够自动地、连续地、精确地复现输入信号的变化规律，亦称随动系统。伺服系统的主要任务是按照控制命令要求对信号进行变换、调控和功率放大等处理，使驱动装置输出的转矩、速度及位置都能得到灵活、方便的控制。

随着科学技术的飞速发展，伺服控制已经发展成一门综合性、多学科交叉的技术，微电子与计算机技术也渗透到伺服系统的各个环节，成为控制技术的核心。根据预定控制方案及复杂环境实现各类运动，并使伺服系统达到规定的技术性能指标，将计算机的决策、指令变为所期望的机械运动，是机电伺服系统的主要任务。

2. 伺服系统的分类

伺服系统的种类很多，按照驱动方式、功能特征和控制方式等，可划分出各种各样的伺服系统。

（1）按驱动方式分类

伺服系统按照驱动方式的不同可分为电气、液压和伺服系统，它们各有其特点和应用范围。由伺服电动机驱动机械系统的机电伺服系统，广泛用于各种机电一体化设备。其中，电气伺服系统根据电气信号可分为直流伺服系统和交流伺服系统两大类。

1）直流伺服系统。

直流伺服系统常用的伺服电动机有小惯量直流伺服电动机和永磁直流伺服电动机（也

称为大惯量宽调速直流伺服电动机）。小惯量直流伺服电动机最大限度地减少了电枢的转动惯量，所以能获得最好的快速性。小惯量直流伺服电动机一般都具有较高的额定转速和较低的惯量，所以应用时要经过中间机械传动（如减速器）才能与丝杠相连接。目前许多数控机床上仍使用这种电动机驱动的直流伺服系统。永磁直流伺服电动机的缺点是有电刷，限制了转速的提高，而且结构复杂、价格较贵。

直流伺服系统适用的功率范围很宽，包括从几十瓦到几十千瓦的控制对象。通常，从提高系统效率的角度考虑，直流伺服系统多应用于功率在 100 W 以上的控制对象。直流电动机的输出力矩与加于电枢的电流和由励磁电流产生的磁通有关。磁通固定时，电枢电流越大，则电动机转矩越大。电枢电流固定时，增大磁通量能使转矩增加。因此，通过改变励磁电流或电枢电流，可对直流电动机的转矩进行控制。对电枢电流进行控制称电枢控制，这时控制电压加在电枢上。若对励磁电流进行控制，则将控制电压加在励磁绕组上，称为励磁控制。电枢控制时，反映直流电动机的转矩 T 与转速 n 之间关系的机械特性基本上呈线性特性，如图 1-1 所示。

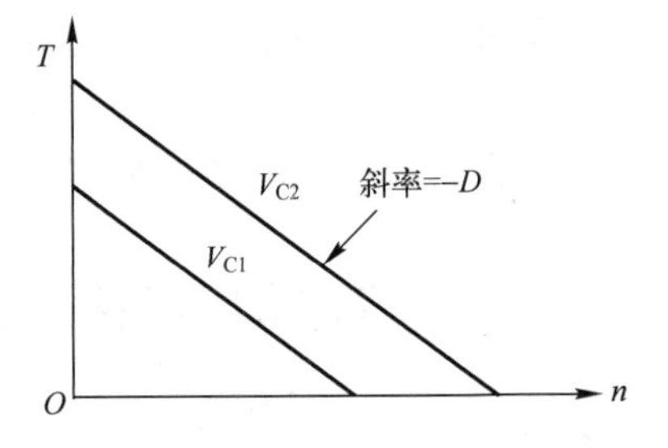

图 1-1　直流电动机的机械特性

图 1-1 中，V_{C1}、V_{C2}是加在电枢上的控制电压，负斜率 D 为阻尼系数。电枢电感一般较小，因此电枢控制可以获得很好的响应特性。缺点是负载功率要由电枢的控制电源提供，因而需要较大的控制功率，增加了功率放大部件的复杂性。例如，对于要求控制功率较大的系统，必须采用发电机-电动机组、电机放大机和晶闸管等大功率放大部件。

励磁控制时要求电枢上加恒流电源，使电动机的转矩只受励磁电流控制。恒流特性可通过在电枢回路中接入一个大电阻（10 倍于电枢电阻）来得到。对于大功率控制对象，串联电阻的功耗会变得很大，很不经济。因此励磁控制只限于在低功率场合使用。电枢电源采用恒流源后，机械特性上的斜率等于零，引起电动机的机电时间常数增加，加之励磁绕组中的电感量较大，使得励磁控制的动态特性较差、响应较慢。

2）交流伺服系统。

交流伺服系统使用交流异步伺服电动机（一般用于主轴伺服电动机）和永磁同步伺服电动机（一般用于进给伺服电动机）。由于直流伺服电动机存在着有电刷等的一些固有缺点，其应用环境受到限制。交流伺服电动机没有这些缺点，且转子惯量较直流电动机小，使其动态响应好。另外，在同样的体积下，交流电动机的输出功率可比直流电动机提高 10%～70%。同时，交流电动机的容量可以比直流电动机大，从而达到更高的电压和转速。因此，交流伺服系统得到了迅速发展，已经成为伺服系统的主流。从 20 世纪 80 年代后期开始，大量使用交流伺服系统，有些国家的厂家已全部使用了交流伺服系统。

动画 1-1　交、直流伺服电动机的区别

（2）按功能特征分类

伺服系统按照功能的不同可分为位置控制、速度控制和转矩控制 3 种伺服系统。

1）位置控制。

位置控制包括转角位置或直线移动位置的控制。位置控制按数控原理分为点位控制（PTP）和连续轨迹控制（CP）。

点位控制是点到点的定位控制，它既不控制点与点之间的运动轨迹，也不在此过程中进行加工或测量，如数控钻床、冲床、镗床、测量机和点焊工业机器人等。

连续轨迹控制又分为直线控制和轮廓控制。直线控制是指工作台相对工具以一定速度沿某个方向做直线运动（单轴或双轴联动），在此过程中要进行加工或测量，如数控镗铣床、大多数加工中心和弧焊工业机器人等。轮廓控制是控制两个或两个以上坐标轴移动的瞬时位置与速度，通过联动形成一个平面或空间的轮廓曲线或曲面，如数控铣床、车床、凸轮磨床、激光切割机和三坐标测量机等。

2）速度控制。

速度控制可保证电动机的转速与速度指令的要求一致，通常采用PI控制方式。对于动态响应、速度恢复能力要求特别高的系统，可采用变结构（滑模）控制方式或自适应控制方式。速度控制既可单独使用，也可与位置控制联合成为双回路控制，主回路是位置控制，速度控制作为反馈校正，改善系统的动态性能，如各种数控机械的双回路伺服系统。

3）转矩控制。

转矩控制可通过外部模拟量的输入或直接地址的赋值来设定电动机轴对外输出转矩的大小。可以通过即时改变模拟量的设定来改变设定的转矩大小，也可通过通信方式改变对应地址的数值来实现。转矩控制主要应用在对材质的受力有严格要求的缠绕和放卷的装置中，如绕线装置或拉光纤设备，转矩的设定要根据缠绕半径的变化随时更改，以确保材质的受力不会随着缠绕半径的变化而改变。

（3）按控制方式分类

伺服系统根据控制原理，即有无检测反馈传感器及其检测部位，可分为开环、半闭环和闭环3种基本的伺服系统。

1）开环伺服系统。

开环伺服系统没有速度及位置测量元件，伺服驱动元件为步进电动机或电液脉冲马达。控制系统发出的指令脉冲，经驱动电路放大后，送给步进电动机或电液脉冲马达，使其转动相应的步距角度，再经传动机构，最终转换成控制对象的移动。由此可以看出，控制对象的移动量与控制系统发出的脉冲数量成正比。

由于这种控制方式对传动机构或控制对象的运动情况不进行检测与反馈，因此输出量与输入量之间只有前向作用，没有反向联系，故称为开环伺服系统。

图1-2所示为开环伺服系统原理图，它主要由数控装置、驱动电路、执行元件和机床部件组成。常用的执行元件是步进电动机。如果功率很大，常用电液脉冲马达作为执行元件。

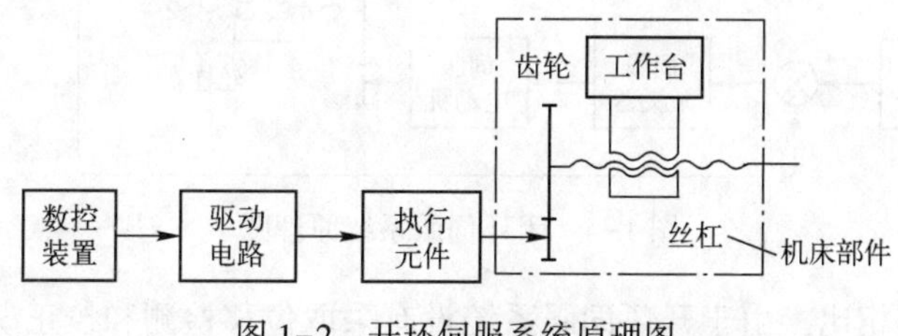

图1-2　开环伺服系统原理图

显然开环伺服系统的定位精度完全依赖于步进电动机或电液脉冲马达的步距精度及传动机构的精度。

2）半闭环伺服系统。

半闭环伺服系统不对控制对象的实际位置进行检测，而是用安装在伺服电动机轴端上的速度、角位移测量元件测量伺服电动机的转动，间接地测量控制对象的位移，角位移测量元件将测出的位移量反馈回来，与输入指令比较，利用差值校正伺服电动机的转动位置。因此半闭环伺服系统的实际控制量是伺服电动机的转角（角位移）。由于传动机构不在控制回路中，故这部分的精度完全由传动机构的传动精度来保证。

图 1-3 所示为半闭环伺服系统原理图，角位移测量元件一般安装在数控机床的进给丝杠或电动机轴端，用测量丝杠或电动机轴旋转角位移来代替测量工作台直线位移。由于这种系统未将丝杠螺母副、齿轮传动副等传动装置包含在闭环反馈系统中，因而称为半闭环控制系统。

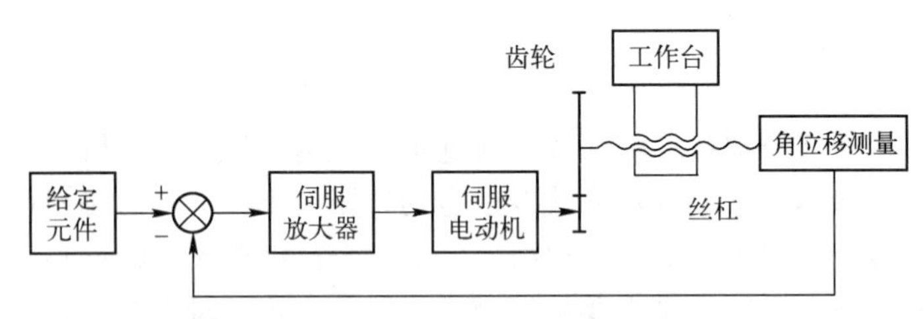

图 1-3　半闭环伺服系统原理图

这种系统不能补偿位置闭环系统外的传动装置的传动误差，但可以获得较稳定的控制特性，其定位精度介于闭环伺服系统和开环伺服系统之间。由于惯性较大的控制对象在控制回路之外，故系统稳定性较好，调试较容易，角位移测量元件比线位移测量元件简单，价格低廉。

3）闭环伺服系统。

闭环伺服系统带有检测装置，可以直接对工作台的位移量进行检测。在闭环伺服系统中，速度、位移测量元件不断地检测控制对象的运动状态。图 1-4 所示为闭环伺服系统原理图，当控制系统发出指令后，伺服电动机转动，速度信号通过速度测量元件反馈到速度控制电路，被控对象的实际位移量通过位置检测元件反馈给位置比较电路，并与控制系统命令的位移量相比较，把两者的差值放大，命令伺服电动机带动控制对象做附加移动，如此反复，直到测量值与指令值的差值为零为止。

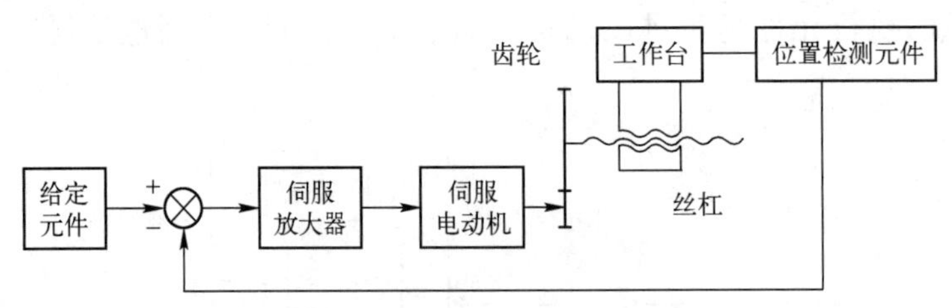

图 1-4　闭环伺服系统原理图

与闭环伺服系统相比，由于开环伺服系统没有采取位移检测和校正误差的措施，因此对某些类型的数控机床，特别是大型精密数控机床，往往不能满足其定位精度的要求。此外，系统中使用的步进电动机、电液脉冲马达等部件还存在着温升高、噪声大、效率低、加减速性能差，在低频段有共振区、容易失步等缺点。尽管如此，因为这种伺服系统结构简单，容易掌握，调试、维修方便，造价低，所以在数控机床的发展中仍占有一定的地位。

与半闭环伺服系统相比，其反馈点取自输出量，避免了半闭环系统自反馈信号取出点至输出量间各元件引出的误差。输出量与输入量之间既有前向作用，又有反向联系，所以称其为闭环控制或反馈控制。由于系统是利用输出量与输入量之间的差值进行控制的，故又称其为负反馈控制。

从理论上讲，闭环伺服系统的定位精度取决于测量元件的精度，但这并不意味着可降低对传动机构的精度要求。传动副间隙等非线性因素也会造成系统调试困难，严重时还会使系统的性能下降，甚至引起振荡。该类系统适用于对精度要求很高的数控机床，如超精车床、超精铣床等。

1.1.2　机电伺服系统的组成及特点

1. 机电伺服系统的组成

机电伺服系统主要由伺服驱动装置和驱动元件（执行元件、伺服电动机）组成。高性能的机电伺服系统还有检测装置，反馈实际的输出状态。其组成原理图如图 1-5 所示，主要由比较环节、控制器、执行环节、被控对象、检测环节 5 部分组成。

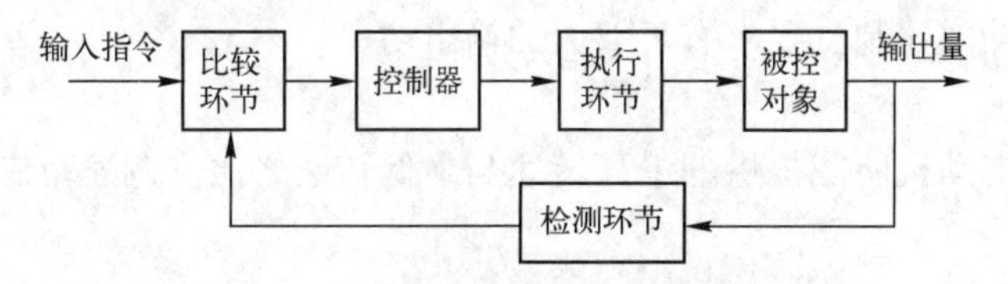

图 1-5　机电伺服系统组成原理图

（1）比较环节

比较环节是将输入的指令信号与系统的反馈信号进行比较，以获得输出与输入间的偏差信号的环节，通常由专门的电路或计算机来实现。常用的比较元件有差动放大器、机械差动装置、电桥电路等。

（2）控制器

控制器通常是计算机或 PID 控制电路（如比例电路、积分电路、微分电路），其主要任务是对比较元件输出的偏差信号进行变换处理，以控制执行元件按要求动作。

（3）执行环节

执行环节的作用是按控制信号的要求，将输入的各种形式的能量转化成机械能，驱动被控对象工作。机电伺服系统中的执行元件一般指各种电动机、液压、气动等机构。

（4）被控对象

被控对象指被控制的机构或装置，是直接完成系统目的的主体，一般包括传动系统、执行装置和负载。被控量通常指机械参数量，包括位移、速度、加速度、力和转矩等。

（5）检测环节

检测环节指能够对输出进行测量并转换成比较环节所需要的物理量的装置，一般包括传感器和转换电路。常见的测量元件有电位计、测速发电机、自整角机或旋转变压器等。

在实际的伺服控制系统中，上述的每个环节在硬件特征上并不独立，可能几个环节在一个硬件中，如测速直流发电机既是执行元件又是检测元件。

2. 机电伺服系统的技术要求

理想的机电伺服系统的被控量和给定值在任何时候都应该相等，完全没有误差，而且不受干扰的影响。因此，在设计机电伺服系统时应满足以下技术要求。

（1）稳定性好

稳定性是指动态过程的振荡倾向和系统重新恢复平衡工作状态的能力。处于静止或平衡工作状态的系统，当受到任何输入的激励时，就可能偏离原平衡状态。当激励消失后，经过一段暂态过程以后，系统中的状态和输出都能恢复到原先的平衡状态，则系统是稳定的。

（2）精度高

机电伺服系统的精度是指输出量能复现输入量的精确程度，以误差的形式表现，可概括为动态误差、稳态误差和静态误差 3 个方面。

（3）响应速度快

响应速度是指机电伺服系统的跟踪精度，是动态品质的重要指标。响应速度与许多因素有关，如计算机的运行速度、运动系统的阻尼和质量等。

（4）低速大转矩，高速恒功率

在机电伺服系统中，通常要求在低速时为恒转矩控制，电动机能够提供较大的输出转矩；在高速时为恒功率控制，要求有足够大的输出功率。

（5）调速范围宽

调速范围是指电动机所能提供的最高转速与最低转速之比。调速范围是衡量系统变速能力的指标。

3. 机电伺服系统的主要特点

1）具有精确的检测装置。可组成速度和位置闭环控制系统。

2）具有多种反馈比较方法。检测装置实现信息反馈的原理不同，伺服系统反馈比较的方法也不相同。目前常用的有脉冲比较、相位比较和幅值比较 3 种方法。

3）具有宽调速范围的速度调节系统。从系统的控制结构看，数控机床的位置闭环系统可以看作是位置调节为外环、速度调节为内环的双闭环自动控制系统。其内部的实际工作过程是把位置控制输入转换成相应的速度给定信号后，再通过调速系统驱动伺服电动机，实现实际位移。数控机床的主轴运动要求调速性能较高，因此要求机电伺服系统为高性能的宽调速系统。

4）具有高性能伺服电动机。用于高效和复杂型面加工的数控机床，由于机电伺服系统经常处于频繁地起动和制动过程中，因此要求电动机的输出转矩与转动惯量的比值较大，以产生足够大的加速或制动转矩。电动机应具有耐受 4000 rad/s^2 以上角加速度的能力，才能保证其在 0.2 s 以内从静止起动到额定转速。要求伺服电动机在低速时有足够大的输出转矩且运转平稳，以便在与机械运动部分的连接中尽量减少中间环节。

【任务实施】

现以某生产线上的搬运机械手伺服系统为例展开任务实施，如图 1-6 所示。

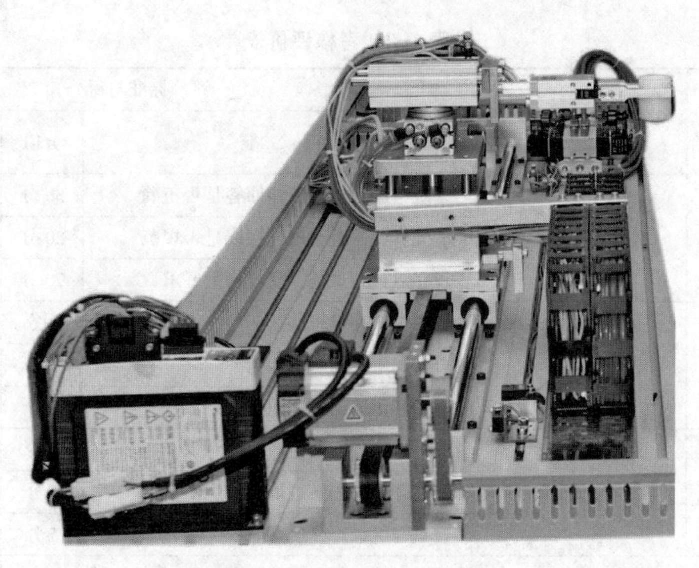

图 1-6　搬运机械手伺服系统

在自动生产线上，通过直线运动传动机构驱动搬运机械手装置到指定单元的物料台上实现精确定位，然后在该物料台上抓取工件，把抓取到的工件传送到指定地点后放下，实现传送工件的功能。在该装置中，直线运动传动机构的驱动器采用伺服电动机进行定位控制。

任务实施步骤如下：

1）起动生产线，观察搬运机械手运行状况，了解机械手定位的控制要求。

2）了解机械手伺服控制系统主要组成部件的名称、具体型号参数及主要功能，填入表 1-1 中。

表 1-1　机械手伺服控制系统主要组成部件及功能

组成环节	部件名称	具体型号	主要功能
比较环节			
控制器			
执行环节			
被控对象			
检测环节			

3）正确拆装伺服控制系统主要部件的电气连接线。

4）对完成连接安装的伺服系统进行功能调试，使机械手能正常工作。

【考核评价】

在规定的时间之内完成任务，从知识与技能、学习态度与团队意识、安全生产与职业操守 3 个方面进行综合考核评价，考核评价表如表 1-2 所示。

表 1-2　考核评价表

考核内容	考核方式	评价标准与得分				
		标　　准	分值	互评	教师评价	得分
知识与技能（70 分）	教师评价+互评	系统组成分析、功能回答是否正确	30 分			
		电气拆装是否正确，接线是否规范	20 分			
		程序运行调试是否完全满足要求	20 分			
学习态度与团队意识（15 分）	教师评价	自主学习和组织协调能力	5 分			
		分析和解决问题的能力	5 分			
		互助和团队协作意识	5 分			
安全生产与职业操守（15 分）	教师评价+互评	安全操作、文明生产职业意识	5 分			
		诚实守信、创新进取精神	5 分			
		遵章守纪、产品质量意识	5 分			
总分						

【拓展知识】

1.1.3　机电伺服技术的发展

1. 机电伺服技术的发展阶段

伺服系统的发展经历了由液压驱动到电气驱动的过程，电气伺服技术的发展与伺服电动机的发展具有紧密的联系。伺服电动机至今已有几十年的发展历史，经历了 3 个主要发展阶段。

1）以步进电动机驱动的液压伺服马达或以功率步进电动机直接驱动为主的时代。此阶段（20 世纪 60 年代以前）伺服系统的位置控制多为开环系统，这一时期是液压伺服系统的全盛期。液压伺服系统能够传递巨大的转矩、控制简单、可靠性高，在整个速度范围内保持恒定的转矩输出，主要应用在重型设备和一些关键场合，如机场设备。但它也存在一些缺点，如发热多、效率低、易污染环境、不易维修等。

2）直流伺服电动机的诞生和全面发展的时代。此阶段（20 世纪 60—70 年代）的直流电动机具有优良的调速性能，很多高性能驱动装置采用了直流电动机，伺服系统的位置控制也由开环系统发展为闭环系统。但是，直流伺服电动机存在机械结构复杂、维护工作量大等缺点，在运行过程中转子容易发热，影响了与其连接的其他机械设备的精度，难以应用到高速及大容量的场合，换向器成为直流伺服驱动技术发展的瓶颈。由于人们通过材料和工艺的改进来尽量提高直流伺服电动机的生命力，因此直流伺服电动机仍将在相当长的时间内得到应用，只是市场份额会持续下降。

3）机电一体化时代。此阶段（20 世纪 80 年代至今）是以机电一体化时代作为背景的。由于伺服电动机结构、永磁材料、半导体功率器件技术、控制技术的突破性进展，出现了无刷直流伺服电动机（方波驱动）、交流伺服电动机（正弦波驱动）、矢量控制的感应电动机和开关磁阻电动机等新型电动机。交流伺服电动机克服了直流伺服电动机存在的电刷、换向器等机械部件所带来的各种缺点，且过载能力强、转动惯量低，体现出了交流伺服系统的优越性。伺服驱动装置经历了模拟式、数字/模拟混合式、数字化的发展。在数字控制中伺服系统控制器，也由硬件方式向着软件方式发展；在软件方式中也是从伺服系统的外环向内环，进而向接近电动机环路的更深层发展。

2. 机电伺服技术的发展趋势

随着控制理论的发展及智能控制的兴起和不断成熟，以及计算机技术、微电子技术的迅猛发展，使基于智能控制理论的先进控制策略和基于传统控制理论的传统控制策略完美结合，为伺服系统的实际应用奠定了坚实的基础。总的来说，机电伺服技术的发展趋势可以概括为以下几个方面。

（1）交流化

伺服技术的发展将继续快速地推进直流伺服系统向交流伺服系统的转型。从目前国际市场的情况看，几乎所有的新产品都是交流伺服系统。在工业发达国家，交流伺服电动机的市场占有率已经超过 80%。国内生产交流伺服电动机的厂家也越来越多，正在逐步地超过生产直流伺服电动机的厂家。可以预见，在不远的将来，除了某些微型电动机领域之外，交流伺服电动机将完全取代直流伺服电动机。

（2）完全数字化

采用新型高速微处理器和专用 DSP（数字信号处理）的伺服控制单元将全面代替以模拟电子器件为主的伺服控制单元，从而实现完全数字化的伺服系统。完全数字化是未来伺服驱动技术发展的必然趋势。完全数字化不仅包括伺服驱动内部控制的数字化和伺服驱动到数控系统接口的数字化，而且包括测量单元的数字化。因此伺服驱动单元位置环、速度环、电流环的全数字化，现场总线连接接口、编码器到伺服驱动的数字化连接接口，是完全数字化的重要标志。

完全数字化的实现，将原有的硬件伺服控制变成了软件伺服控制，从而使在伺服系统中应用当代控制理论的先进算法（如速度前馈、加速度前馈、最优控制、人工智能、模糊控制、神经元网络等）成为可能，同时还大大简化了硬件结构，降低了成本，提高了系统的控制精度和可靠性。

（3）多功能化

最新数字化的伺服系统具有越来越丰富的功能：首先，具有参数记忆功能，系统的所有运行参数都可以通过人机对话的方式由软件来设置，保存在伺服单元内部，甚至可以在运行中由上位计算机加以修改，应用十分方便；其次，能提供十分丰富的故障自诊断、保护、显示与分析功能。无论什么时候，只要系统出现故障，就会将故障的类型以及可能引起故障的原因，通过用户界面清楚地显示出来。

除此之外，有的伺服系统还具有参数自整定的功能，可以通过学习得到伺服系统的各项参数；还有一些高性能伺服系统具有振动抑制功能。例如当伺服电动机用于驱动机器人手臂时，由于被控对象的刚度较小，有时手臂会产生持续振动，通过采用振动控制技术，可有效缩短定位时间，提高位置控制精度。

（4）高性能化

伺服系统的功率器件越来越多地采用金属氧化物半导体场效应晶体管（MOSFET）和绝缘栅双极型晶体管（IGBT）等高速功率半导体器件。这些先进器件的应用，显著降低了伺服系统逆变电路的功耗，提高了系统的响应速度和平稳性，降低了运行噪声。

采用直接驱动技术是提高伺服系统性能的重要方法之一。直接驱动系统包括大推力直线伺服驱动系统、大转矩直接驱动伺服系统。与传统的“电动机+减速器”传动方式相比，直接驱动技术的最大特点是取消了电动机到移动/转动工作台之间的所有机械传动环节，实现了电动机与负载的刚性耦合。

采用先进的补偿技术，可以有效地提高转矩的控制精度，提高伺服系统的调速范围。高性能控制策略广泛应用于交流伺服系统，通过改变传统的 PI 调节器设计，将现代控制理论、人工智能、模糊控制、滑模控制等新成果应用于交流伺服系统中，可以弥补交流伺服系统控制品质低、鲁棒性差等缺陷和不足。

（5）小型化和集成化

新的伺服系统产品改变了将伺服系统划分为速度伺服单元和位置伺服单元两个模块的做法，取而代之的是单一的、高度集成化的、多功能的控制单元。同一个控制单元，只要通过软件设置系统参数，就可以改变其性能，既可以使用电动机本身配置的传感器构成半闭环调节系统，也可以通过接口与外部的位置或转速传感器构成高精度的全闭环调节系统。高度的集成化还显著地缩小了整个控制系统的体积，使得伺服系统的安装与调试工作都得到了简化。

控制处理功能的软件化，微处理器及大规模集成电路（LSIC）的多功能化、高度集成化，促进了伺服系统控制电路的小型化。通过采用表面贴装元器件和多层印制电路板（PCB）也大大减小了控制电路板的体积。另外，通过采用把未封装的芯片直接安置于印制电路板的板上芯片（Chip on Board，CoB）技术，可以实现微处理器和模拟 IC 周边电路的高密度安装，有效地实现了控制电路的小型化。

新型的伺服系统已经开始使用智能功率模块（Intelligent Power Modules，IPM）。IPM 将输入隔离、能耗制动、过温、过电压、过电流保护及故障诊断等功能全部集成于一个模块中。IPM 的输入逻辑电平与 TTL 信号完全兼容，与微处理器的输出可以直接对接。它的应用显著地简化了伺服单元的设计，并实现了伺服系统的小型化和微型化。

（6）模块化和网络化

为适应以工业局域网技术为基础的工厂自动化发展需要，最新的伺服系统都配置了标准的串行通信接口（如 RS-232、RS-422 等）和专用的局域网接口。这些接口的设置，显著地增强了伺服单元与其他控制设备间的互联能力，从而简化了与 CNC 系统的连接，只需要一根电缆或光缆，就可以将数个甚至数十个伺服单元与上位计算机连接成一个数控系统，也可以通过串行接口与可编程控制器（PLC）的数控模块相连。

（7）低成本化

采用新型控制技术可以不需位置传感器，即设计有效的观测器，通过电动机电压和电流的检测获得电动机转角信息，以取代价格较高的位置传感器及信号解调电路。采用信号重构技术，通过检测直流母线电流获取电动机相电流信息，减少电流传感器的数量，降低成本。通过采用专用微处理器及智能功率电路，提高控制器的集成度，简化控制电路，提高系统的可靠性。通过合理的设计及加工工艺，将伺服控制器与永磁交流伺服电动机加工成一个整体，使整个伺服系统体积减小，应用简便。

任务 1.2　直流伺服电动机工作特性的测定

【任务描述】

本任务通过调节与直流伺服电动机对接的制动器电源，分别测试直流伺服电动机电压、电流、转速、输出转矩 4 个参数的数据，以输出转矩为横轴，以电枢电流为纵轴，根据测试结果拟合转速—转矩特性（机械特性）、电流—转矩特性，绘制电动机输入功率、输出功率、效率曲线，即电动机综合特性曲线，填写测试数据，整理相关文件并进行检查评价。

【基础知识】

1.2.1　直流伺服电动机工作原理

直流伺服电动机在结构上主要由定子、转子、电刷及换向片等组成，如图 1-7 所示。

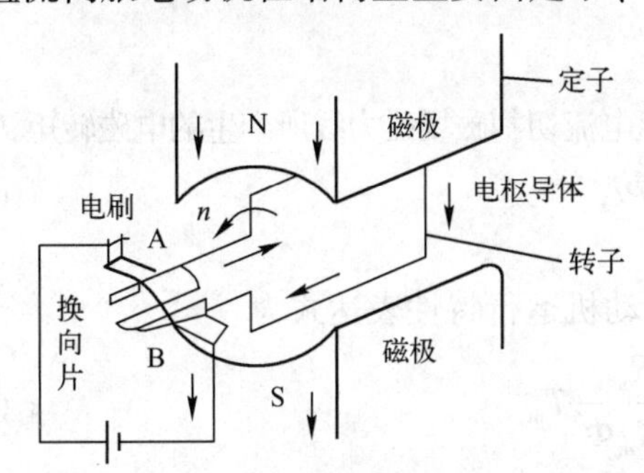

图 1-7　直流伺服电动机基本结构

动画 1-2　直流伺服电动机工作原理

（1）定子

定子磁极磁场由定子的磁极产生。根据产生磁场的方式，可分为永磁式和他励式。永磁式磁极由永磁材料制成，他励式磁极由冲压硅钢片叠压而成，外绕线圈，通以直流电流便产生恒定磁场。

（2）转子

转子又叫作电枢，由硅钢片叠压而成，表面嵌有线圈，通以直流电时，在定子磁场作用下产生带动负载旋转的电磁转矩。

（3）电刷与换向片

为使所产生的电磁转矩保持恒定方向，转子能沿固定方向均匀地连续旋转，电刷与外加直流电源相接，换向片与电枢导体相接。

直流伺服电动机与一般直流电动机的基本原理是完全相同的，如图 1-8 所示。在定子磁场的作用下，通直流电的转子（电枢）受电磁转矩的驱使，带动负载旋转，电动机旋转方向和速度由电枢绕组中电流的方向和大小决定。当电枢绕组电流为零时，电动机静止不动。

电动机转子上的载流导体（即电枢绕组）在定子磁场中受到电磁转矩的作用，使电动机转子旋转，其转速为

$$n=\frac{U_a-I_aR_a}{C_e\Phi} \tag{1-1}$$

式中　n——电动机转速（rad/s）；

U_a——电枢电压（V）；

I_a——电枢电流（A）；

R_a——电枢回路总电阻（Ω）；

Φ——励磁磁通（Wb）；

C_e——由电动机结构决定的电动势常数。

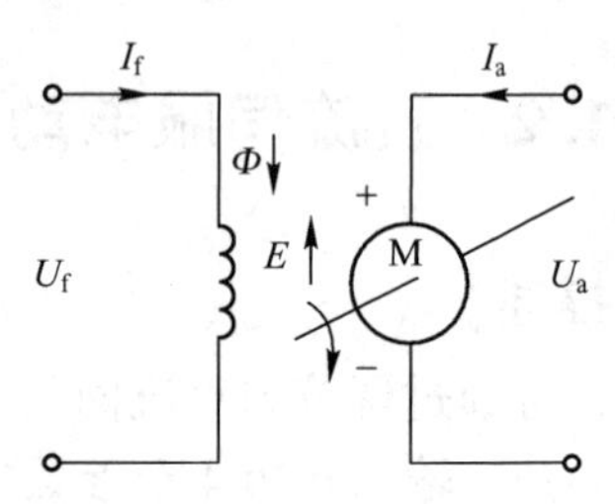

图 1-8　直流伺服电动机工作原理

U_f—励磁电压　I_f—励磁电流　Φ—励磁磁通

U_a—电枢电压　I_a—电枢电流　E—电枢电动势

由式（1-1）可见，可通过改变电枢电压 U_a或每极磁通 Φ 来控制直流伺服电动机的转速，前者称为电枢电压控制，后者称为励磁磁场控制。由于电枢电压控制具有机械特性和调节特性的线性度好、输入损耗小、控制回路电感小且响应速度快等优点，所以直流伺服系统多采用电枢电压控制。

1.2.2　直流伺服电动机主要特性

1. 运行特性

电动机稳态运行，回路中的电流保持不变，电枢电流切割磁场磁力线所产生的电磁转矩 T_m为

$$T_m = C_m \Phi I_a \tag{1-2}$$

式中　C_m——转矩常数，仅与电动机结构有关。

将式（1-2）代入式（1-1），则直流伺服电动机运行特性表达式为

$$n=\frac{U_a}{C_e\Phi}-\frac{R_a}{C_eC_m\Phi^2}T_m \tag{1-3}$$

（1）机械特性

当直流伺服电动机的电枢控制电压 U_a和励磁磁通 Φ 保持不变时，则转速 n 可看作是电磁转矩 T_m的函数，即 $n=f(T_m)$，该特性称为直流伺服电动机的机械特性，表达式为

$$n=n_0-\frac{R_a}{C_eC_m}T_m \tag{1-4}$$

$$n_0=\frac{U_a}{C_e\Phi}\quad（n_0 \text{ 为电枢电压 } U_a \text{ 下的理想空载转速}）$$

根据式（1-4），给定不同的 T_m值，可绘出直流伺服电动机的机械特性曲线，如图 1-9 所示。

由图 1-9 可知：

1）直流伺服电动机的机械特性曲线是一组斜率相同的直线簇，每条机械特性和一种电枢电压 U_a相对应，且随着 U_a增大，平行地向转速和转矩增加的方向移动。

2）与 n 轴的交点是该电枢电压下的理想空载转速 n_0，与 T_m轴的交点则是该电枢电压下的起动转矩 T_d。

3）机械特性的斜率为负，说明在电枢电压不变时，电动机转速随负载转矩增加而降低。

4）机械特性的线性度越高，系统的动态误差越小。

（2）调节特性

当直流伺服电动机的电激励磁磁通 Φ 和电磁转矩 T_c保持不变时，转速度 n 可看作是电枢控制电压 U_a的函数，即 $n=f(U_a)$，该特性称为直流伺服电动机的调节特性，表达式为

$$n=\frac{U_a}{C_e\phi}-kT_m$$

经换算，

$$k=\frac{R_a}{C_e C_m\phi^2} \tag{1-5}$$

根据式（1–5），给定不同的 T_m 值，可绘出直流伺服电动机的调节特性曲线，如图 1–10 所示。

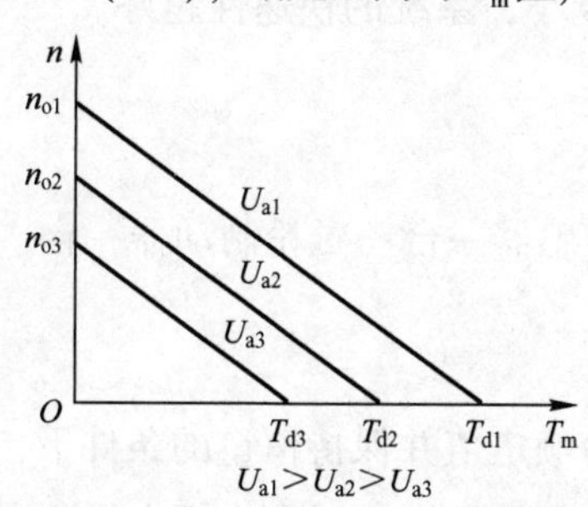

图 1–9　直流伺服电动机的机械特性曲线

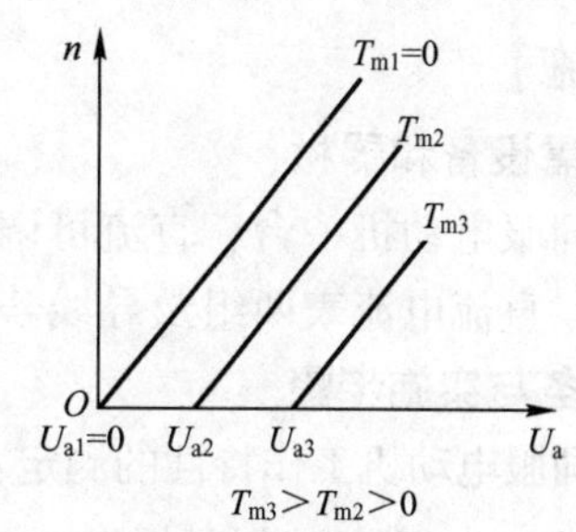

图 1–10　直流伺服电动机的调节特性曲线

由图 1–10 可知：

1）直流伺服电动机的调节特性曲线是一组斜率相同的直线簇，每条调节特性和一种电磁转矩 T_m 相对应，且随着 T_m 增大，平行地向电枢电压增加的方向移动。

2）与 U_a 轴的交点表示在一定的负载转矩下电动机起动时的电枢电压，且随负载的增大而增大。

3）调节特性的斜率为正，说明在一定负载下电动机转速随电枢电压的增加而增加。

4）调节特性的线性度越高，系统的动态误差越小。

2. 工作特性

直流伺服电动机的工作特性是指电动机的输入功率、输出功率、效率、转速、电枢电流与输出转矩的关系。图 1–11 所示为电磁式直流伺服电动机工作特性，图 1–12 所示为永磁式直流伺服电动机工作特性。

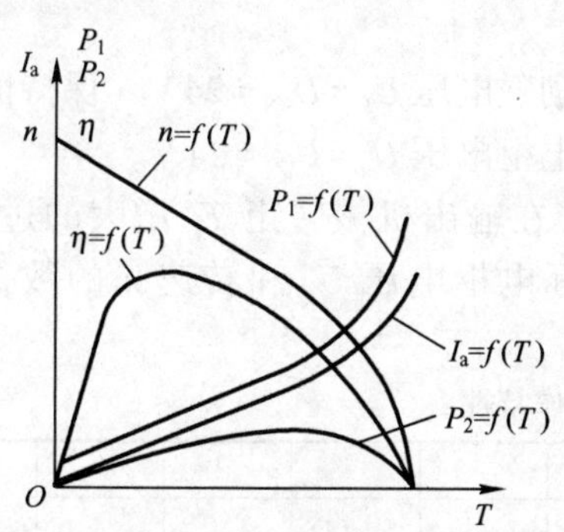

图 1–11　电磁式直流伺服电动机工作特性

P_1—输入功率　P_2—输出功率　η—效率

n—转速　I_a—电枢电流　T—输出转矩

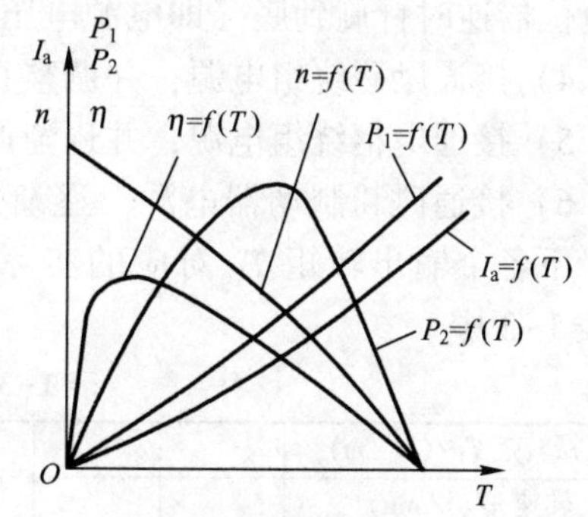

图 1–12　永磁式直流伺服电动机工作特性

P_1—输入功率　P_2—输出功率　η—效率

n—转速　I_a—电枢电流　T—输出转矩

3. 主要参数

（1）空载起动电压 U_{s0}

空载起动电压 U_{s0} 是指直流伺服电动机在空载和一定激励条件下，使转子在任意位置开始连续旋转所需的最小控制电压。U_{s0}一般为额定压电的 2%~12%，U_{s0}越小表示伺服电动机的灵敏度越高。

（2）机电时间常数 τ_j

机电时间常数 τ_j 是指直流伺服电动机在空载和一定激励条件下加以阶跃的额定控制电压，转速从零升至空载转速的 63.2%所需的时间。由于电气时间常数非常小，因此往往只考虑机械时间常数，一般机电时间常数 $\tau_j \leqslant 0.03\ s$。τ_j越小，系统的快速性越好。

【任务实施】

1. 所需设备和器材

直流伺服电动机一台、直流可调电源两组、转矩传感器一台、磁粉制动器一台、直流电压表两组、直流电流表两组及导线若干。

2. 任务与实施步骤

直流伺服电动机工作特性的测定：在励磁电压 U_F 为额定值并保持恒量的条件下，通过给定电枢电压 U_a，记录电动机的转速 n 和机械转矩 T_L，测量电枢电流 I_a 和电枢电压 U_a 实际值，由于机械转矩 T_L 是通过调节磁粉制动器电流来改变的，因此可以通过调节制动器电流，使 T_L 为自变量，找出输入功率、输出功率、效率、转速、电枢电流与输出转矩 T_L 之间的关系，即

$$n=f(T_L),I_a=f(T_L),P_1=f(T_L),P_2=f(T_L),\eta=f(T_L)$$

具体实施步骤如下：

1）将伺服直流电动机与转矩传感器及磁粉制动器进行对接，确保机组对接同心。

2）按图 1-13 所示将直流伺服电机的电枢及励磁绕组分别接到直流可调电源（一）与直流可调电源（二），若两组电源上已自带电压表及电流表，那么可不用外接。

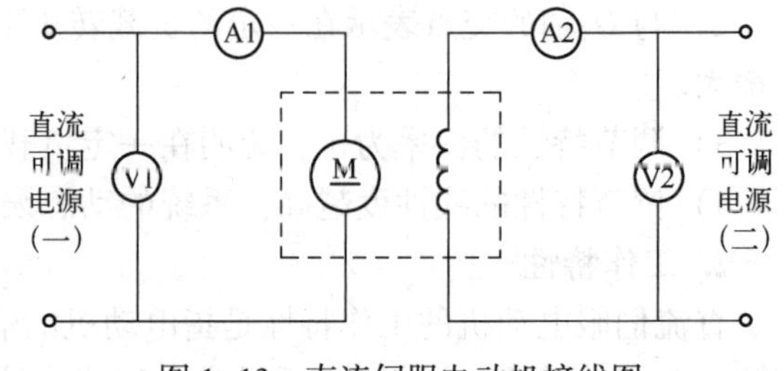

图 1-13　直流伺服电动机接线图

3）通电前先把两组直流可调电源的调节电位器逆时针旋到底（即电源电压调零）。

4）接通励磁绕组电源，并调整直流可调电源，使励磁电压 $U_F=U_{FN}=24\ V$（保持恒量）。

5）接通电枢绕组电源，并逐渐调整直流电源，使电枢电压 $U_a=U_{aN}=24\ V$。

6）接通磁粉制动器电源，逐渐加大制动器电流，在输出机械转矩 T_L 增大的过程中，记录下各个输出转矩 T_L 对应的实际电枢电流 I_a、实际电枢电压 U_a 和转速 n 的数据，填入表 1-3 中。

表 1-3　直流伺服电动机工作特性

机械转矩 T_L/(N·m)										
转速 n/(r/min)										
电枢电流 I_a/A										
电枢电压 U_a/V										

7）原理上，电枢电压 U_a 大小恒定，但实际电枢电压 U_a 会随着机械转矩 T_L 的增大而发生变化，绘制转矩—电压特性曲线，观察二者的关系。

8）根据实验原理和上述数据，在坐标纸（如图 1-14 所示）根据 $n=f(T_L)$绘制直流伺服电动机的转矩—转速（机械特性）曲线。

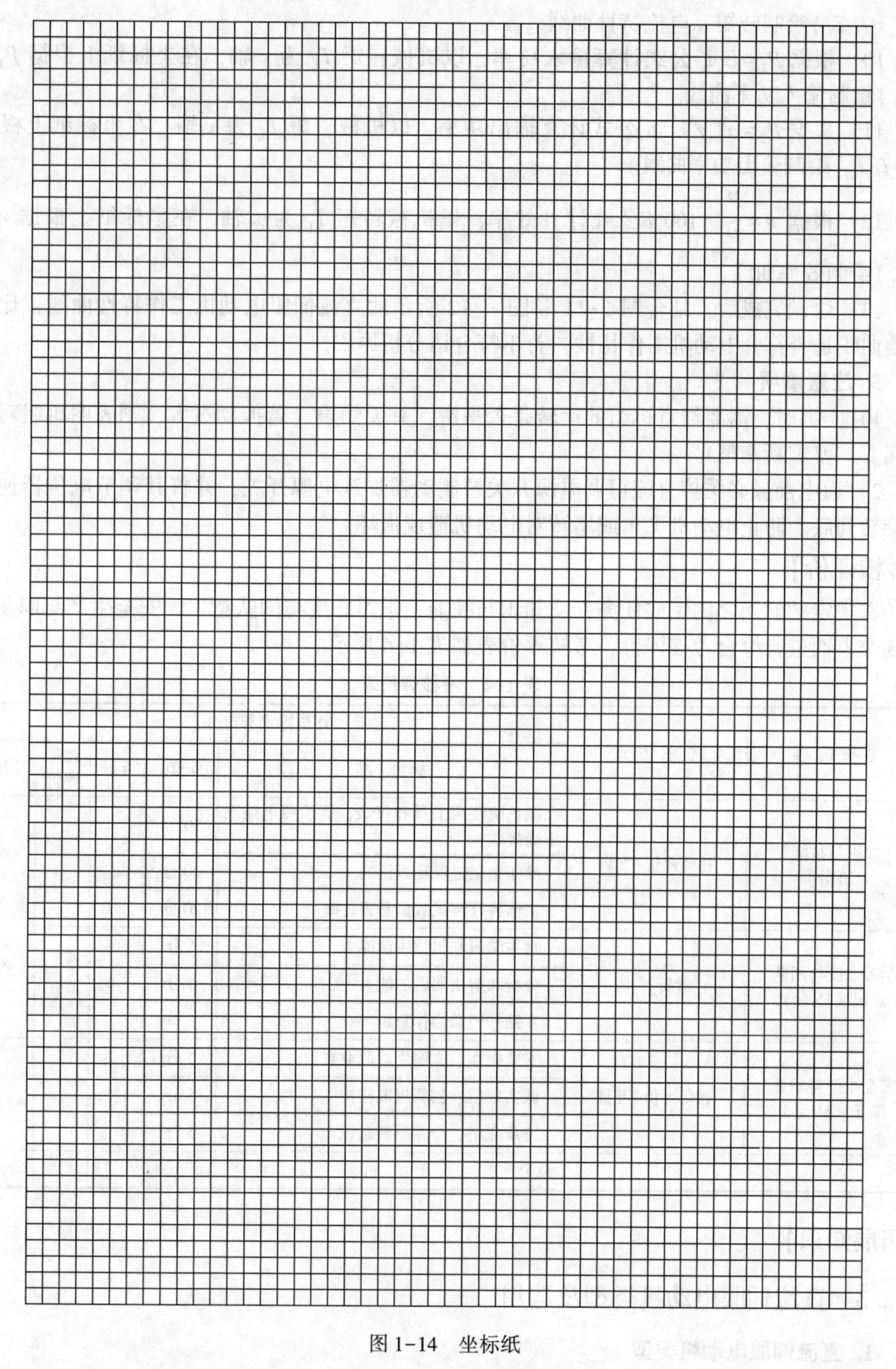

图 1-14　坐标纸

9）由于机械转矩与负载转矩大小相等，因此仍选用机械转矩 T_L 为 x 轴，在坐标纸上根据 $I_a=f(T_L)$ 绘制转矩—电流特性曲线。

10）根据 $P_1=U_aI_a$ 公式计算输入功率，以机械转矩 T_L 为 x 轴，在坐标纸上根据 $P_1=f(T_L)$ 绘制输入功率曲线。

11）根据 $P_2=nT_L/9.55$ 公式计算输出功率，以机械转矩 T_L 为 x 轴，在坐标纸上根据 $P_1=f(T_L)$ 绘制输出功率曲线。

12）根据 $\eta=\frac{P_2}{P_1}\times100\%$ 公式计算效率，以机械转矩 T_L 为 x 轴，在坐标纸上根据 $\eta=f(T_L)$ 绘制效率曲线。

13）绘制完成后，结合图 1-11 和图 1-12 所示的直流伺服电动机工作特性曲线，比较所绘曲线是否符合电动机工作特性，若不符合请分析原因。

3. 注意事项

1）实训时，需要注意机组的运转是否平滑，有无噪声（若振动过大，则表明机组对接不同心，要重新调整）。

2）通电前务必关掉直流可调电源开关及制动器加载电源开关，并将其调节电位器逆时针旋转到底。防止电动机飞车或堵转对电动机造成损坏。

【考核评价】

在规定的时间之内完成任务，从知识与技能、学习态度与团队意识、安全生产与职业操守 3 个方面进行综合考核评价，考核评价表如表 1-4 所示。

表 1-4 考核评价表

考核内容	考核方式	评价标准与得分				
		标准	分值	互评	教师评价	得分
知识与技能（70 分）	教师评价+互评	能正确使用工具和仪表，能按照电路图正确接线	30 分			
		操作调试过程是否正确	20 分			
		工作特性测试数据是否正确	20 分			
学习态度与团队意识（15 分）	教师评价	自主学习和组织协调能力	5 分			
		分析和解决问题的能力	5 分			
		互助和团队协作意识	5 分			
安全生产与职业操守（15 分）	教师评价+互评	安全操作、文明生产职业意识	5 分			
		诚实守信、创新进取精神	5 分			
		遵章守纪、产品质量意识	5 分			
总分						

【拓展知识】

1.2.3 直流伺服电动机类型及选用

1. 直流伺服电动机类型

直流伺服电动机可按励磁方式、转子转动惯量的大小和电枢的结构与形状等分成多种类型。

（1）按励磁方式分类

直流伺服电动机按励磁方式可分为电磁式和永磁式两种。电磁式直流伺服电动机是一种普遍使用的伺服电动机，特别是大功率电动机（100 W 以上）。永磁式伺服电动机具有体积小、转矩大、转矩和电流成正比、伺服性能好、响应快、功率体积比大、功率重量比㊀大、稳定性好等优点。由于功率的限制，目前主要应用在办公自动化、家用电器、仪器仪表等领域。

（2）按转子转动惯量的大小分类

直流伺服电动机按转子转动惯量的大小可分成大惯量、中惯量和小惯量 3 种。大惯量直流伺服电动机（又称直流力矩伺服电动机）负载能力强，易于与机械系统匹配。而小惯量直流伺服电动机的加减速能力强、响应速度快、动态特性好。

（3）按电枢的结构与形状分类

直流伺服电动机按电枢的结构与形状又可分为平滑电枢型、空心电枢型和有槽电枢型等。平滑电枢型的电枢无槽，其绕组用环氧树脂粘固在电枢铁心上，因而转子形状细长，转动惯量小。空心电枢型的电枢无铁心，且常做成杯形，其转子转动惯量最小。有槽电枢型的电枢与普通直流电动机的电枢相同，因而转子转动惯量较大。

动画 1-3　直流伺服电动机的结构

2. 直流伺服电动机的选用

在伺服系统中选用直流伺服电动机，主要应根据系统中所采用的电源、功率以及系统对电动机的要求来决定。伺服系统要求电动机的机电时间常数小、起动和反转频率高；短时工作制伺服系统要求电动机体积、质量小，堵转转矩和输出功率大；而连续工作制的伺服系统则要求电动机工作寿命长。

直流伺服电动机在实际使用时应注意以下两点：

1）电磁式电枢控制的直流伺服电动机在使用时，先接通励磁电源，然后加电枢电压。在工作过程中，应避免励磁绕组断电，以免造成电动机超速和电枢电流过大。

2）在用晶闸管整流电源时，最好采用三相全波桥式整流电路，在选用其他形式的整流电路时，应有适当的滤波装置。否则直流伺服电动机只能在降低容量的情况下使用。

任务 1.3　直流伺服电动机调速特性的测定

【任务描述】

直流伺服电动机的调速特性主要分为调压调速特性和调磁调速特性，前者通过改变电枢电压 U_a 来控制电动机转速，后者通过改变每极磁通 Φ 来控制电动机转速。由于调压调速方式具有调节特性线性度好、损耗小、响应速度快等优点，因此在工程应用中，直流伺服电动机调速系统多采用调压调速方式。

㊀ 功率体积比又称为“体积功率密度”，是指输出功率与其体积之比。一些特殊车辆，飞机等，需要功率体积比大的发动机。

功率重量比是动力与重量的比值，也可以理解为 1 kg 重量由多少 kW 功率推动。

本任务采用改变电枢电压的方法研究直流伺服电动机的调压调速特性，绘制不同负载转矩下的电枢电压—转速特性曲线，并对曲线的线性度和死区特性进行分析，填写测试数据，整理相关文件并进行检查评价。

【基础知识】

1.3.1 调速系统模型

调速是指在某一具体负载下，通过改变电动机或电源参数的方法，使机械特性曲线得以改变，从而使电动机转速发生变化或保持不变。由于直流电动机具有良好的起动/制动性能，而且可以在较大范围内平滑地调速，因此，在轧钢设备、矿井升降设备、挖掘钻探设备、金属切削设备、造纸设备、电梯等需要高性能可控制电力拖动的场合得到了广泛的应用。

近年来，计算机控制技术和电力电子技术的发展，推动了交流伺服技术的迅猛发展，有代替直流伺服系统的趋势。由于直流伺服系统在理论和实践等方面发展比较成熟，从控制角度考虑，它又是交流伺服系统的基础，故应学好直流伺服系统。

从生产设备的控制对象来看，电力拖动控制系统有调速系统、位置伺服系统、张力控制系统等多种类型，而各种系统基本上都是通过控制转速（实质上是控制电动机的转矩）来实现的。因此直流调速系统是最基本的拖动控制系统。

1. 单闭环调速系统

直流伺服电动机具有调速性能好，起动、制动和过载转矩大，便于控制等特点，是许多大容量高性能要求的生产机械的理想电动机。尽管近年来，交流电动机的控制系统不断普及，但直流电动机仍然在一些场合得到广泛应用。

开环调速系统可实现一定范围的无级调速，而且开环调速系统的结构简单。但在实际中，许多要求无级调速的工作机械常要求较高的调速性能指标。开环调速系统往往不能满足工作机械对高性能指标的要求。根据反馈控制原理，要稳定哪个参数，就引入哪个参数的负反馈，与给定的恒值进行比较，构成闭环系统，因此必须引入转速负反馈，构成闭环调速系统。

（1）系统的组成及工作原理

根据自动控制原理，为满足调速系统的性能指标，在开环系统的基础上引入反馈，构成单闭环有静差调速系统，采用不同物理量的反馈便形成不同的单闭环系统，此处以引入速度负反馈为例，构成转速负反馈直流调速系统。

在电动机轴上安装一台测速发电机 TG，引出与转速成正比的电压信号 U_{fn}，以此作为反馈信号，与给定电压信号 U_n 比较，得到差值电压 ΔU_n，经放大器产生控制电压 U_{ct}，用于控制电动机转速，从而构成了转速负反馈调速系统，其控制原理如图 1-15 所示。

给定电位器 R_{P1} 一般由稳压电源供电，以保证转速给定信号的精度。R_{P2} 为调节反馈系数而设置，测速发电机输出电压 U_{tg} 与电动机 M 的转速成正比，即

$$U_{tg}=C_n\cdot n \tag{1-6}$$

式中　C_n——直流永磁式发电机的电势常数。

$$U_{fn}=K_f U_{tg}=\alpha n \tag{1-7}$$

式中　K_f——电位器的 R_{P2} 分压系数。

α——转速反馈系数，$\alpha = K_f \cdot C_n$。

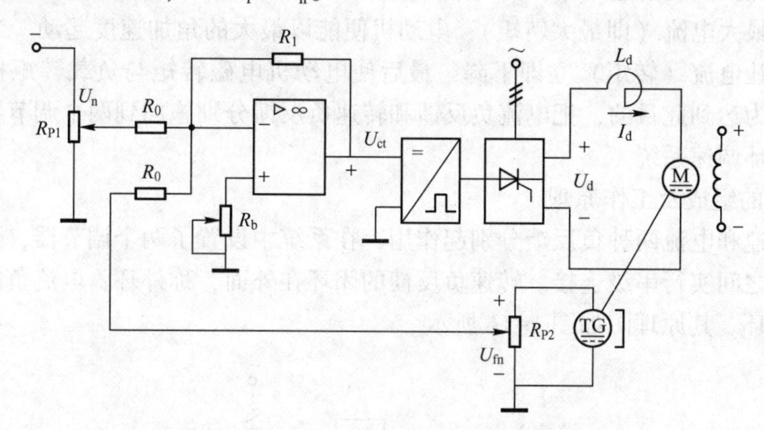

图 1-15　转速负反馈调速系统控制原理

U_{fn}与U_f极性相反，以满足负反馈关系。

（2）系统特性

1）静态特性。

闭环系统的静态特性比开环系统的机械特性的硬度大大提高。对于相同理想空载转速的开环和闭环两种特性，闭环系统的静差率要小得多。由于闭环系统静态特性的静差率小，所以当要求的静差率指标一定时，闭环系统可以大大提高调速范围。但是要取得上述优点，闭环系统必须设置放大器。

单闭环有静差调速系统，静态特性较硬，在一定静差率要求下的调速范围宽，而且系统具有良好的抗干扰性能。但该系统存在两个问题，一是系统的静态精度和动态稳定性的矛盾，二是起动时冲击电流太大。

2）动态特性。

在单闭环调速系统中，引入转速负反馈且有了足够大的放大系数K后，就可以满足系统的静态特性硬度要求。由自动控制理论可知，系统开环放大系数太大时，可能会引起闭环系统的不稳定，必须采取校正措施才能使系统正常工作。因此按系统稳态误差要求所计算的K值还必须按系统稳定性条件进行校核。

为兼顾静态和动态两种特性，一般采用比例—积分（PI）调节器进行调节。在系统由动态到静态的过程中，PI 调节器相当于能够自动改变放大倍数的放大器，动态时放大倍数小，静态时放大倍数大，从而解决了动态稳定性、快速性和静态精度之间的矛盾。

2. 双闭环调速系统

通过前面的分析可知，转速负反馈单闭环直流调速系统是一种以存在偏差为前提并依据偏差对系统进行调节的系统，这种系统虽然可以用 PI 调节器来实现无静差调速，但同时也给系统带来了不利的影响，如动态响应中的上升时间和调节时间变长等问题。因此，这种单闭环调速系统不能在充分利用电动机过载能力的条件下获得最快速的动态响应，对扰动的抑制能力较差，其应用受到了一定的限制。

在实际的生产过程中，许多生产机械的很大一部分时间是工作在过渡过程中的，即它们被要求频繁地起动，或总是处于正反转切换状态（如龙门刨床的主传动），若能缩短起动/

制动时间，便能大大提高生产率。因此充分利用直流电动机的过载能力，使在起动/制动过程中始终保持最大电流（即最大转矩），电动机便能以最大的角加速度起动。当转速达到稳态转速后，又让电流（转矩）立即下降，最后使电动机电磁转矩与负载转矩相平衡，以稳定转速运行。为达到此目的，把电流负反馈和转速负反馈分别施加到两个调节器上，形成转速、电流双闭环调速系统。

（1）系统的组成及工作原理

为了使转速和电流两种负反馈分别起作用，在系统中设置了两个调节器，分别调节转速和电流，两者之间实行串级连接。转速负反馈的闭环在外面，称外环；电流负反馈的闭环在里面，称为内环。其原理图如图 1-16 所示。

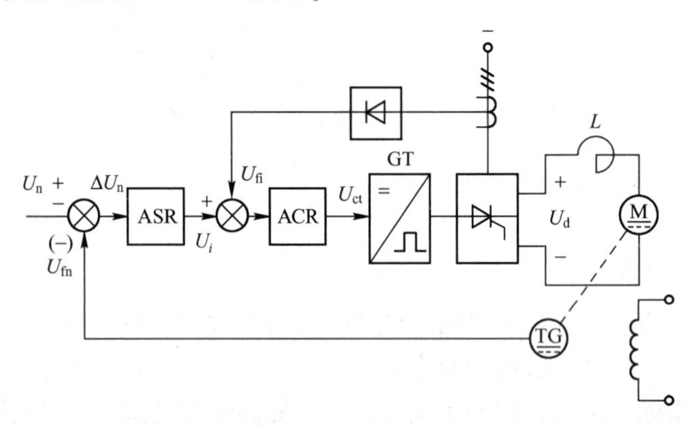

图 1-16　双闭环调速系统原理图

图 1-16 中，ASR 为速度调节器，ACR 为电流调节器，两种调节器互相配合、相辅相成。为了使转速、电流双闭环调速系统具有良好的静态、动态性能。电流、转速两个调节器一般采用 PI 调节器，且均采用负反馈。考虑触发装置的控制电压为正电压，运算放大器又具有倒向作用，图中标出了相应信号的实际极性。

速度调节器与电流调节器串联，通常都采用 PI 控制。双闭环系统采用 PI 调节器，则其稳态时输入偏差信号一定为零，即给定信号与反馈信号的差值为零，属无静差调节。

1）电流调节环。

电流调节环为由 ACR 和电流负反馈组成的闭环，它的主要作用是稳定电流。设电流调节环的给定信号是速度调节器的输出信号 U_i，电流调节环的反馈信号 U_{fi}采自交流电流互感器及整流电路或霍尔电流传感器，其值为

$$U_{fi}=\beta I_d \tag{1-8}$$

式中　β——电流反馈系数，I_d——负载电流。

则

$$\Delta U_i=U_i-U_{fi}=0 \tag{1-9}$$

故

$$I_d=\frac{U_i}{\beta} \tag{1-10}$$

在 U_i一定的条件下，在电流调节器的作用下，输出电流保持不变，而由电网电压波动引起的电流波动将被有效抑制。此外，由于限幅的作用，速度调节器的最大输出只能是限幅

值$-U_{im}$，调整反馈环节的反馈系数β，可使电动机的最大电流I_{dm}对应的反馈信号U_{fm}等于输入限幅值，即

$$U_{fm}=\beta I_{dm}=U_{im} \tag{1-11}$$

I_{dm}的取值应考虑电动机允许过载能力和系统允许最大加速度，一般为额定电流的1.5~2倍。

2）速度调节环。

速度调节环是由ASR和转速负反馈组成的闭环，它的主要作用是保持转速稳定，并最后消除转速静差。速度调节环给定信号U_n，反馈信号$U_{fn}=\alpha n$，则稳态时，$\Delta U_n=U_n-U_{fn}=0$，则

$$U_n=U_{fn}=\alpha n \tag{1-12}$$

即

$$\alpha=\frac{U_n}{n} \tag{1-13}$$

式中　α——速度反馈系数。

当U_n在一定的情况下，由于速度调节器ASR的调节作用，转速n将稳定在U_n/α的数值上。

ASR调节器的给定输入由稳压电源提供，其幅值不可能太大，一般在十几伏以下，当给定为最大值U_{nmax}时，电动机应达到最高转速，一般为电动机的额定转速n_{nom}，则

$$\alpha=\frac{U_{nmax}}{n_{nom}} \tag{1-14}$$

ACR调节器输出给触发装置的控制电压为

$$U_{ct}=\frac{U_{do}}{K_s}=\frac{C_e n+I_d R}{K_s}=\frac{C_e\dfrac{U_n}{\alpha}+I_d R}{K_s} \tag{1-15}$$

由式（1-15）可知，当U_n为定值时，由ASR调节器可使电动机转速恒定。

（2）系统特性

1）静态特性。

双闭环调速系统的静态特性如图1-17所示。在n_0A段，负载电流$I_d<I_{dm}$时，I_{dm}一般都是大于额定电流I_{dnom}的。由于转速调节器不饱和，表现为转速无静差，这时，转速负反馈起主要调节作用，这就是静态特性的运行段。当转速调节器饱和时，负载电流I_d达到I_{dm}，对应图中AB段，转速外环呈开环状态，转速的变化对系统不再产生影响，电流调节器起主要调节作用，双闭环系统变成一个电流无静差的单闭环系统。

2）动态特性。

一般来说，双闭环调速系统具有比较满意的动态性能。

① 动态跟随性能。由于直流伺服电动机在起动过程中转速调节器ASR经历了不饱和、饱和、退饱和3种情况，整个动态过程就分成图1-18中标明的Ⅰ、Ⅱ、Ⅲ这3个阶段。

第Ⅰ阶段——电流上升阶段。突加给定电压后，I_d上升，当$I_d<I_{dL}$时，电动机还不能转动。当$I_d\geqslant I_{dL}$后，电动机开始起动，由于惯性作用，转速不会很快增长，因而转速调节器ASR的输入偏差电压的数值较大，ASR很快饱和，其输出限幅值U_{im}，强迫电流I_d迅速上

升。当 $I_d=I_{dm}$时，由于电流调节器的作用使 I_d不再迅猛增长。在这一阶段中，转速调节器由不饱和很快达到饱和，而电流调节器不饱和。

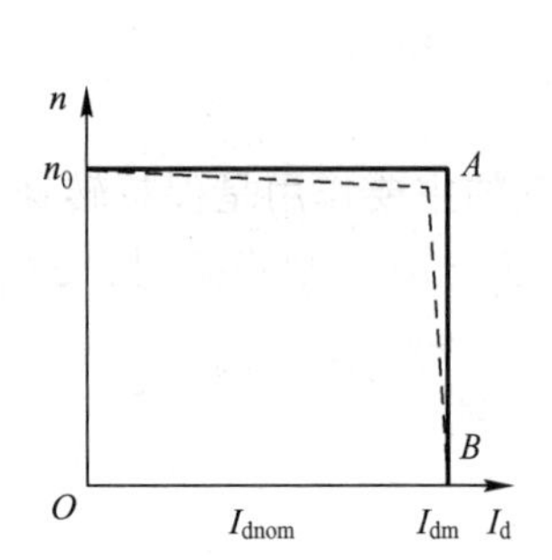

图 1-17　双闭环调速系统的静态特性

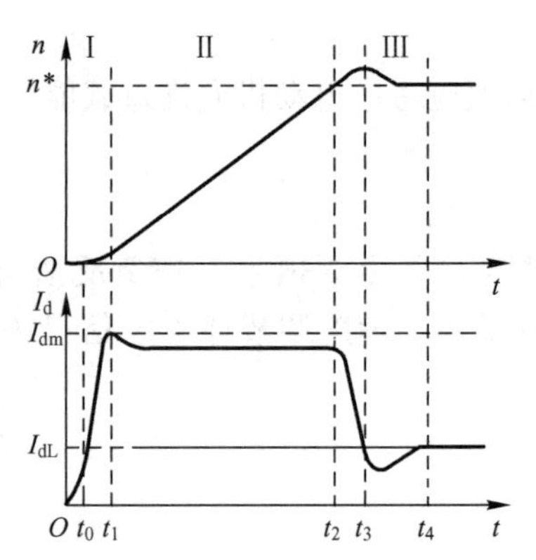

图 1-18　双闭环调速系统的起动过程

n^*—转速设定值或目标转速。

第Ⅱ阶段——恒流升速阶段。在这个阶段中，ASR 始终是饱和的，转速环相当于开环，系统表现为恒值电流给定 U_{im}作用下的电流调节系统。基本上保持电流 $I_d \approx I_{dm}$恒定，因而传动系统的加速度恒定，转速呈线性增长。与此同时，电动机的反电动势 E 也按线性增长。可以看出，此阶段是起动过程中的主要阶段。

第Ⅲ阶段——转速调节阶段。在这个阶段开始时，转速已经达到给定值。ASR 的给定与反馈电压相平衡，输入偏差电压为零，但其输出却由于积分作用还维持在限幅值 U_{im}。所以电动机仍在最大电流下加速，使转速超调。转速超调后，ASR 输入端出现负的偏差电压，使转速调节器退出饱和状态。ASR 的输出电压 U_i和主电流 I_d很快下降。但是只要 I_d大于负载电流 I_{dL}，转速就继续上升。在这最后的转速调节阶段内，ASR 和 ACR 都不饱和，ASR 起主导的转速调节作用，而 ACR 则力图使 I_d尽快地跟随其给定值 U_i，或者说，电流内环是一个电流随动系统。

由上述内容可以看出，双闭环直流调速系统在起动和升速过程中，能够在最大转矩下表现出很快的动态转速跟随性能。在减速和制动过程中，由于主电路电流的不可逆性，跟随性能变差。

② 动态抗扰性能。电网电压有扰动时，由于该扰动被包围在电流环之内，因此可以通过电流反馈得到及时的调节，不必像单闭环调速系统那样，等到影响到转速后才在系统中有所反应。因此双闭环调速系统中，由电网电压波动引起的动态速降会比单闭环系统中小得多，对内环扰动调节起来更及时。

当负载扰动作用在电流环之后，只能靠转速调节来产生抗扰动作用，因此突加（减）负载时，必然会引起动态速降（升）。为了减少动态速降（升），在设计转速调节器时，要求系统具有较好的抗扰动性能指标。

（3）双闭环调速系统的优点

综上所述，双闭环调速系统具有如下优点：

1）具有良好的静态特性。

2）具有较好的动态特性，起动时间短（动态响应快），超调量也较小。

3）抗扰动能力强，电流调节环能较好地克服电网电压波动的影响，而速度调节环能抑制被它包围的各个环节扰动的影响，并最后消除转速偏差。

4）由两个调节器分别调节电流和转速。这样可以分别进行设计，分别调整（先调好电流调节环，再调速度调节环），调整方便。

1.3.2 晶闸管调速系统

工程应用上，调压调速是调速系统的主要方式。这种调速方式需要有专门的、连续可调的直流电源供电。根据系统供电形式的不同，常用的调压调速系统主要有晶闸管可控整流系统和直流脉宽调速系统。本小节主要介绍直流伺服电动机的晶闸管调速系统，如图 1-19 所示。

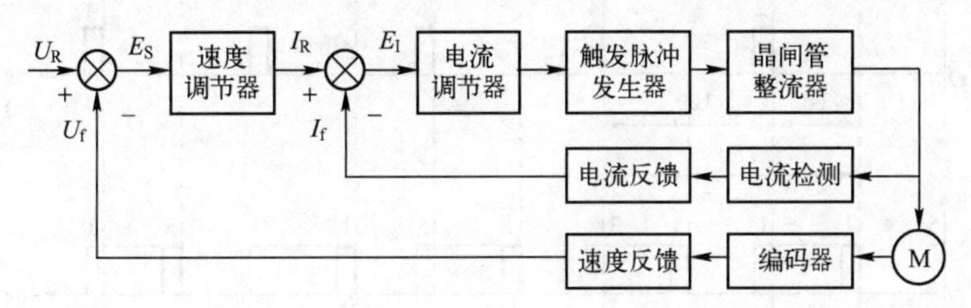

图 1-19　直流伺服电动机晶闸管调速系统

U_R—速度调节给定电压　U_f—速度调节反馈电压　E_S—速度调节偏差电压

I_R—电流调节给定电流　I_f—电流调节反馈电流　E_i—电流调节偏差电流

1. 主回路

晶闸管调速系统的主回路主要是晶闸管整流放大装置，其作用是：将电网的交流电转换为直流电；将调节回路的控制功率放大，得到较大电流与较高电压以驱动电动机；在可逆控制电路中，电动机制动时，把电动机运转的惯性机械能转换成电能并反馈回交流电网。

晶闸管整流调速装置的接线方式有单相半桥式、单相全控式、三相半波、三相半控桥和三相全控桥式。图 1-20 所示为由大功率晶闸管构成的三相全控桥式（三相全波）调压电路，三相整流器分成两大部分（Ⅰ和Ⅱ），每部分内按三相桥式连接而成半波整流电路，两组反并接，分别实现正转和反转。每个半波整流电路内部又分成共阴极组（1、3、5）和共阳极组（2、4、6）。为构成回路，这两组中必须各有一个晶闸管同时导通。1、3、5 在正半周导通，2、4、6 在负半周导通，工作波形如图 1-21 所示。

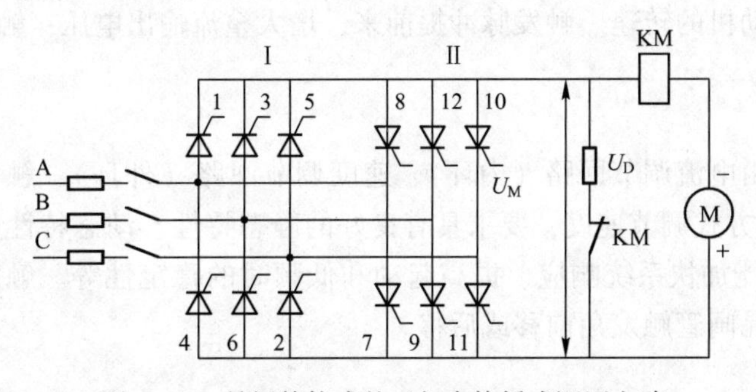

图 1-20　晶闸管构成的三相全控桥式调压电路

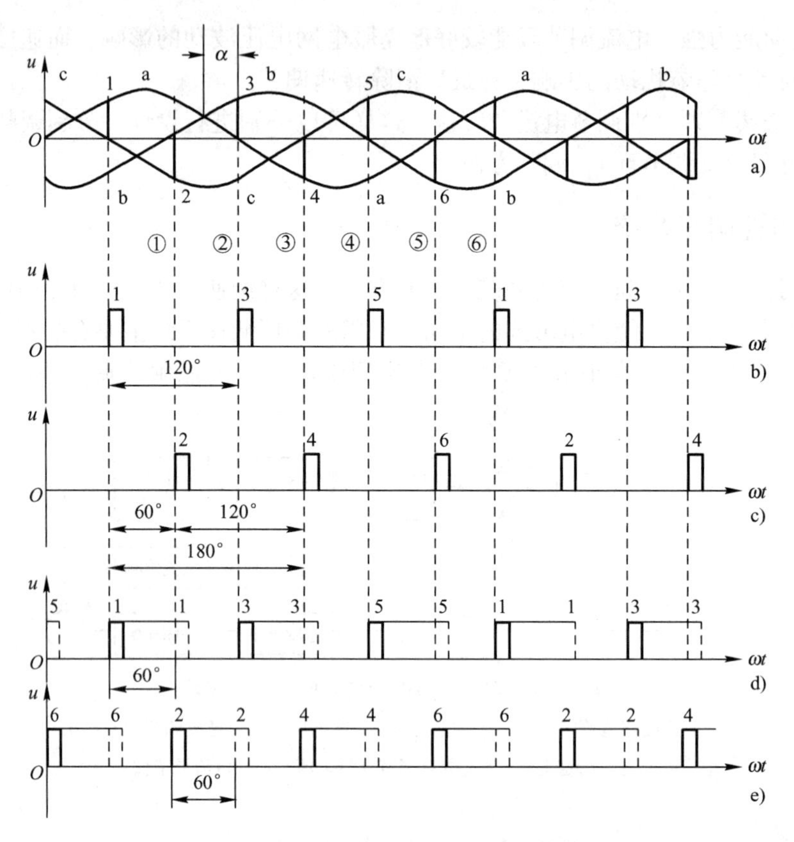

a、b、c — 三相交流电的3种波形　α — 晶闸管触发角

①~⑥ — 1~6号晶闸管的导通区间

图 1-21　主回路工作波形

a）三相交流电波形图　b）共阴组晶闸管触发脉冲时序图　c）共阳组晶闸管触发脉冲时序图

d）共阴组晶闸管辅助脉冲时序图　e）共阳组晶闸管辅助脉冲时序图

每组内（即二相间）的触发脉冲相位相差120°，每相内的两个触发脉冲相差180°。按管号排列，触发脉冲的顺序为1-3-3-4-5-6，相邻之间的相位差60°。为保证合闸后的两个串联晶闸管能同时导通或已截止的相再次导通，采用双脉冲控制。即每个触发脉冲在导通60°后，再补发一个辅助脉冲；也可以采用宽脉冲控制，宽度在60°~120°之间。

因此，只要改变晶闸管触发角（即改变导通角），就能改变晶闸管的整流输出电压，从而改变直流伺服电动机的转速。触发脉冲提前来，增大整流输出电压；触发脉冲延后来，减小整流输出电压。

2. 控制回路

控制回路主要由电流调节回路（内环）、速度调节回路（外环）、触发脉冲发生器等组成。速度环采用PI方式调节速度，要求具有良好的静态特性、动态特性。电流环采用P或PI方式调节电流，能加快系统响应、提高起动和低频时的稳定性等。触发脉冲发生器主要产生移相脉冲，使晶闸管触发角前移或后移。

（1）PI控制器

为了获得良好的静态性能、动态性能，转速和电流两个调节器一般都采用PI控制器，所以对于系统来说，PI 调节器是系统核心。比例积分（PI）控制器是结合了积分器无静差但响应慢、比例调节器有静差但响应快这两种规律而形成的具有静差小、响应快的控制器。PI 控制器电路如图 1-22 所示。

输出电压为

$$U_{ex}=K_pU_{in}+\frac{1}{\tau_I}\int U_{in}dt \tag{1-16}$$

式中 K_p——比例系数，$K_p=\frac{R_1}{R_0}$；

τ_I——积分时间常数，$\tau_1=R_0C_1$。

PI 控制器的工作过程：当突然加上输入电压时，电容 C_1 相当于短路，这时便是一个比例调节器。因此，输出量产生一个立即响应输出量的跳变，随着对电容的充电，输出电压逐渐升高，这时相当于一个积分环节。只要 $U_{in}\neq0$，U_{ex} 将继续增长下去，直到 $U_i=0$，才达到稳定状态。U_{in}（输入信号）、U_{ex}（输出信号）波形如图 1-23 所示。

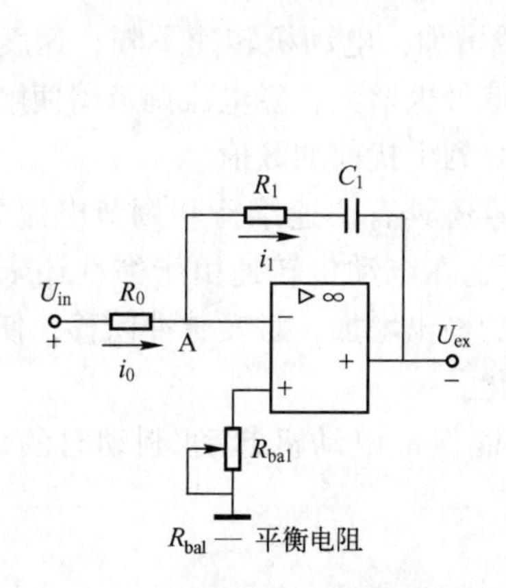

图 1-22 PI 控制器电路

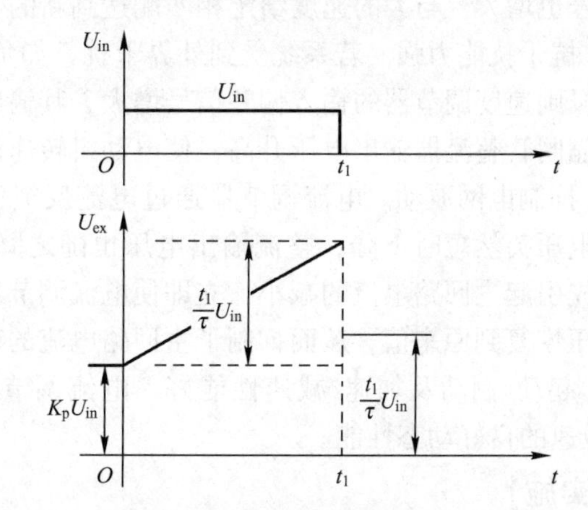

图 1-23 PI 控制器信号波形

可见，PI 控制既具有快速响应性能，又足以消除调速系统的静差。除此以外，比例积分调节器还是提高系统稳定性的校正装置，因此，它在调速系统和其他控制系统中获得了广泛的应用。

（2）触发脉冲发生器

触发脉冲发生器可为晶闸管门极提供所需的触发信号，并能根据控制要求使晶闸管可靠导通，实现整流装置的控制。常见的电路主要有单结晶体管触发电路、正弦波触发电路和锯齿波触发电路。下面以单结晶体管触发电路为例介绍其工作原理。

触发脉冲发生电路如图 1-24 所示，图中的电位器 RP 用来调节电容 C 的充电时间，当电容上的电压达到单结晶体管的转折电压（峰点）时，单结晶体管进入负阻特性状态。突然导通的大电流在负载电阻 R_f 上产生一个电压信号 u_{b1}。同时，电容迅速放电使发射极的电压又下降至截止状态，由此周而复始重复上述过程，不断产生由电容 C 充电时间控制的脉冲信号。该电路的电源电压一般在 15~20 V，电容 C 的数值为 0.1~1 μF，控制充电时间的电阻为几千到几万欧姆，负载端的电阻值在几百欧姆的范围内调整。图 1-25 是电路中电容充电/放电过程和输出脉冲的波形图。

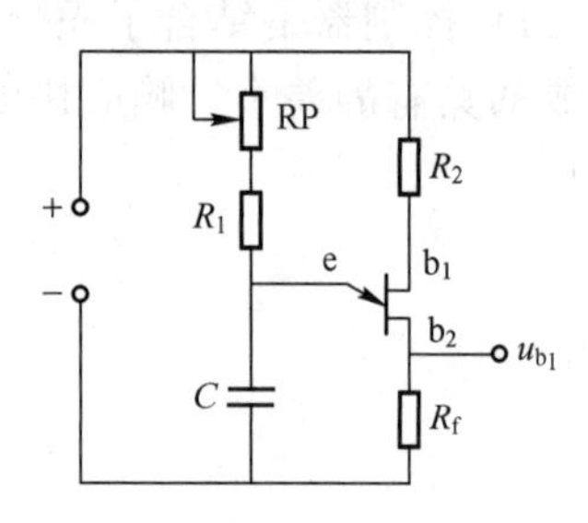

图 1-24 触发脉冲发生电路

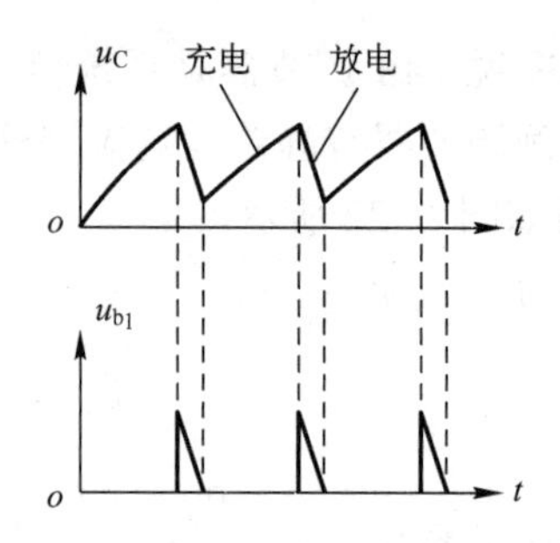

图 1-25 充电/放电过程及输出脉冲波形图

3. 晶闸管调速系统的特点

根据前面的分析可知，晶闸管调速系统具有以下特点：

1）调速性能好。当给定的指令信号增大时，则有较大的偏差信号加到调节器的输入端，产生前移的触发脉冲，晶闸管整流器输出的直流电压提高，电动机转速上升。此时测速反馈信号也增大，与大的速度给定相匹配达到新的平衡，电动机以较高的转速运行。

2）抗干扰能力强。若系统受到外界干扰，如负载增加，电动机转速下降，速度反馈电压降低，则速度调节器的输入偏差信号增大，其输出信号也增大，经电流调节器使触发脉冲前移，晶闸管整流器输出电压升高，使电动机转速恢复到干扰前的数值。

3）抑制电网波动。电流调节器通过电流反馈信号还具有快速维持和调节电流的作用，如电网电压突然短时下降，整流输出电压也随之降低，在电动机转速由于惯性还未变化之前，首先引起主回路电流的减小，立即使电流调节器的输出增加，触发脉冲前移，使整流器输出电压恢复到原来值，从而抑制了主回路电流的变化。

4）起动/制动及加速/减速性能好。电流调节器能保证电动机起动/制动时的大转矩、加速/减速的良好动态性能。

【任务实施】

1. 所需设备和器材

直流伺服电动机一台、直流可调电源两组、转矩传感器一台、磁粉制动器一台、直流电压表两组、直流电流表两组及导线若干。

2. 任务与实施步骤

直流伺服电动机调压调速特性的研究包括两个方面的内容：

一是对于某恒转矩负载，改变电枢电压 U_a 来实现调节转速 n 的特性。在调节电枢电压 U_a 的过程中，若保持电枢电流 I_a 不变，则磁场磁通量 ϕ 保持不变，即电动机电磁转矩 T_L = 恒量，属于恒转矩调速。

二是调压调速时的机械特性。不难发现，此即图 1-11 中 $n=f(T_L)$ 直流伺服电动机的转矩—转速（机械特性）曲线。

直流伺服电动机调压调速电路如图 1-26 所示。

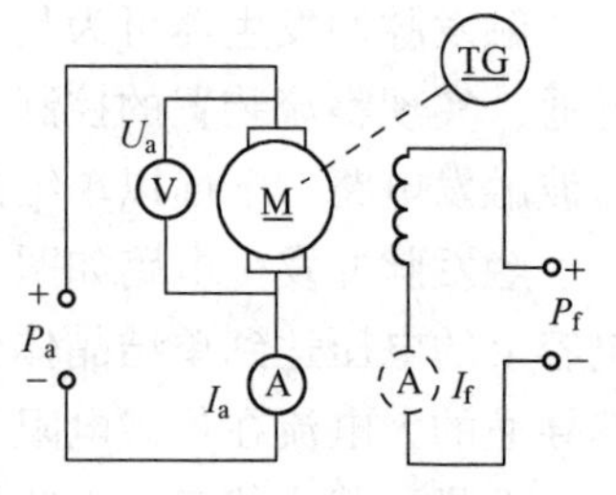

图 1-26 直流伺服电动机调压调速电路

具体实施步骤如下：

1）将直流伺服电动机与转矩传感器及磁粉制动器对接，确保机组对接同心。

2）将直流伺服电动机的电枢和励磁绕组分别接到两个直流可调电源，若电压表和电流表在电源上自带，则可不用外接。

3）先接通励磁绕组电源并调整，使励磁电压 $U_F=U_{FN}=24\,V$（保持恒量）。

4）接通制动器电源，以调节制动器的控制电流来调节电磁转矩 T_L，并保持 T_L 恒量，此处保持 $T_L=1\,N\cdot m$。

5）分档调节电枢电压 U_a 来测定转速 n 的变化，将测定的数据填入表 1-5 中。

表 1-5　$T_L=1\,N\cdot m$ 时直流伺服电动机调压调速特性

电枢电压 U_a（V）										
转速 n（r/min）										
电枢电流 I_a（A）										

6）根据实验原理和上述数据，在坐标纸（如图 1-27 所示）上以电枢电压 U_a 为 x 轴，绘制 $n=f(U_a)$ 调速特性曲线。

7）调节制动器的控制电流分别使 $T_L=0.7\,N\cdot m$、$T_L=0.4\,N\cdot m$ 和空载情况下，重复上述步骤 4）~6），并将测定的数据填入表 1-6 中。

表 1-6　不同负载转矩下直流伺服电动机调压调速特性

电枢电压 U_a（V）										
$T_L=0.7\,N\cdot m$ 转速 n（r/min）										
$T_L=0.4\,N\cdot m$ 转速 n（r/min）										
空载时 转速 n（r/min）										

8）根据调速特性实验数据，在坐标纸上以电枢电压 U_a 为 x 轴，绘制不同负载转矩 T_L 下的一簇 $n=f(U_a)$ 特性曲线并分析曲线特点。

3. 注意事项

1）在降低电压时特别要注意，不能使励磁电流过小，励磁电流过小会导致转速过高，电枢电流过大会发生事故。

2）实训时需要注意机组的运转是否平滑，有无噪声（若振动过大，则表明机组对接不同心，要重新调整）。

3）通电前务必关掉直流可调电源开关及制动器加载电源开关，并将其调节电位器逆时针旋转到底。防止电动机飞车或堵转对电动机造成损坏。

【考核评价】

在规定的时间之内完成任务，从知识与技能、学习态度与团队意识、安全生产与职业操守 3 个方面进行综合考核评价，考核评价表如表 1-7 所示。

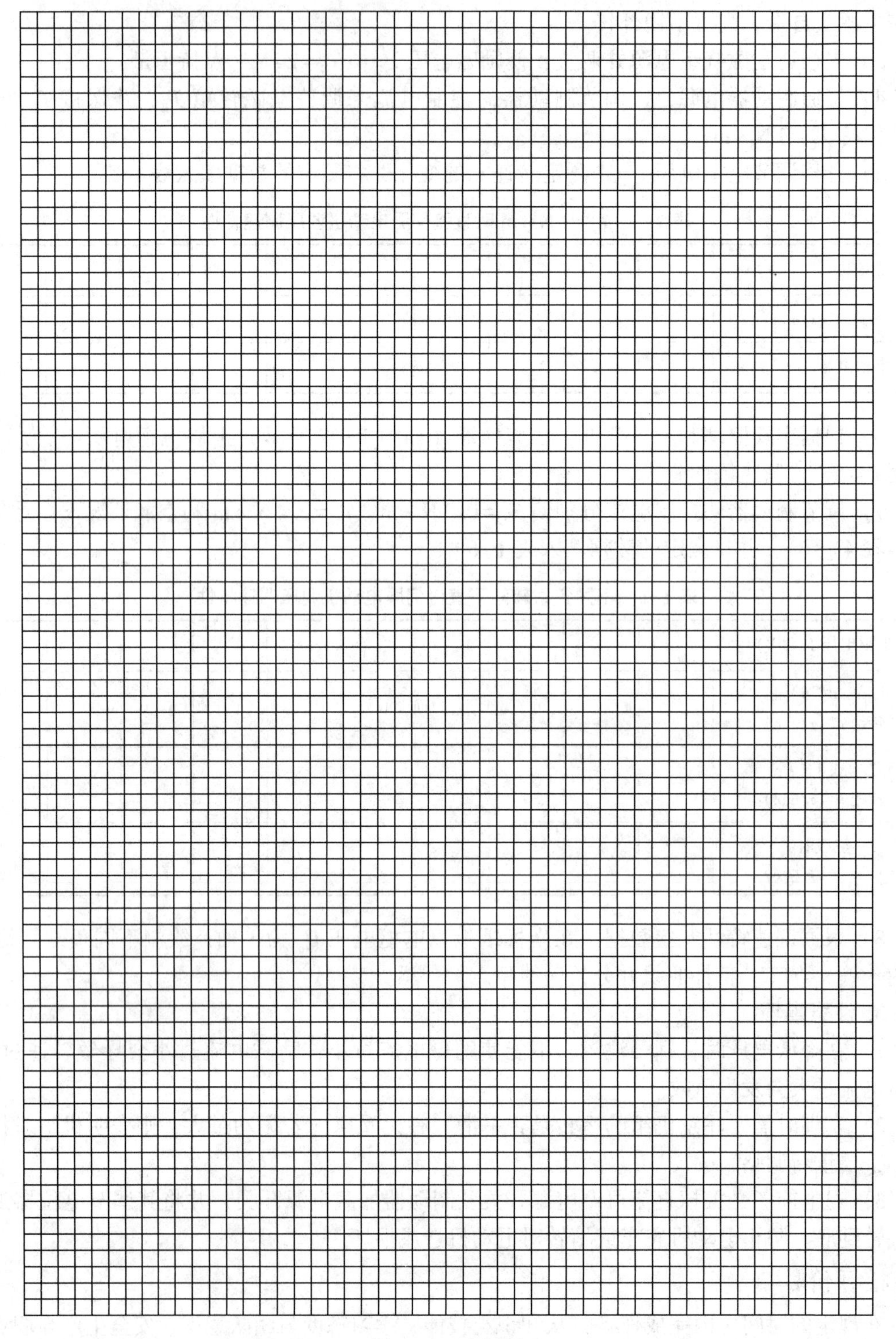

图 1-27　坐标纸

表 1-7　考核评价表

<table>
<tr><th rowspan="2">考核内容</th><th rowspan="2">考核方式</th><th colspan="5">评价标准与得分</th></tr>
<tr><th>标　准</th><th>分值</th><th>互评</th><th>教师评价</th><th>得分</th></tr>
<tr><td rowspan="3">知识与技能（70 分）</td><td rowspan="3">教师评价+互评</td><td>能正确使用工具和仪表，能按照电路图正确接线</td><td>30 分</td><td rowspan="3"></td><td rowspan="3"></td><td rowspan="3"></td></tr>
<tr><td>操作及调试过程是否正确</td><td>20 分</td></tr>
<tr><td>调速特性测试数据是否正确</td><td>20 分</td></tr>
<tr><td rowspan="3">学习态度与团队意识（15 分）</td><td rowspan="3">教师评价</td><td>自主学习和组织协调能力</td><td>5 分</td><td rowspan="3"></td><td rowspan="3"></td><td rowspan="3"></td></tr>
<tr><td>分析和解决问题的能力</td><td>5 分</td></tr>
<tr><td>互助和团队协作意识</td><td>5 分</td></tr>
<tr><td rowspan="3">安全生产与职业操守（15 分）</td><td rowspan="3">教师评价+互评</td><td>安全操作、文明生产职业意识</td><td>5 分</td><td rowspan="3"></td><td rowspan="3"></td><td rowspan="3"></td></tr>
<tr><td>诚实守信、创新进取精神</td><td>5 分</td></tr>
<tr><td>遵章守纪、产品质量意识</td><td>5 分</td></tr>
<tr><td colspan="4">总分</td><td></td><td></td><td></td></tr>
</table>

【拓展知识】

1.3.3　直流脉宽调制（PWM）调速系统

在工作电流（或者电功率）较大时，由于控制器件性能的限制，直流电压的获取与直流电压的调节较难同时完成。正因为电动机所驱动的机械系统固有频率较低，因此在直流电动机电枢电压调速方法中以涉及频率较高的脉宽调制方式达到调节电压的目的完全可行。

所谓脉宽调制（Pulse Width Modulation，PWM）技术，就是把恒定的直流电源电压调制成频率一定、宽度可变的脉冲电压序列，从而可以改变平均输出电压的大小。通常把采用脉宽调制（PWM）的直流电动机调速系统，简称为直流脉宽调速系统，即 PWM 直流调速系统。

1. PWM 直流调速系统构成

对直流调速系统而言，一般动/静态性能较好的调速系统都采用双闭环控制系统，因此，对于直流脉宽调速系统，以双闭环为例予以介绍。

PWM 直流调速系统的原理如图 1-28 所示，它由主回路和控制回路两部分组成。系统采用转速—电流双闭环控制方案。速度调节器和电流调节器均为 PI 调节器，转速反馈信号由直流测速发电机 TG 得到，电流反馈信号由霍尔电流变换器得到。与晶闸管调速系统相比，转速调节器和电流调节器原理一样，不同的是脉宽调制器和功率放大器。

2. 直流脉宽调制原理

直流脉宽调制是利用电子开关，将直流电源电压转换为一定频率的方波脉冲电压，再通过对方波脉冲宽度的控制来改变供电电压大小与极性，从而达到对电动机进行变压调速的一种方法。

在直流脉宽调速系统中，晶体管基极的驱动信号是脉冲宽度可调的电压信号。脉宽调制器实际上是一种电压—脉冲变换器，由电流调节器的输出电压 U_C 控制，给 PWM 装置输出脉冲电压信号，其脉冲宽度和 U_C 成正比。常用的脉宽调制器按调制信号的不同分为锯齿波脉宽调制器、三角波脉宽调制器、由多谐振荡器和单稳态触发电路组成的脉宽调制器和数字脉宽调制器等几种。下面以锯齿波脉宽调制器为例来说明脉宽调制原理。

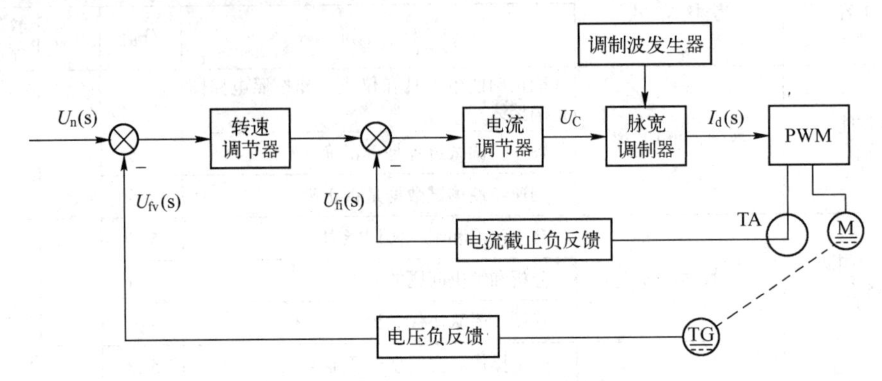

图 1-28　PWM 直流调速系统的原理

U_n(S)—速度调节给定电压信号　U_{fv}(S)—速度调节反馈电压信号　U_{fi}(S)—电流调节反馈电压信号

U_C—电流调节输出电压　I_d(S)—脉宽调节器输出电流信号

锯齿波脉宽调制器是一个由运算放大器和几个输入信号组成的电压比较器，原理图如图 1-29 所示。

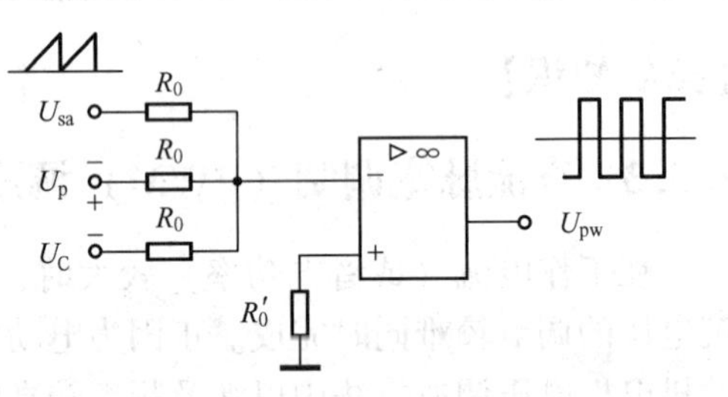

图 1-29　锯齿波脉宽调制器原理图

在运算放大器反相输入端上共有 3 个输入信号。一个输入信号是锯齿波调制信号 U_{sa}，由锯齿波发生器提供，其频率是主电路所需的开关调制频率。另一个输入信号是控制电压 U_C，是系统的给定信号经转速调节器、电流调节器输出的直流控制电压，其极性与大小随时可变。U_C与 U_{sa} 在运算放大器的输出端叠加，从而在运算放大器的输出端得到周期不变、脉冲宽度可变的调制输出电压 U_{pw}。为了得到双极式脉宽调制电路所需的控制信号，再在运算放大器的输入端引入第三个输入信号——负偏差电压 U_p，其值为

$$U_p=-\frac{1}{2}U_{samax} \tag{1-17}$$

由式（1-17）可分析得：

1）当 $U_C=0$ 时，输出脉冲电压 U_{pw}的正负脉冲宽度相等，如图 1-30a 所示。

2）当 $U_C>0$ 时，$+U_C$的作用和$-U_p$相减，经运算放大器倒相后，输出脉冲电压 U_{pw}的正半波变窄，负半波变宽，如图 1-30b 所示。

3）当 $U_C<0$ 时，$-U_C$的作用和$-U_p$相加，则情况相反，输出脉冲电压 U_{pw}的正半波增宽，负半波变窄，如图 1-30c 所示。

动画 1-4　PWM 控制直流电机

这样，通过改变控制电压 U_C的极性，也就改变了双极式 PWM 变换器输出平均电压的极性，因而改变了电动机的转向。通过改变控制电压 U_C的大小，就能改变输出脉冲电压的宽度，从而改变电动机的转速。

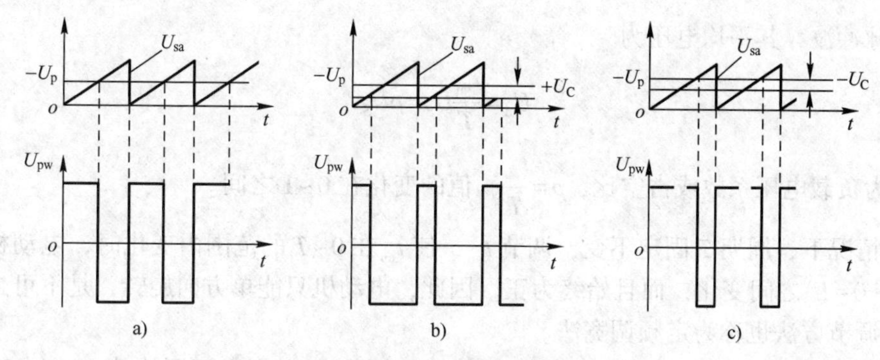

图 1-30 锯齿波脉宽调制器波形图

a) $U_C=0$ b) $U_C>0$ c) $U_C<0$

3. PWM 变换器

所谓脉宽调制（Pulse Width Modulation，PWM）变换器，实际上就是一种直流斩波器。当电子开关在控制电路的作用下按某种控制规律进行通断时，在电动机两端就会得到调速所需的、有不同占空比的直流供电电压 U_d。采用简单的单管控制时，脉宽电路被称作直流斩波器，后来逐渐发展成用各种脉冲宽度调制开关的控制电路，而这种器件则被称为脉宽调制变换器。PWM 脉宽调制电路的外形及内部结构如图 1-31 所示，系统结构框图如图 1-32 所示。

图 1-31 PWM 脉宽调制电路的外形及内部结构

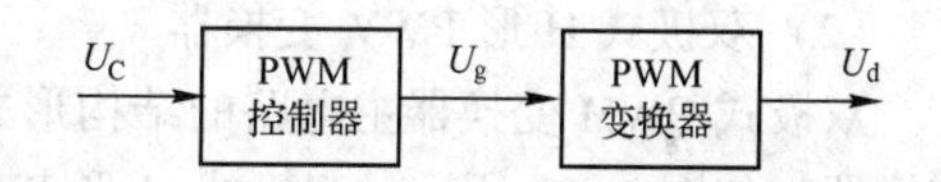

图 1-32 PWM 脉宽调制电路的系统结构框图

U_C—输入控制电压 U_g—调制输出电压

U_d—变换输出直流电压

脉宽调制变换器按电路的不同主要分为不可逆与可逆两大类。其中，不可逆 PWM 变换器又分为有制动力和无制动力两类，可逆 PWM 变换器在控制方式上可分双极式、单极式和受限单极式 3 种。

（1）不可逆 PWM 变换器

不可逆 PWM 变换器就是直流斩波器，是最简单的 PWM 变换器，其原理如图 1-33 所示，它采用了全控式的电力晶体管，开关频率可达数十千赫兹。直流电压 U_S 由不可控整流电源提供，采用大电容滤波，二极管 VD 在晶体管 VT 关断时为电枢回路提供释放电感储能的续流回路。

大功率晶体管 VT 的基极由脉宽可调的脉冲电压 U_b 驱动。当 U_b 为正时，VT 饱和导通，电源电压 U_S 通过 VT 的集电极回路加到电动机电枢两端；当 U_b 为负时，VT 截止，电动机电枢两端无外加电压，电枢的磁场能量经二极管 VD 释放（续流）。电动机电枢两端得到的电

压 U_{AB}为脉冲波，其平均电压为

$$U_d = \frac{t_{on}}{T} U_S = \rho U_S \tag{1-18}$$

式中　ρ 为负载电压系数或占空比，$\rho = \frac{t_{on}}{T}$，值的变化在 0~1 之间。

一般情况下，周期 T 固定不变，调节 t_{on}，使 t_{on} 在 0~T 的范围内变化时，电动机电枢端电压 U_d 在 0~U_S 之间变化，而且始终为正。因此，电动机只能单方向旋转，是不可逆调速系统，这种调节方法也称为定频调宽法。

图 1-34 所示为稳态时电动机电枢的脉冲端电压 U_S、电枢电压平均值 U_d、电动机反电势 E 和电枢电流 i_d 的波形。

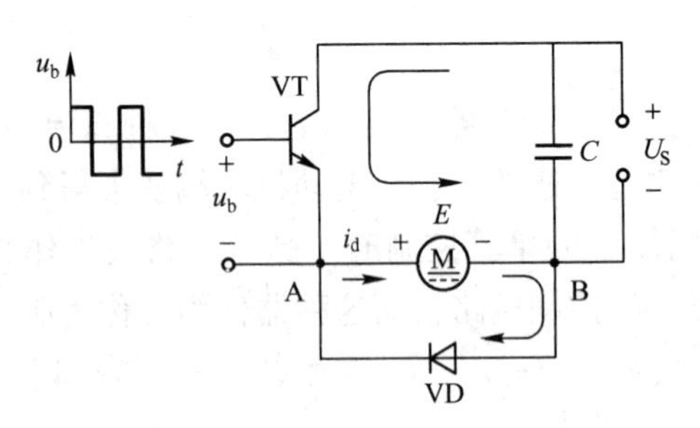

图 1-33　不可逆 PWM 变换器原理

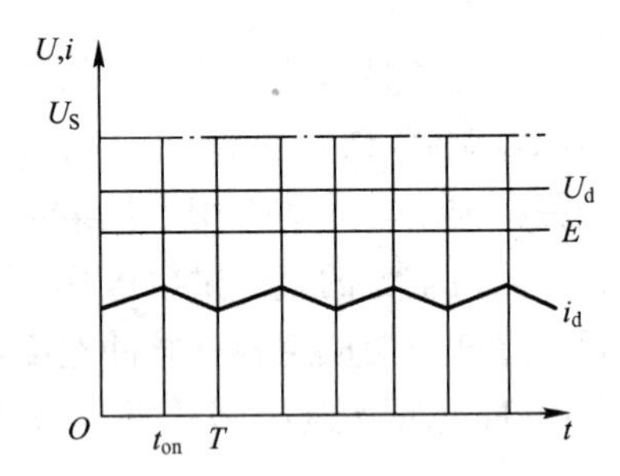

图 1-34　电压和电流波形

由于晶体管开关频率较高，利用二极管 VD 的续流作用，电枢电流 i_d 是连续的，而且脉动幅值不是很大，对转速和反电势的影响都很小，为突出主要问题，可忽略不计，即认为转速和反电势为恒值。

（2）双极式 H 形 PWM 变换器

双极式 PWM 变换器主电路的结构形式有 H 形和 T 形两种，这里主要讨论常用的 H 形变换器。如图 1-35 所示，双极式 H 形 PWM 变换器由 4 个晶体管和 4 个二极管组成，其连接形状如同字母 H，因此称为“H 形”PWM 变换器。它实际上是两组不可逆 PWM 变换器电路的组合。

在图 1-35 所示的电路中，4 个晶体管的基极驱动电压分为两组，VT_1 和 VT_4 同时导通和关断，其驱动电压 $u_{b1} = u_{b4}$；VT_2 和 VT_3 同时导通和关断，其驱动电压 $u_{b2} = u_{b3} = -u_{b1}$，它们的波形如图 1-36 所示。

在一个周期内，当 $0 \leqslant t < t_{on}$ 时，u_{b1} 和 u_{b4} 为正，晶体管 VT_1 和 VT_4 饱和导通；而 u_{b2} 和 u_{b3} 为负，VT_2 和 VT_3 截止。这时，电动机电枢 AB 两端电压 $u_{AB} = +U_S$，电枢电流 i_d 流向：电源 U_S 的正极→VT_1→电动机电枢→VT_4→到电源 U_S 的负极。

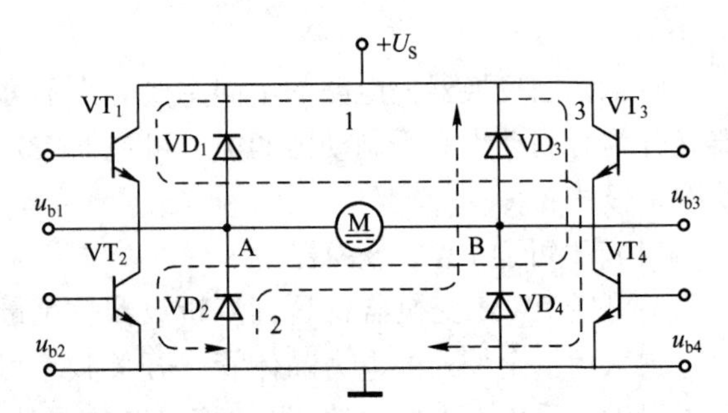

图 1-35　双极式 H 形 PWM 变换器原理图

当 $t_{on} \leqslant t < T$ 时，u_{b1} 和 u_{b4} 变负，VT_1 和 VT_4 截止；u_{b2} 和 u_{b3} 变正，但 VT_2 和 VT_3 并不能立即导通，因为在电动机电枢电感向电源 U_S 释放能量的作用下，电流 i_d 沿回路 2 经 VD_2 和

VD_3形成续流，在VD_2和VD_3上的压降使VT_2和VT_3的集电极—发射极间承受反压，当i_d过零后，VT_2和VT_3导通，i_d反向增加，到$t=T$时i_d达到反向最大值，这期间电枢AB两端电压$u_{AB}=-U_S$。

由于电枢两端电压u_{AB}的正负变化，使得电枢电流波形根据负载大小分为两种情况：

1）当负载电流较大时，电流i_d的波形如图1-36中的i_{d1}。由于平均负载电流大，在续流阶段（$t_{on}<t<T$），电流仍维持正方向，电动机工作在正向电动状态。

2）当负载电流较小时，电流i_d的波形如图1-36中的i_{d2}。由于平均负载电流小，在续流阶段，电流很快衰减到零，于是VT_2和VT_3的C-E极间反向电压消失，VT_2和VT_3导通，电枢电流反向，i_d的流向为电源U_S正极→VT_2→电动机电枢→VT_3→电源U_S负极，电动机处在制动状态。同理，在$0\leqslant t<T$期间，电流也有一次倒向。

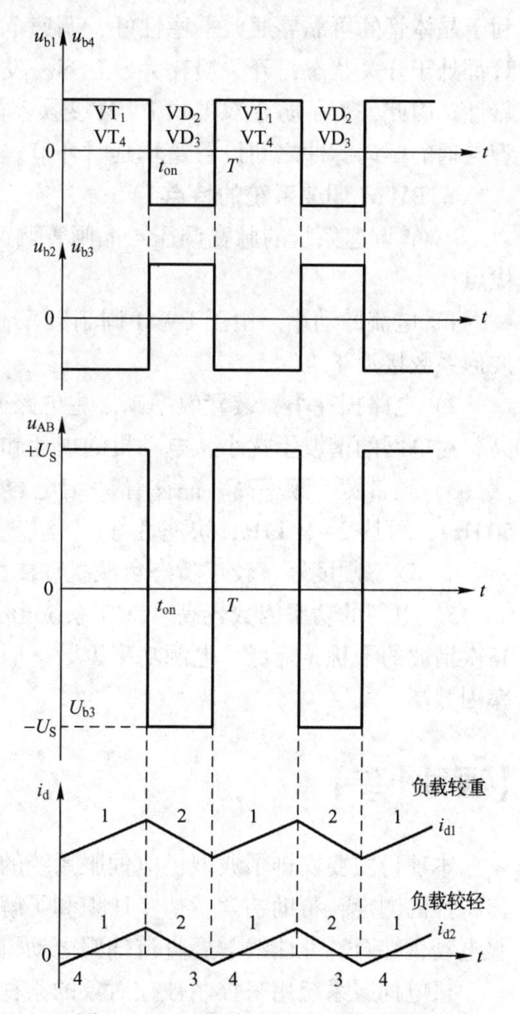

图1-36　双极式H形PWM变换器电压和电流波形图

由于在一个周期内，电枢两端的电压正负相间，即在$0\leqslant t<t_{on}$期间为$+U_S$，在$t_{on}<t<T$期间为$-U_S$，所以称为双极式PWM变换器。利用双极式PWM变换器，只要控制其正负脉冲电压的宽窄，就能实现电动机的正转和反转。

当正脉冲较宽时（$t_{on}>T/2$），电枢两端的平均电压为正，电动机正转；当正脉冲较窄时（$t_{on}<T/2$），电枢两端的平均电压为负，电动机反转。如果正负脉冲电压宽度相等（$t_{on}=T/2$），平均电压为零，则电动机停止。此时电动机的停止与4个晶体管都不导通时的停止是有区别的，4个晶体管都不导通时的停止是真正的停止。平均电压为零时的电动机停止，电动机虽然不动，但电动机电枢两端的瞬时电压值和瞬时电流值都不为零，而是交变的，电流平均值为零，不产生平均转矩，但电动机带有高频微振，因此能克服静摩擦阻力，消除正反向的静摩擦死区。

双极式可逆PWM变换器电枢平均端电压可用公式表示为

$$U_d=\frac{t_{on}}{T}U_S-\frac{T-t_{on}}{T}U_S=\left(\frac{2t_{on}}{T}-1\right)U_S \tag{1-19}$$

以$\rho=U_d/U_S$来定义PWM电压的占空比，则ρ与t_{on}的关系为

$$\rho=\frac{2t_{on}}{T}-1 \tag{1-20}$$

调速时，其值变化范围为$-1\leqslant\rho\leqslant1$。当$\rho$为正值时，电动机正转；当$\rho$为负值时，电动

机反转；当$\rho=0$时，电动机停止。

双极式PWM变换器的优点是：①电流连续；②可使电动机在4个象限中运行；③电动机停止时，有微振电流，能消除静摩擦死区；④低速时，每个晶体管的驱动脉冲仍较宽，有利于晶体管的可靠导通，平稳性好，调速范围大。缺点是：在工作过程中，4个大功率晶体管都处于开关状态，开关损耗大，且容易发生上、下两管同时导通的事故，降低了系统的可靠性。因此，为了防止双极式PWM变换器的上、下两管同时导通，一般在一管关断和另一管导通的驱动脉冲之间设置逻辑延时环节。

4. PWM调速系统的特点

PWM调速系统的脉宽调压与晶闸管调速系统的触发角方式调压相比，脉宽调压有以下优点：

1）电流脉动小。由于PWM调制频率高，电动机负载呈感性对电流脉动有平滑作用，波形系数接近于1。

2）电路损耗小，装置效率高。主电路简单，所用的功率元件少。控制用的开关频率较高，对电网的谐波干扰小，电动机的损耗和发热都比较小。

3）频带宽、频率高。晶体管“结电容”小，开关频率远高于晶闸管的开关频率（约50 Hz），可达2~10 kHz，快速性好。

4）动态硬度好。较正瞬态负载扰动能力强，频带宽，动态硬度高。

5）电网的功率因数较高。SCR系统由于导通角的影响，易使交流电源产生波形畸变、高次谐波的干扰，降低了电源功率因数。而PWM系统的直流电源为不受控的整流输出，功率因数高。

【项目小结】

本项目主要安排了典型机电伺服系统的拆装和调试，直流伺服电动机工作特性和调压调速特性的测定，帮助初学者初步认识和了解伺服系统的概念、基本组成及特点，通过直流伺服电动机综合特性曲线掌握直流伺服电动机的工作原理、主要特性及基本调速方法。

机电伺服系统用来控制被控对象的某种状态，使其能够自动地、连续地、精确地复现输入信号的变化规律。本项目主要介绍了机电伺服系统的基本概念及分类、系统的结构组成及特点和伺服技术发展的过程及趋势。

伺服系统可以按照驱动方式、功能特征和控制方式等划分为不同类型。按驱动方式的不同可分为电气伺服系统、液压伺服系统和气动伺服系统3种，其中，电气伺服系统根据电气信号可分为直流伺服系统和交流伺服系统两大类；按照功能的不同可分为位置伺服系统、速度伺服系统和转矩伺服系统等；根据控制方式，又可分为开环伺服系统、半闭环伺服系统和闭环伺服系统3种类型。

伺服系统主要由伺服驱动装置和驱动元件组成，高性能的伺服系统还有检测装置，反馈实际的输出状态。伺服系统的发展经历了由液压伺服系统到电气伺服系统的过程。控制理论的发展及智能控制的兴起和不断成熟，以及计算机技术、微电子技术的迅猛发展，为伺服系统向交流化、全数字化、多功能化、高性能化、模块化、网络化和低成本化方向发展奠定了坚实的基础。

直流伺服系统是用直流伺服电动机作为执行元件的伺服系统。直流伺服系统具有控制特性优良、调速范围宽、调速比大、起动/制动性能好、定位精度高等优点。但由于直流伺服电动机也存在结构复杂、成本较高、维护困难、单机容量和转速都受到限制等缺点，随着计算机控制技术和电力电子技术的发展，推动了交流伺服技术的迅猛发展，有代替直流伺服系统的趋势。然而，直流伺服系统在理论和实践等方面发展比较成熟，从控制角度考虑，它又是交流伺服系统的基础，故应先学好直流伺服系统。

直流伺服电动机，实质上就是一台他励磁直流电动机。本项目还介绍了直流伺服电动机的原理、类型及主要特性，直流伺服电动机调速系统，并着重分析了晶闸管直流调速系统和脉宽调制（PWM）直流调速系统的结构、调速原理和系统性能等知识。由于其具有良好的起动、制动和调速特性，可以方便地在宽范围内实现平滑无级调速，故多用在对伺服电动机的调速性能要求较高的生产设备中，如火花机、机械手、精确的机器等。

思考与练习

一、选择题

1. 直流伺服电动机和普通直流电动机的（　　）。

A. 工作原理及结构完全相同　　B. 工作原理相同，但结构不同
C. 工作原理不同，但结构相同　　D. 工作原理及结构完全不同

2. 闭环系统比开环系统及半闭环系统（　　）。

A. 稳定性好　　B. 故障率低　　C. 精度低　　D. 精度高

3. 闭环控制的数控机床，其反馈装置一般安装在系统的反馈装置（　　）。

A. 电动机轴　　B. 伺服放大器
C. 传动丝杠　　D. 机床工作台

4. 对于一个设计合理、制造良好的带位置闭环控制系统的数控机床，可达到的精度由（　　）决定。

A. 机床机械结构的精度　　B. 检测元件的精度
C. 计算机的运算速度　　D. 驱动装置的精度

5. 数控机床伺服系统是以（　　）为直接控制目标的自动控制系统。

A. 机械运动速度　　B. 机械位移　　C. 切削力　　D. 切削速度

6. 速度单闭环系统中，不能抑制（　　）的扰动。

A. 调节器放大倍数　　B. 电网电压波动
C. 负载　　D. 测速机励磁电流

7. 转速—电流双闭环不可逆系统正常稳定运转后，发现原定正向与机械要求的正方向相反，需改变电动机运行方向。此时不应（　　）。

A. 调换磁场接线　　B. 调换电枢接线
C. 同时调换磁场和电枢接线　　D. 同时调换磁场和测速发电机接线

8. 一个设计较好的双闭环调速系统在稳态工作时（　　）。

A. 两个调节器都饱和　　B. 两个调节器都不饱和
C. ASR 饱和，ACR 不饱和　　D. ASR 不饱和，ACR 饱和

9. 在速度负反馈单闭环调速系统中，当（　　）参数变化时系统无调节能力。

A. 放大器的放大倍数 K_p　　B. 负载变化

C. 转速反馈系数　　D. 供电电网电压

10. 为了增加系统响应的快速性，应该在系统中引入（　　）环节进行调节。

A. P 调节器　　B. I 调节器　　C. PI 调节器　　D. PID 调节器

二、填空题

1. 伺服系统根据控制原理，即有无检测反馈传感器及其检测部位，可分为________、________和________3 种基本的控制方案。

2. 伺服系统主要由________、________、________、________和________5 部分组成。

3. 脉宽调速系统中，开关频率越高，电流脉动越________，转速波动越________，动态开关损耗越________。

4. 脉宽调制简称为 PWM，它可将________转换成频率一定、宽度可变的________，从而改变输出电压平均值的一种变换技术。

5. 调速控制系统是通过对________的控制，将________转换成________，并且控制工作机械按________的运动规律运行的装置。

三、判断题

1. 伺服系统能够自动地、连续地、精确地复现输入信号的变化规律。（　　）

2. 开环伺服系统的定位精度完全依赖于步进电动机或电液脉冲马达的步距精度及传动机构的精度。（　　）

3. 转矩控制可以通过即时改变模拟量的设定来改变设定的转矩大小，也可通过通信方式改变对应地址的数值来实现。（　　）

4. 闭环系统比开环系统具有更高的稳定性。（　　）

5. 双闭环调速系统在起动过程中，速度调节器总是处于饱和状态。（　　）

6. 弱磁控制时，直流电动机的电磁转矩属于恒功率性质，只能拖动恒功率负载而不能拖动恒转矩负载。（　　）

7. 转速电流双闭环速度控制系统中，将转速调节为 PID 调节器时转速总有超调。（　　）

8. 电流—转速双闭环无静差可逆调速系统稳态时，控制电压 U_k 的大小并非仅取决于速度给定 U_g^* 的大小。（　　）

9. 可逆脉宽调速系统中，电动机的转动方向（正或反）由驱动脉冲的宽窄决定。（　　）

10. 直流电动机弱磁升速的前提条件是恒定电动势反电势不变。（　　）

四、简答题

1. 什么是机电伺服系统？其发展经历了哪些阶段？

2. 高性能的机电伺服系统由哪些部分组成？各有什么功能？

3. 伺服系统按照功能的不同可分为哪几类？各有什么特点？

4. 在转速-电流双闭环调速系统中，转速调节器有哪些作用？其输出限幅值应按什么要求来整定？

5. 试回答双极式和单极式 H 形 PWM 变换器的优缺点。

6. 速度调节器和电流调节器均采用 PI 调节器的双闭环系统起动过程的特点是什么？

五、综合分析题

1. 双闭环调速系统中，反馈断线会出现什么情况？正反馈会出现什么情况？

2. 某双闭环调速系统中，ASR、ACR 均采用 PI 调节器。已知参数：电动机 $P_N = 3.7\,kW$，$U_N = 220\,V$，$I_N = 20\,A$，$n_N = 1000\,r/min$，电枢回路总电阻 $R = 1.5\,\Omega$，设 $U_{nm} = U_{im} = 10\,V$，电枢回路最大电流 $I_{dm} = 30\,A$，电力电子变换器的放大系数 $K_S = 40$。

试求：

（1）电流反馈系数 β 和转速反馈系数 α？

（2）突增负载后又进入稳定运行状态，则 ACR 的输出电压 U_c、变流装置输出电压 U_d、电动机转速 n，较负载变化前是增加、减少还是不变？为什么？

（3）如果速度给定 U_n 不变时，要改变系统的转速，可调节什么参数？

项目 2　交流伺服系统及应用

学习目标

- 理解交流伺服电动机的工作原理和主要特性；
- 了解交流伺服电动机的结构组成和主要性能；
- 掌握交流伺服系统的组成和主要类型；
- 掌握交流伺服驱动器的工作原理；
- 掌握 SPWM 逆变器的主要调制技术；
- 掌握伺服电动机转速控制原理及应用；
- 掌握伺服电动机位置控制原理及应用；

任务 2.1　交流伺服电动机空载 JOG 运行

【任务描述】

交流伺服电动机空载 JOG 运行中的 JOG 即为点动信号。为了检查驱动器、电动机、编码器的基本情况，在驱动器使用前可先单独接通控制电源和主电源，在 JOC 模式下进行电动机的试运转，此时伺服驱动器不需要控制信号，运行时不用连接驱动器的 CN1。

本任务以 ΣV 系列驱动器为例，通过伺服驱动与电动机的连接和试运转，学习交流伺服电动机的参数设置和基本操作方法，使用面板操作器设置功能参数，选择 JOG 模式，选择 Pn304，转速设置为 500，按下 UP 和 DOWN 键控制电动机正反转的切换，填写调试运行记录，整理相关文件并进行检查评价。

【基础知识】

2.1.1　交流伺服电动机

交流伺服电动机在伺服系统中用作执行元件，其任务是将控制电信号快速地转换为转轴的转动。输入的电压信号称为控制信号或控制电压，改变控制电压可以改变伺服电动机的转速及转向。

自动控制系统对交流伺服电动机的要求主要有以下几点：

1）转速和转向应方便地受控制信号的控制，调速范围要大。

2）整个运行范围内的特性应接近线性关系，保证运行的稳定性。

3）当控制信号消除时，伺服电动机应立即停转，即电动机无“自转”现象。

4）控制功率要小，起动转矩应大。

5）机电时间常数要小，起动电压要低。当控制信号变化时，反应要快速、灵敏。

1. 交流伺服电动机的结构与特点

交流伺服电动机主要可分为两大部分，即定子部分和转子部分。定子的结构与旋转变压器的定子基本相同，在定子铁心中也有空间互成 90°电角度的两相绕组，如图 2-1 所示。其中 l_1-l_2 称为励磁绕组，k_1-k_2 称为控制绕组，所以交流伺服电动机是一种两相的交流电动机。转子的常用的有笼型转子和非磁性杯型转子。

（1）笼型转子

笼型转子交流伺服电动机的结构如图 2-2 所示，它的转子由转轴、转子铁心和转子绕组等组成。如果去掉铁心，整个转子绕组形成一鼠笼状，“笼型转子”即由此得名。笼的材料有用铜的，也有用铝的。

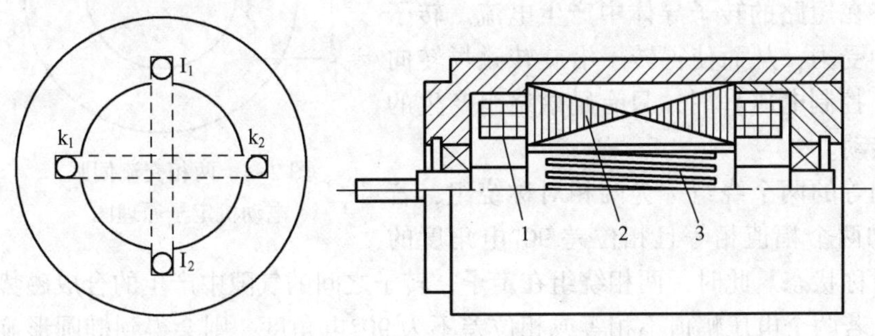

图 2-1　两相绕组分布图

图 2-2　笼型转子交流伺服电动机的结构

1—定子绕组　2—定子铁心　3—笼型转子

动画 2-1　交流伺服电动机的结构

笼型转子体积小，重量轻，效率高，起动电压低，灵敏度高，激励电流较小，机械强度较高，可靠性好，能经受高温、振动、冲击等恶劣环境条件。但在低速运转时不够平滑，有抖动等现象。因此在小功率伺服控制系统中得到了广泛应用。

（2）非磁性杯型转子

非磁性杯型转子交流伺服电动机的结构如图 2-3 所示，外定子与笼型转子伺服电动机的定子完全一样，内定子由环形钢片叠成。通常内定子不放绕组，只是代替笼型转子的铁心，作为电动机磁路的一部分。在内、外定子之间有细长的空心转子装在转轴上，空心转子做成杯子形状，所以又称为空心杯型转子。空心杯由非磁性材料铝或铜制成，它的杯壁极薄，一般在 0.3 mm 左右。杯型转子套在内定子铁心外，并可以通过转轴在内、外定子之间的气隙中自由转动，而内、外定子是不动的。

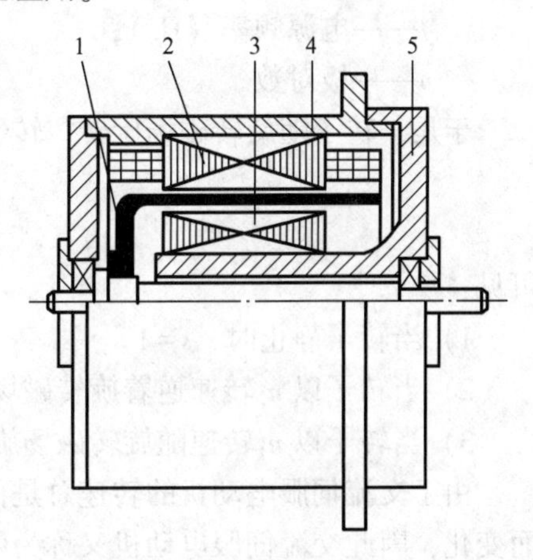

图 2-3　非磁性杯型转子交流伺服电动机的结构

1—杯型转子　2—外定子　3—内定子　4—机壳　5—端盖

可见，杯型转子与笼型转子虽然在外形上不一样，但在内部结构上，杯型转子可以看作笼条数目非常多、条与条之间彼此紧靠在一起的笼型转子，杯型转子的两端也可看作由短路环相连接。因此，杯型转子只是笼型转子的一种特殊形式。

非磁性杯型转子惯量小，轴承摩擦阻转矩小。由于它的转子没有齿和槽，转子一般不会有抖动现象，运转平稳。由于杯型转子内、外定子间的气隙较大（杯壁厚度加上杯壁两边的气隙），所以励磁电流大，电动机效率降低。另外，杯型转子伺服电动机结构和制造工艺比较复杂。因此，目前广泛应用的是笼型转子伺服电动机，只有在要求低噪声及运转非常平稳的某些特殊场合下，才采用非磁性杯型转子伺服电动机。

2. 交流伺服电动机的基本工作原理

交流伺服电动机使用时，励磁绕组两端施加恒定的励磁电压 U_f，控制绕组两端施加控制电压 U_k，如图 2-4 所示。定子两相的轴线在空间互差 90°电角度绕组中，通入相位上互差 90°的电压，产生旋转磁场。转子导体切割该磁场，从而产生感应电势，该电势在短路的转子导体中产生电流。转子载流导体在旋转磁场中受力，从而使得转子沿旋转磁场转向旋转。当无控制信号（控制电压）时，只有励磁绕组产生的脉动磁场，转子不能转动。

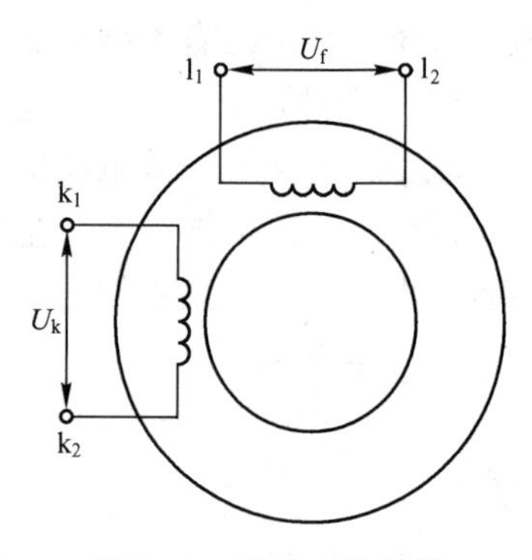

图 2-4　两相交流伺服电动机定子原理图

通常将有效匝数相等的两个绕组称为两相对称绕组，若在两相对称绕组上施加两个幅值相等且相位差 90°电角度的电压，则电动机处于对称状态。此时，两相绕组在定子、转子之间的气隙中产生的合成磁势是一个圆形旋转磁场。若两个电压幅值不相等或相位差不为 90°电角度，则会得到椭圆形旋转磁场。

将旋转磁场的转速称为同步转速 n_s，其值只与电动机极数和电源频率有关，关系式为

$$n_s = \frac{f}{p} = \frac{60f}{p} \tag{2-1}$$

式中　n_s——同步转速（r/min）；

f——电源频率（Hz）；

p——极对数。

于是，转子随旋转磁场旋转。转子的实际转速为 n，转差率 s 为

$$s = \frac{n_s - n}{n_s} \tag{2-2}$$

可见：

1）当转子静止时，$s=1$。

2）当转子以 n_s转速逆着旋转磁场旋转时，$s=2$。

3）当转子以 n_s转速随旋转磁场旋转时，$s=0$。

由于交流伺服电动机的转速总是低于旋转磁场的同步速，而且随着负载阻转矩值的变化而变化，因此交流伺服电动机又称为两相异步伺服电动机。

3. 交流伺服电动机的运行特性

交流伺服电动机的主要运行特性如下。

（1）机械特性

转矩 T 和转速 n（转差率 s）的关系称为电动机的机械特性，即 $T=f(n)$ 或 $T=f(s)$。转子电阻不同大小时异步电动机的机械特性如图 2-5 所示。

从图 2-5 中的几条曲线形状的比较还可看出，转子电阻越大，机械特性越接近直线（如特性 3 比特性 2、1 更接近直线），使用时往往对伺服电动机机械特性的非线性度有一定限制。为了改善机械特性线性度，也必须提高转子电阻。所以，具有大的转子电阻和下垂的

机械特性是交流伺服电动机的主要特点。

通常用有效信号系数来表示控制的效果，有效信号系数用 α_e 表示，定义为

$$a_e = \frac{U_k}{U_{kn}} \tag{2-3}$$

式中 U_k——实际的控制电压；

U_{kn}——额定控制电压。

当控制电压 U_k 在 $0\sim U_{kn}$ 变化时，有效系数 α_e 在 $0\sim1$ 之间变化。相同负载下，α_e 越大，电动机的转速越高。幅值控制时，不同 α_e 时的机械特性曲线族如图 2-6 所示。

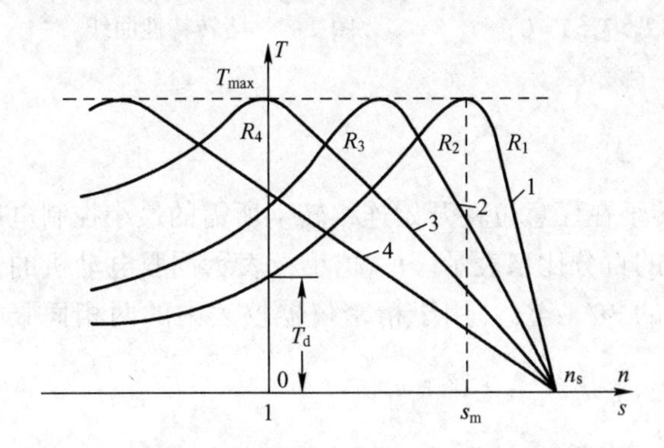

图 2-5 转子电阻不同大小时异步电动机的机械特性

（$R_4>R_3>R_2>R_1$，R 为转子电阻）

T—转矩 n—转速 s—转差率 T_{max}—最大转矩

T_d—堵转转矩 s_m—临界转差率

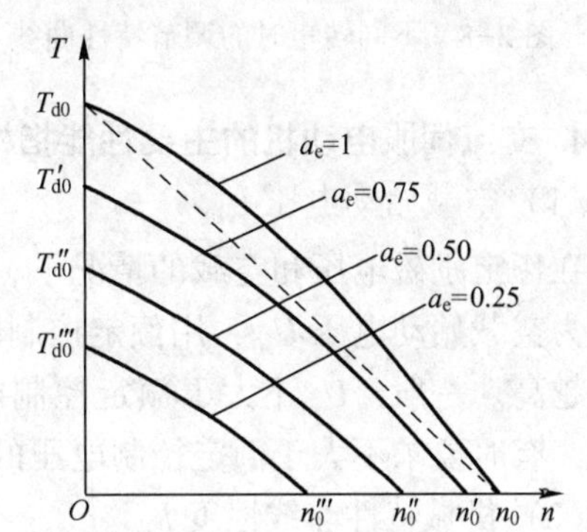

图 2-6 不同 α_e 时的机械特性曲线族

T_{d0}—堵转转矩 α_e—有效系数 n_0—空载转速

（2）输入/输出特性

所谓输入特性，是指电动机在一定的控制电压下，控制绕组和激励回路的输入功率与转差率的关系 $P_1=f(S)$，或输入电流与转差率的关系 $I=f(S)$。同样，输出特性是指在一定的控制电压下，电动机的输出功率与转差率的关系 $P_2=f(S)$。输入/输出特性曲线如图 2-7 所示。

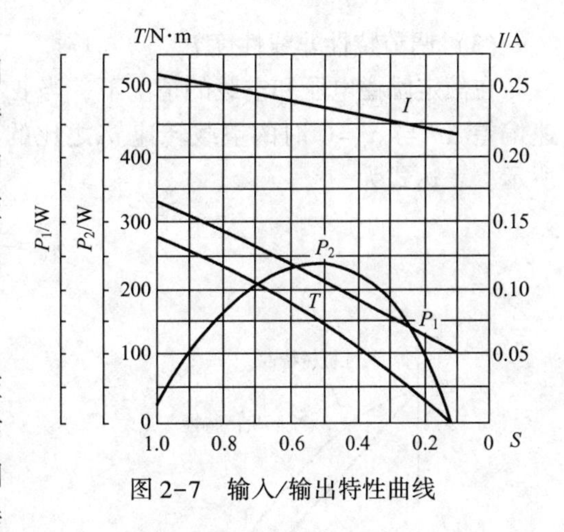

图 2-7 输入/输出特性曲线

（3）调节特性

对于伺服电动机，人们关心的是转速与控制电信号的关系，为清楚表示转速随控制电信号变化的关系，常用调节特性曲线来表示。调节特性就是表示当输出转矩一定的情况下，转速与有效信号系数 α_e 的变化关系，$n=f(\alpha_e)$。图 2-8 所示为不同转矩时的调节特性曲线。

（4）堵转特性

堵转特性是指伺服电动机堵转转矩与控制电压的关系曲线，即 $T_d=f(\alpha_e)$ 曲线，如图 2-9 所示。不同有效信号系数 α_e 时的堵转转矩就是各条机械特性曲线与横坐标的交点。

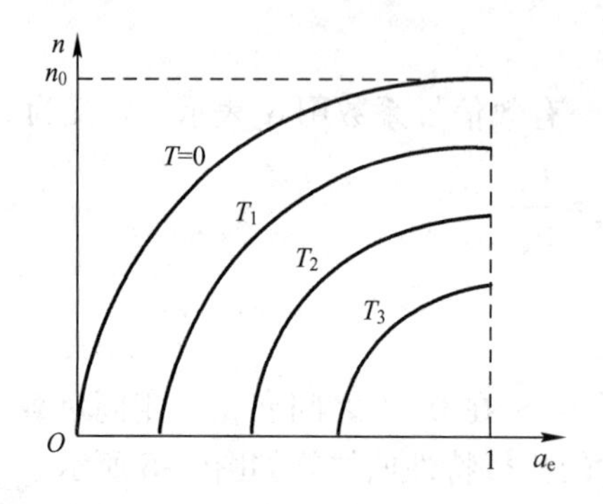

图 2-8　不同转矩时的调节特性曲线（$T_3>T_2>T_1>T=0$）

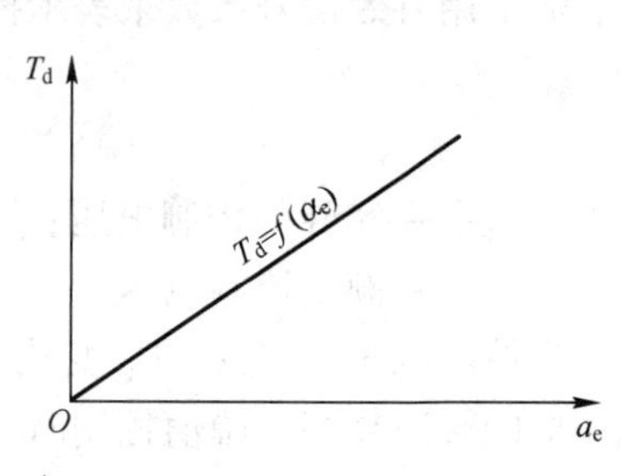

图 2-9　堵转特性曲线

4. 交流伺服电动机的主要性能指标

（1）空载始动电压 U_{s0}

在额定励磁电压和空载的情况下，将转子在任意位置开始连续转动所需的最小控制电压定义为空载始动电压 U_{s0}，用额定控制电压的百分比来表示。U_{s0}越小，表示伺服电动机的灵敏度越高。一般，U_{s0}不大于额定控制电压的 3%～4%；用于精密仪器仪表中的两相伺服电动机，有时要求不大于额定控制电压的 1%。

（2）机械特性非线性度 k_m

在额定励磁电压下，将任意控制电压下的实际机械特性与线性机械特性在转矩 $T=T_d/2$ 时的转速偏差 Δn 与空载转速 n_0（对称状态时）之比的百分数，定义为机械特性非线性度，如图 2-10 所示，表达式为

$$k_m=\frac{\Delta n}{n_0}\times 100\% \tag{2-4}$$

（3）调节特性非线性度 k_v

在额定励磁电压和空载的情况下，当 $\alpha_e=0.7$ 时，将实际调节特性与线性调节特性的转速偏差 Δn 与 $\alpha_e=1$ 时的空载转速 n_0之比的百分数，定义为调节特性非线性度，如图 2-11 所示，表达式为

$$k_v=\frac{\Delta n}{n_0}\times 100\% \tag{2-5}$$

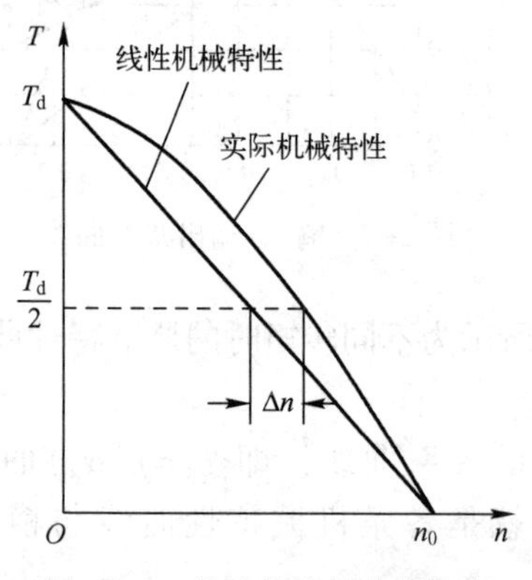

图 2-10　机械特性的非线性度

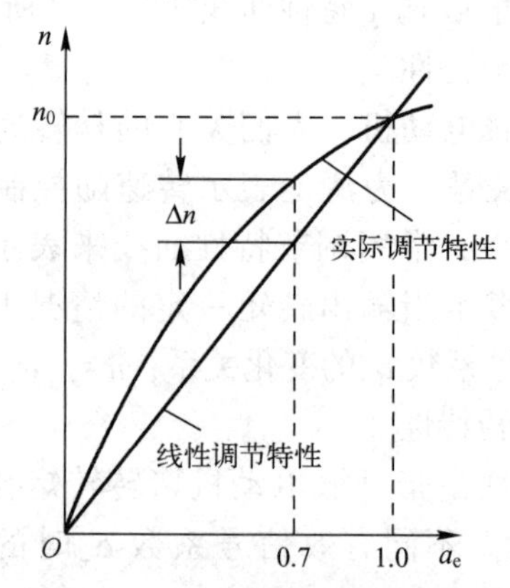

图 2-11　调节特性的非线性度

(4) 堵转特性非线性度 k_d

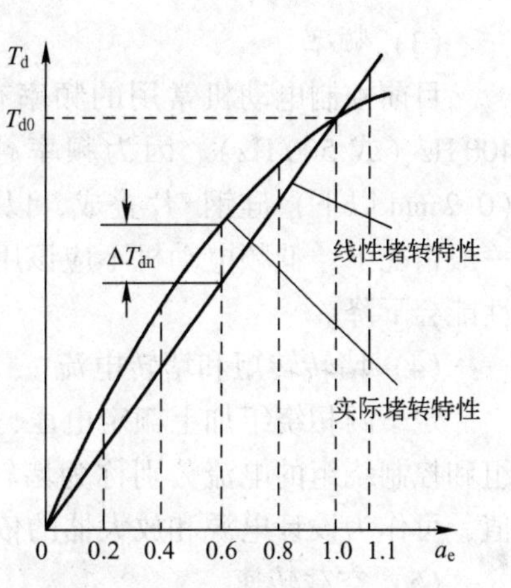

图 2-12 堵转特性的非线性度

在额定励磁电压下，将实际堵转特性与线性堵转特性的最大转矩偏差 $(\Delta T_{dn})_{max}$ 与 $\alpha_e=1$ 时的堵转转矩 T_{d0} 之比值的百分数，定义为堵转特性非线性度，如图 2-12 所示，表达式为

$$k_d=\frac{(\Delta T_{dn})_{max}}{T_{d0}}\times 100\% \tag{2-6}$$

以上这几种特性的非线性度越小，特性曲线越接近直线，系统的动态误差就越小，工作就越准确，一般要求 $k_m\leqslant 10\%$、$k_v\leqslant 20\%$、k_d 不超过±5%。

(5) 机电时间常数 τ_j

当转子电阻相当大时，交流伺服电动机的机械特性接近于直线。如果把 $\alpha_e=1$ 时的机械特性近似地用一条直线来代替，如图 2-6 中的虚线所示，那么与这条线性机械特性相对应的机电时间常数就与直流伺服电动机机电时间常数表达式相同，即

$$\tau_j=\frac{J\omega_0}{T_{d0}} \tag{2-7}$$

式中 J——转子转动惯量；

ω_0——空载角速度；

T_{d0}——堵转转矩。

当电动机工作于非对称状态时，随着 α_e 的减小，相应的时间常数 τ_j 会变大。

5. 交流伺服电动机的主要技术参数

(1) 型号说明

交流伺服电动机的型号主要包括机座号、产品代号、频率代号和性能参数序号 4 个部分。

例如：

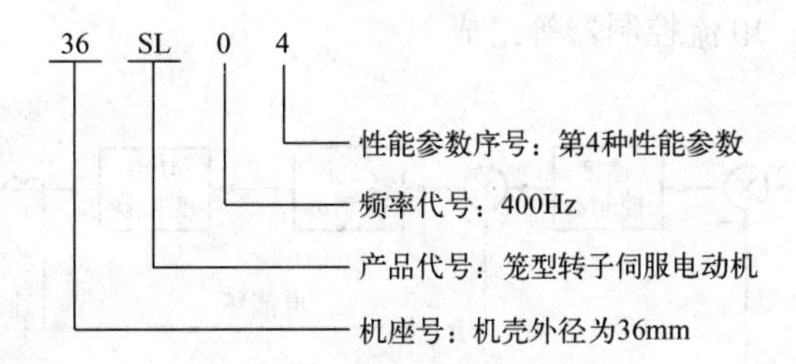

(2) 电压

在技术数据表中，励磁电压和控制电压指的都是额定值。励磁绕组的额定电压一般允许有不超过±5%的波动。电压太高，电动机会发热；电压太低，电动机的性能将下降，如堵转转矩和输出功率会明显下降、加速时间增长等。

当电动机作为电容伺服电动机使用时，应注意到励磁绕组两端电压会高于电源电压，而且随转速升高而增大，其值如果超过额定值太多，会使电动机过热。控制绕组的额定电压有时也称最大控制电压，在幅值控制条件下加上这个电压就能得到圆形旋转磁场。

(3) 频率

目前控制电动机常用的频率有低频和中频两大类，低频为 50 Hz（或 60 Hz），中频为 400 Hz（或 500 Hz）。因为频率越高，涡流损耗越大，所以中频电动机的铁心用较薄的（0.2 mm 以下）硅钢㊀片叠成，以减少涡流损耗；低频电动机则用 0.35~0.5 mm 的硅钢片。一般情况下，低频电动机不应该用中频电源，中频电动机也不应该用低频电源，否则电动机性能会下降。

(4) 堵转转矩和堵转电流

定子两相绕组加上额定电压，转速为 0 时的输出转矩，称为堵转转矩。这时流经励磁绕组和控制绕组的电流分别称为堵转励磁电流和堵转控制电流。堵转电流通常是电流的最大值，可作为设计电源和放大器的依据。

(5) 空载转速

定子两相绕组加上额定电压，电动机不带任何负载时的转速称为空载转速 n_0。空载转速与电动机的极数有关。由于电动机本身阻转矩的影响，空载转速略低于同步转速。

(6) 额定输出功率

当电动机处于对称状态㊁时，输出功率 P_2 随转速 n 变化的情况如图 2-13 所示。当转速接近空载转速 n_0 的一半时，输出功率最大，通常就把这点规定为交流伺服电动机的额定状态。

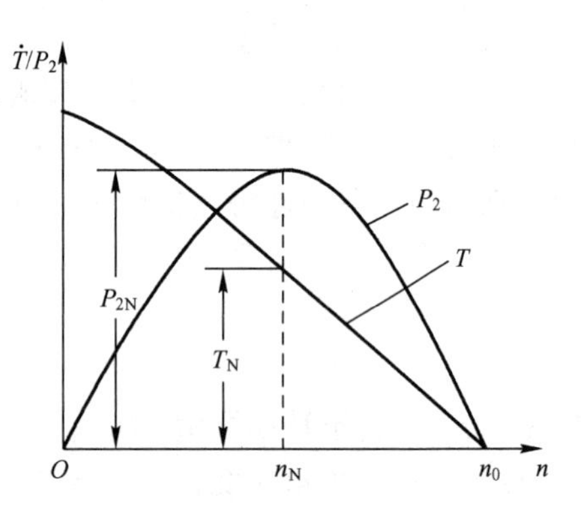

图 2-13 伺服电动机处于对称状态时的输出功率随转速变化的情况

电动机可以在这个状态下长期连续运转而不过热。这个最大的输出功率就是电动机的额定功率 P_{2N}，对应这个状态下的转矩和转速称为额定转矩 T_N 和额定转速 n_N。

2.1.2 交流伺服系统组成

交流伺服系统如图 2-14 所示，通常由交流伺服电动机，功率变换器，速度、位置、电流传感器，位置、速度、电流控制器等组成。

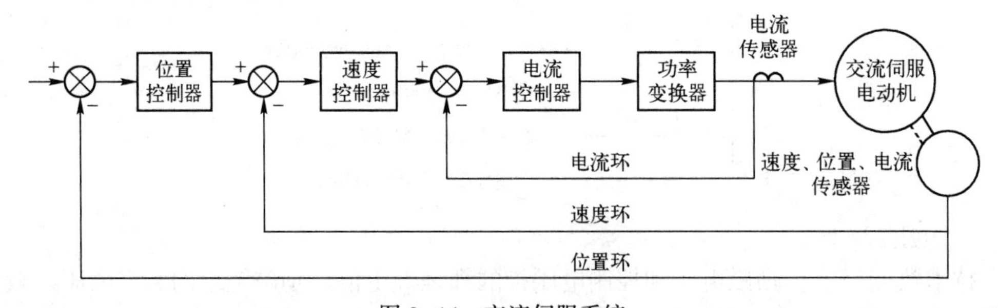

图 2-14 交流伺服系统

㊀ 由于硅钢磁滞回线狭小，作为铁心材料磁滞损耗较小，发热少，故此处只考虑涡流损耗。

㊁ 对称状态是指两相交流伺服电动机的定子两相电压的幅值相等，相位差为 90°，此时两相绕组在定子和转子之间的气隙中产生的合成磁势为圆形旋转磁场。若不对称，会产生椭圆形旋转磁场。

交流伺服系统具有电流反馈、速度反馈和位置反馈的三闭环结构形式，其中，电流环和速度环为内环（局部环），位置环为外环（主环）。电流环的作用是使电动机绕组电流实时、准确地跟踪电流指令信号，限制电枢电流在动态过程中不超最大值，使系统具有足够大的加速转矩，提高系统的快速性。速度环的作用是增强系统抗负载扰动的能力，抑制速度波动，实现稳态无静差。位置环的作用是保证系统静态精度和动态跟踪的性能，这直接关系到交流伺服系统的稳定性和能否高性能运行，是设计的关键所在。

当传感器检测的是电动机输出轴的速度、位置时，系统称为半闭环系统；当检测的是负载的速度、位置时，称为闭环系统；当同时检测输出轴和负载的速度、位置时，称为多重反馈闭环系统。

1. 交流伺服电动机

交流伺服电动机的本体为三相永磁同步电动机或三相笼型感应电动机，其功率变换器采用三相电压型 PWM 逆变器。

采用三相永磁同步电动机的交流伺服系统，相当于把直流电动机的电刷和换向器置换成由功率半导体器件构成的开关，因此又称为无刷直流伺服电动机；交流伺服电动机单指采用了三相笼型感应电动机的伺服电动机。当把两者都叫作交流伺服电动机时，通常称前者为同步型交流伺服电动机，称后者为感应型交流伺服电动机。

在数十瓦的小容量交流伺服系统中，也有采用电压控制两相高阻值笼型感应电动机作为执行元件的，这种系统称为两相交流伺服系统，本章 2.1.1 节中已做介绍，由于电动机转速始终低于旋转磁场的同步转速，因此属于感应型交流伺服电动机。

近年来，随着电力电子技术、微处理器技术与磁场定向控制技术的快速发展，使感应电动机可以得到与他励式直流电动机相同的转矩控制特性，再加上感应电动机本身价格低廉、结构坚固及维护简单，因此感应电动机在高精密速度及位置控制系统中得到越来越广泛的应用。

2. 功率变换器

交流伺服系统中功率变换器的主要功能是根据控制电路的指令，将电源单元提供的直流电能转变为伺服电动机电枢绕组中的三相交流电流，以产生所需要的电磁转矩。功率变换器主要包括功率变换主电路、控制电路、驱动电路等。

1）功率变换主电路，主要由整流电路、滤波电路和逆变电路 3 部分组成。为了保证逆变电路的功率开关器件能够安全、可靠地工作，对于高压、大功率的交流伺服系统，有时需要有抑制电压、电流尖峰的“缓冲电路”。另外，对于频繁运行于快速正反转状态的伺服系统，还需要有消耗多余再生能量的“制动电路”。

2）控制电路，主要由运算电路、PWM 生成电路、检测信号处理电路、输入/输出电路、保护电路等构成，其主要作用是完成对功率变换主电路的控制和实现各种保护功能等。

3）驱动电路，主要作用是根据控制信号对功率半导体开关器件进行驱动，并为交流伺服电动机及其控制器件提供保护，主要包括开关器件的前级驱动电路和辅助开关电源电路等。

3. 传感器

在伺服系统中，需要对伺服电动机的绕组电流及转子速度、位置进行检测，以构成电流环、速度环和位置环，因此需要相应的传感器及其信号变换电路。

电流检测通常采用电阻隔离检测或霍尔电流传感器检测。直流伺服电动机只需一个电流环，而交流伺服电动机（两相交流伺服电动机除外）则需要两个或 3 个电流环。其构成方法也有两种：一种是交流电流直接闭环；另一种是把三相交流变换为旋转正交双轴上的矢量之后再闭环，这就需要把电流传感器的输出信号进行坐标变换的接口电路。

速度检测可采用无刷测速发电机、增量式光电编码器、磁编码器或无刷旋转变压器。

位置检测通常采用绝对式光电编码器或无刷旋转变压器，也可采用增量式光电编码器。由于无刷旋转变压器具有既能进行转速检测又能进行绝对位置检测的优点，且抗机械冲击性能好，可在恶劣环境下工作，因此在交流伺服系统中的应用日趋广泛。

4. 控制器

在交流电动机伺服系统中，控制器的设计直接影响着伺服电动机的运行状态，从而在很大程度上决定了整个系统的性能。

交流电动机伺服系统通常有两类，一类是速度伺服系统；另一类是位置伺服系统。前者的伺服控制器主要包括电流（转矩）控制器和速度控制器，后者还要增加位置控制器。其中，电流（转矩）控制器是最关键的环节，因为无论是速度控制还是位置控制，最终都将转化为对电动机的电流（转矩）控制。电流环的响应速度要远远大于速度环和位置环。为了保证电动机定子电流响应的快速性，电流控制器的实现不应太复杂，这就要求其设计方案必须恰当，使其能有效地发挥作用。对于速度和位置控制，由于其时间常数较大，因此可借助计算机技术实现许多较复杂的基于当代控制理论的控制策略，从而提高伺服系统的性能。

（1）电流控制器

电流环由电流控制器和逆变器组成，其作用是使电动机绕组电流实时、准确地跟踪电流指令信号。为了能够快速、精确地控制伺服电动机的电磁转矩，在交流伺服系统中，需要分别对永磁同步电动机（或感应电动机）的直轴 d（或 M 轴）和交轴 q（或 T 轴）电流进行控制。q 轴（或 T 轴）电流指令来自于速度环的输出；d 轴（或 M 轴）电流指令直接给定，或者由磁链控制器给出。将电动机的三相反馈电流进行 3/2 旋转变换，得到 d、q 轴（或 M、T 轴）的反馈电流。d、q 轴（或 M、T 轴）的给定电流和反馈电流的差值，通过电流控制器得到给定电压，再根据 PWM 算法产生 PWM 信号。

（2）速度控制器

速度环的作用是保证电动机的转速与速度指令值一致，消除负载转矩扰动等因素对电动机转速的影响。速度指令与反馈的电动机实际转速相比较，其差值通过速度控制器直接产生 q 轴（或 T 轴）指令电流，并进一步与 d 轴（或 M 轴）电流指令共同作用，控制电动机加速、减速或匀速旋转，使电动机的实际转速与指令值保持一致。速度控制器通常采用的是 PI 控制方式。对于动态响应、速度恢复能力要求特别高的系统，可以考虑采用变结构（滑模）控制方式或自适应控制方式等。

（3）位置控制器

位置环的作用是产生电动机的速度指令并使电动机准确定位和跟踪。比较设定的目标位置与电动机的实际位置，利用其偏差，通过位置控制器来产生电动机的速度指令。当电动机起动后，在大偏差区域产生最大速度指令，使电动机加速运行后以最大速度恒速运行；在小偏差区域，产生逐次递减的速度指令，使电动机减速运行直至最终定位。为避免超调，位置环的控制器通常设计为单纯的比例（P）调节器。为了系统能实现准确的等速跟踪，位置环还应设置前馈环节。

2.1.3 交流伺服驱动器

在交流伺服控制系统中，控制器发出的脉冲信号并不直接控制伺服电动机的运转，而是需要通过一个装置来控制电动机的运转，这个装置就是交流伺服驱动器。

交流伺服驱动器（Servo Drives）又称为“交流伺服控制器”“交流伺服放大器”，是用来控制伺服电动机的一种控制器，其作用类似于变频器作用于普通交流电动机，属于交流伺服系统的一部分，主要应用于高精度的定位系统。一般是通过位置、速度和转矩3种方式对交流伺服电动机进行控制，实现高精度的传动系统定位，目前是传动技术的高端产品。

动画 2-2 交流伺服驱动器工作原理

1. ΣV 系列伺服驱动器

这里以 ΣV 系列伺服驱动器为例展开介绍。ΣV 系列伺服驱动是安川公司最新推出的用于替代 ΣII 系列的产品，驱动规格还在不断补充与完善中，产品主要由通用驱动器与各种用途的电动机所组成。

（1）驱动器型号

ΣV 系列伺服驱动可控制的电动机功率为 0.05～15 kW，驱动器的输入电源有单相 AC 100 V、单相 AC 200 V 与三相 AC 200 V、三相 AC 400 V 这 4 种规格，其中，1.5 kW 及以下规格可采用单相供电；三相 AC 200 V 可以用于所有规格；0.5 kW 及以上规格可选择三相 AC 400 V 供电。

ΣV 系列伺服驱动器的规格以额定输出电流表示，驱动器的额定输出电流必须大于或等于电动机额定电流（不论电动机的类型）。额定电流的表示方法如下。

- 10 A 以下：单位为 A，R 代表小数点，如 2R8 代表 2.8 A。
- 10 A 以上：单位为 0.1 A，如 120 代表 12 A。

ΣV 系列伺服驱动器的型号组成以及代表的意义如下。

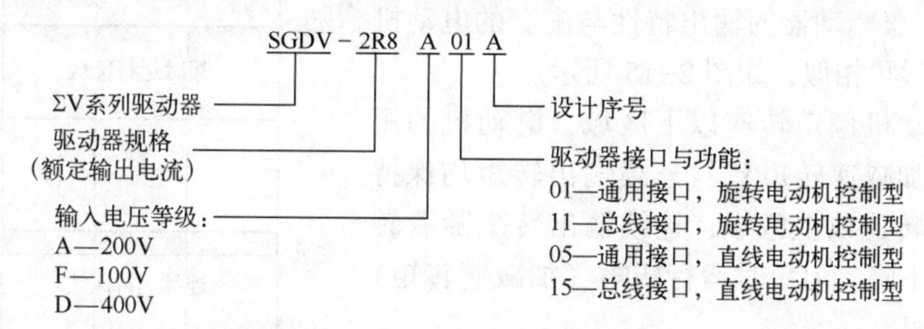

（2）技术特点

ΣV 系列伺服驱动器可用于安川公司全部伺服电动机（包括直线电动机、回转台直接驱动电动机）的控制。产品的技术特点如下。

1）高速。ΣV 系列伺服驱动器采用了最新的高速 CPU 与当代控制理论，高速，性能领先，驱动器定位时间只有普通驱动器的 1/12；位置输入脉冲频率可达 4 MHz；速度响应高达 1600 Hz；伺服电动机的转速最高为 6000 r/min；最大过载转矩可以达到 350%T_N（不同系列略有区别，T_N为额定输出转矩）；可用于高速控制。

2）高精度。ΣV 系列伺服驱动器可采用伺服电动机内置的 20 bit C 绝对型串行接口编码器作为位置检测元件，或通过光栅构成全闭环控制系统；驱动系统的调速范围可以达到 1∶15000，其位置、速度、转矩控制精度均居世界领先水平。

3）网络化。ΣV 系列伺服驱动器配备了 USB 接口，可直接通过 Sigma Win+调试软件用计算机进行在线调试。在线调整的内容涵盖前馈控制、振动抑制陷波器、转矩滤波器等。

ΣV 系列伺服驱动器的主要技术指标如表 2-1 所示。

表 2-1　ΣV 系列伺服驱动器的主要技术指标

项　　目		技术参数
逆变控制		正弦波 PWM 控制
速度调节范围/控制精度		调速范围≥1∶15000；速度误差：不超过±0.01%
频率响应		1600 Hz
位置反馈输入		13 bit 增量、17 bit/20 bit 绝对或增量编码器；可以采用全闭环控制
定位精度		误差 0~250 脉冲
速度/转矩给定输入	输入电压	DC 12~12 V（max）；输入阻抗为 14 kΩ；对应的输入滤波时间为 30 μs/16 μs
位置给定输入	输入方式	脉冲+方向，90°差分脉冲，正转+反转脉冲；电子齿轮比为 0~100
	信号类型	DC 5 V 线驱动输入，DC 5~12 V 集电极开路输入
	输入脉冲频率	线驱动输入：max 4 MHz；集电极开路输入：max 200 kHz
位置反馈输入		任意分频，A、B、C 三相线驱动输入
DI/DO 信号		7/7 点
其他功能	动态制动	伺服 OFF、报警、超程时动态控制（5 kW 以下制动电阻为内置）
	保护功能	超程、过电流、过载、过电压、缺相、制动、过热、编码器断线等
	通信接口	RS 422A、USB 1.1；网络连接 1∶15

（3）输出特性

ΣV 系列伺服驱动器的输出特性与配套的电动机有关，但总体形状相似，如图 2-15 所示。

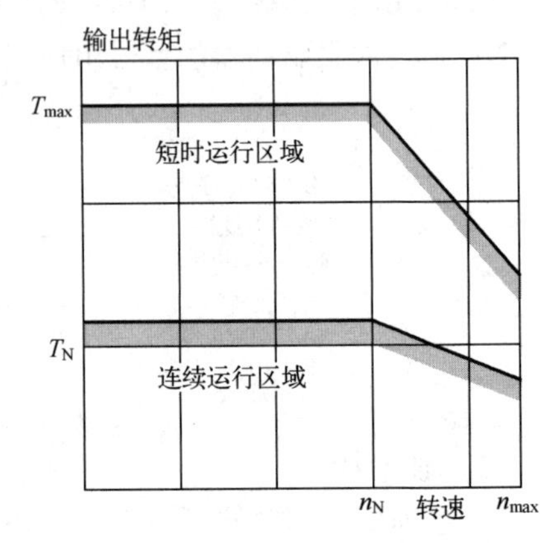

图 2-15　ΣV 系列伺服驱动器的输出特性

在伺服电动机额定转速以下区域，电动机的短时运行转矩（加减速转矩）与连续输出转矩均保持不变；在额定转速以上区域，连续输出转矩随着转速的升高略有下降，但短时运行转矩（加减速转矩）下降幅度更明显。

图 2-15 所示的输出特性同样适用于其他公司生产的通用型交流伺服。

2. 交流伺服驱动器的控制模式

交流伺服驱动器的作用是将工频交流电源转换成幅度和频率均可变的交流电源提供给伺服电动机。伺服驱动器主要有 3 种控制模式，分别是位置控制模式、速度控制模式和转矩控制模式。其控制模式可以通过设置交流伺服驱动器的参数来改变。

（1）位置控制模式

1）位置控制的目标。

位置控制是指工件或工具（钻头、铣刀）等以合适的速度向目标位置移动，并高精度地停止在目标位置，如图 2-16 所示。这样的控制又称为定位控制。伺服系统主要用来实现这种定位控制。位置精度可以达到微米级以内，还能进行频繁的起动、停止。

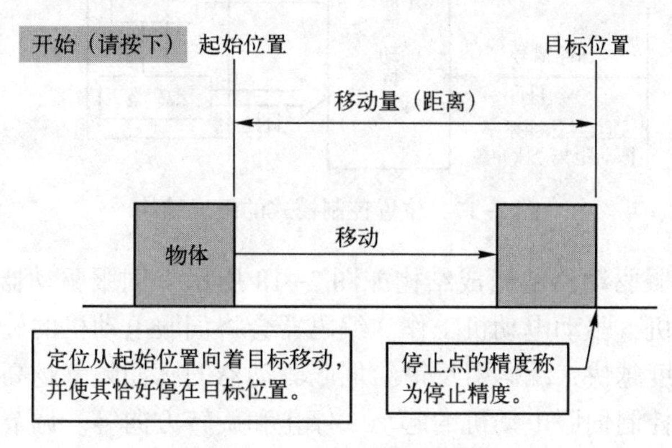

图 2-16　位置控制示意图

定位控制的要求是始终正确监视电动机的旋转状态，为了达到目的而用检测旋转状态的编码器，而且为了使其具有迅速跟踪指令的能力，伺服电动机选用体现电动机动力性能的起动转矩大而自身惯量小的专用电动机。

2）位置控制的基本特点。

位置控制模式是伺服系统中最常用的控制方式，它一般是通过外部输入脉冲的频率来确定伺服电动机转动的速度，通过脉冲数来确定伺服电动机转动的角度。伺服驱动器的定位控制基本特点如下：

① 机械的位移量与指令脉冲数成正比。

② 机械的速度与指令脉冲串的速度（脉冲频率）成正比。

③ 最终在±1 个脉冲范围内定位，此后只要不改变位置指令，就始终保持在该位置（伺服锁定功能）。

位置控制模式的组成结构如图 2-17 所示。伺服控制器发出控制信号和脉冲信号给伺服驱动器，伺服驱动器输出 U、V、W 三相电源电压给伺服电动机，驱动伺服电动机工作。与伺服电动机同轴旋转的编码器会将电动机的旋转信息反馈给伺服驱动器。伺服控制器输出的脉冲信号用来确定伺服电动机的转数。在驱动器中，该脉冲信号与编码器送来的脉冲信号进行比较，若两者相等，就表明电动机旋转的转数已达到要求，电动机驱动的执行部件已移动到指定的位置。控制器发出的脉冲个数越多，电动机就旋转更多的转数。

伺服控制器既可以是 PLC，也可以是定位模块，如西门子的 S7-200 PLC、三菱的 FX_{2N}-10GM 和 FX_{2N}-20GM。

（2）速度控制模式

当伺服驱动器工作在速度控制模式时，通过控制输出电源的频率来对电动机进行调速。伺服驱动器不需要输入脉冲信号也可以正常工作，故可取消伺服控制器，此时的伺服驱动器类似于变频器。但由于驱动器能接收伺服电动机的编码器送来的转速信息，所以不但能调节电动机的速度，还能让电动机转速保持稳定。

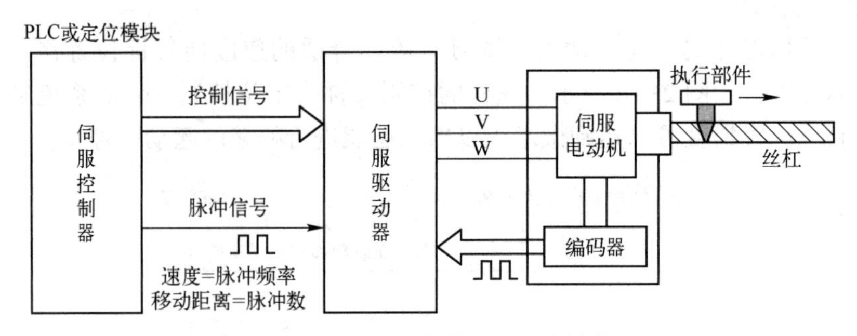

图 2-17　位置控制模式的组成结构

速度控制模式伺服驱动器的组成结构如图 2-18 所示。伺服驱动器输出 U、V、W 三相电源电压给伺服电动机，驱动电动机工作。编码器会将伺服电动机的旋转信息反馈给伺服驱动器。电动机旋转速度越快，编码器反馈给伺服驱动器的脉冲频率越高。操作伺服驱动器的有关输入开关，可以控制伺服电动机的起动、停止和旋转方向等。调节伺服驱动器的有关输入电位器，可以调节电动机的转速。

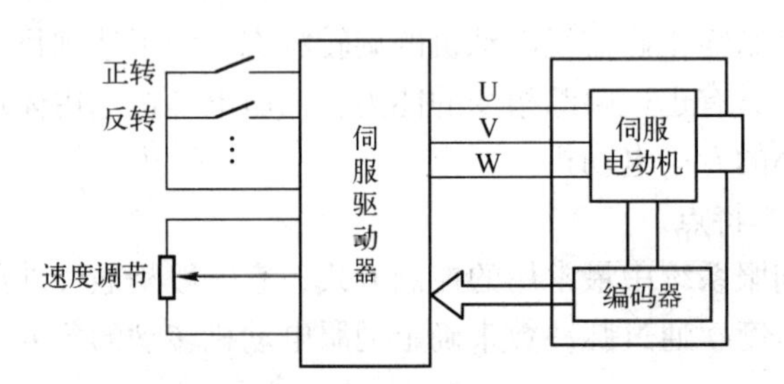

图 2-18　速度控制模式伺服驱动器的组成结构

伺服驱动器的输入信号可以是开关、电位器等输入的控制信号，也可以通过 PLC 等控制设备来产生。

（3）转矩控制模式

当伺服驱动器工作在转矩控制模式时，通过外部模拟量输入控制伺服电动机的输出转矩大小。伺服驱动器不需要输入脉冲信号也可以正常工作，故可取消伺服控制器。操作伺服驱动器的输入电位器，可以调节伺服电动机的输出转矩。

转矩控制模式伺服驱动器的组成结构如图 2-19 所示。

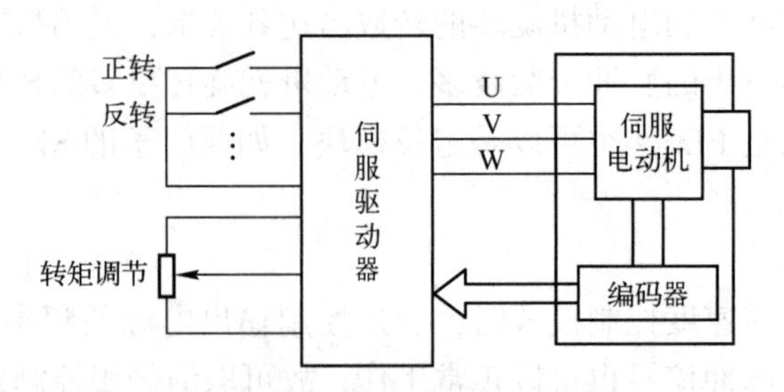

图 2-19　转矩控制模式伺服驱动器的组成结构

ΣV 伺服驱动器控制模式通过 Pn000 选择，如表 2-2 所示。

表 2-2　ΣV 伺服驱动器控制模式的选择

Pn000. 1	控制方式	概　要
n. □□0□ ［出厂设定］	速度控制	通过模拟量电压速度指令来控制伺服电机的速度，适合于如下场合。 • 控制速度时 • 使用伺服单元的编码器实现分频脉冲输出，通过上位装置构建位置环进行位置控制时
n. □□1□	位置控制	通过脉冲序列位置指令来控制机器的位置。以输入脉冲数来控制位置，以输入脉冲的频率来控制速度。用于需要定位动作的场合
n. □□2□	转矩控制	通过模拟量电压转矩指令来控制伺服电机的输出转矩。用于需要输出必要的转矩时（推压动作等）
n. □□3□	内部设定速度控制	以事先在伺服单元中内部设定的 3 种设定速度为指令来控制速度。选择该控制方式时，不需要模拟量指令。
n. □□4□	内部设定速度控制 ⇔ 速度控制	可组合使用上述 4 种控制方式（即速度控制、位置控制、转矩控制、内部设定速度控制）。可根据用途任意组合使用
n. □□5□	内部设定速度控制 ⇔ 位置控制	
n. □□6□	内部设定速度控制 ⇔ 转矩控制	
n. □□7□	位置控制 ⇔ 速度控制	
n. □□8□	位置控制 ⇔ 转矩控制	
n. □□9□	转矩控制 ⇔ 速度控制	
n. □□A□	速度控制 ⇔ 带零位固定功能的速度控制	控制速度时，可使用零位固定功能
n. □□B□	位置控制 ⇔ 带指令脉冲禁止功能的位置控制	控制位置时，可使用指令脉冲禁止功能

【任务实施】

1. 所需设备和器材

SGMJV-04ADE6S 交流伺服电动机一台、SGDV-2R8A01 交流伺服驱动器一台、实验电工工具箱一套及导线若干。

2. 任务和实施步骤

（1）伺服驱动与电动机连接

将伺服驱动与电动机进行连接，基本连线图如图 2-20 所示。

（2）面板操作器按键的名称及功能

面板操作器按键的名称及功能如图 2-21 所示。

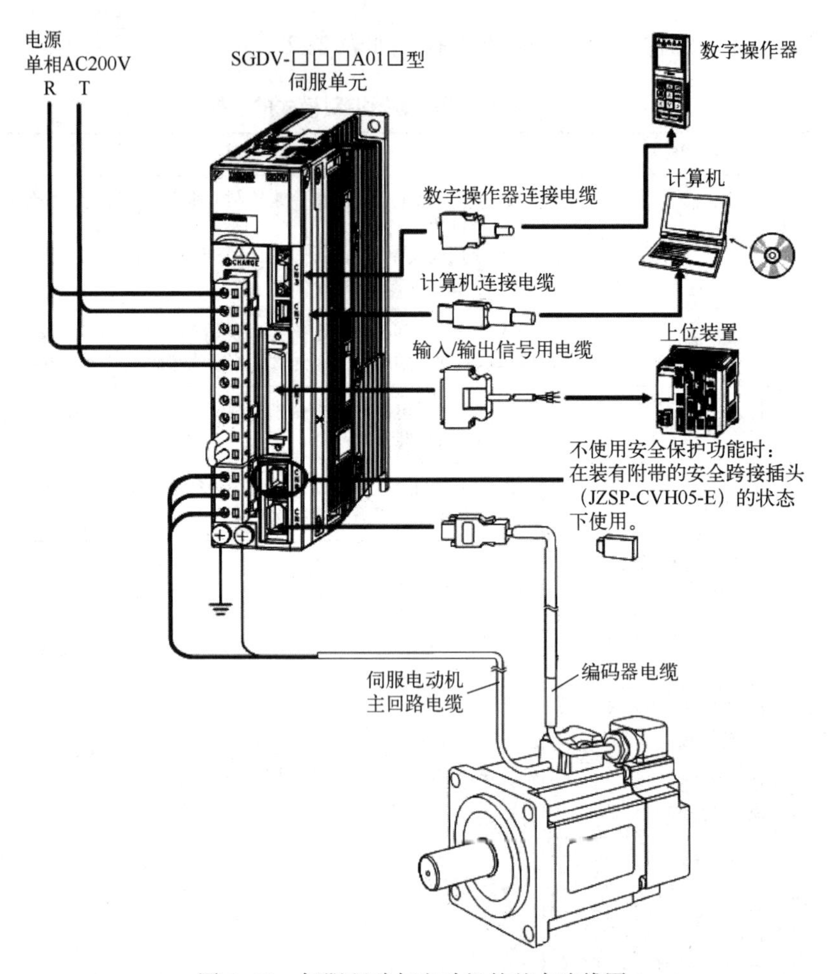

图 2-20　伺服驱动与电动机的基本连线图

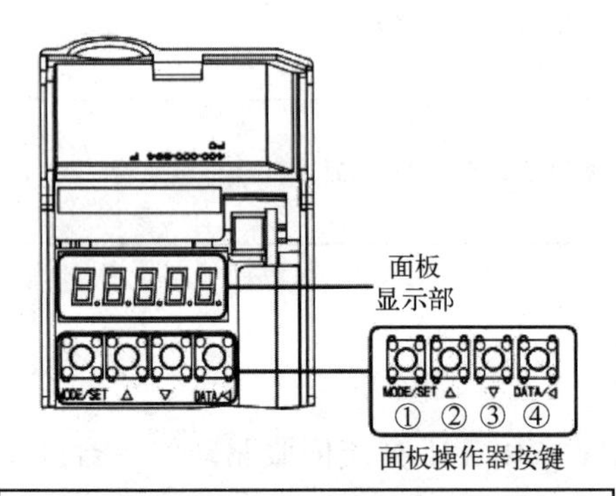

按键编号	按键名称	功能
①	MODE/SET键	• 用于切换显示的按键 • 确定设定值的按键
②	UP键	增大（增加）设定值的按键
③	DOWN键	减小（减少）设定值的按键
④	DATA/SHIFT键	• 显示设定值，此时按DATA/SHIFT键约1s • 将数位向左移一位（数位闪烁时）

如何使伺服警报复位
同时按住UP键和DOWN键，便可使伺服警报复位。
（注）使伺服警报复位前，请务必排除警报原因。

图 2-21　面板操作器按键的名称及功能图

（3）操作器功能切换及参数如图 2-22 所示。

下面以 Pn100 的设定值从 40.0 变更到 100.0 时的操作方法作为例子，如表 2-3 所示。

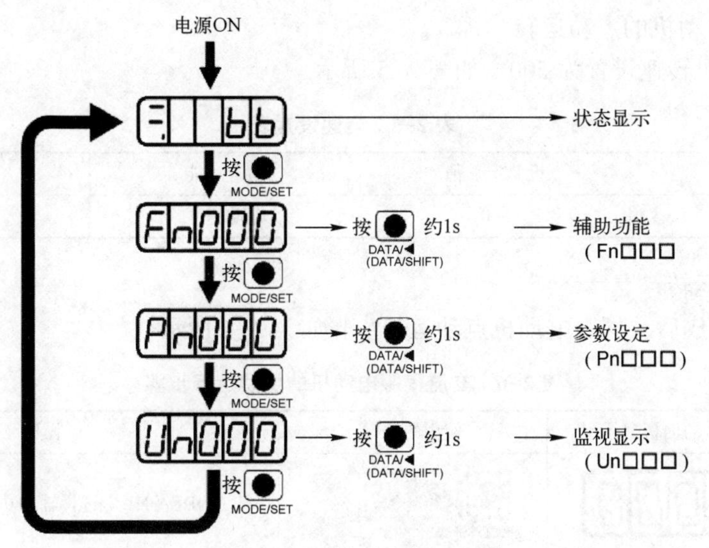

图 2-22　操作器功能示意图

表 2-3　将 Pn100 的设定值从 40.0 变更至 100.0 的操作

步骤	操作后的面板显示	使用的按键	操　作
1	Pn 100	MODE/SET ▲ ▼ DATA ◄	按 MODE/SET 键进入参数设定状态，若参数编号显示的不是 Pn100，则按 UP 或 DOWN 键显示 Pn100
2	0040.0	MODE SET ▲ ▼ DATA/◄	按 DATA/SHIFT 键约 1 s，显示 Pn100 的当前设定值
3	0040.0	MODE SET ▲ ▼ DATA/◄	按 DATA/SHIFT 键，移动闪烁显示的数位，使“4”闪烁显示（可变更闪烁显示的数位）
4	0 100.0	MODE SET ▲ ▼ DATA ◄	按 UP 键 6 次，将设定值变更为 100.0
5	0 100.0 （闪烁显示）	MODE/SET ▲ ▼ DATA ◄	按 MODE/SET 键后，数值显示将会闪烁，这样设定值便从 40.0 变成了 100.0
6	Pn 100	MODE SET ▲ ▼ DATA/◄	按 DATA/SHIFT 键约 1 s 后，将返回 Pn100 的显示

（4）设置 Pn00B 参数

SGDV-2R8A01 伺服电动机驱动器为 200 V 级，可在三相 200~240 V 电源和单相 200~240 V 下工作；出厂设置为三相电源工作状态。在本设备上采用 220 V 单相电源供电。需要对出厂设置值进行调整，否则会出现电源缺相报警（A. F10）。设置参数 Pn00B，如表 2-4 所示，完成后断电重起。

表 2-4　参数设置表

参 数 编 号	设 定 值	功　能	生 效 时 刻
Pn00B	n. 0100	以单相电源使用	再次通电后

（5）伺服电动机的点动运转

1）将电动机转速设置为 500，如表 2-5 所示。

表 2-5　转速设置表

参数编号	设定值	功能	生效时刻
Pn304	500	电动速度	即刻生效

2）电动机运转。

参数设置完成后，伺服电动机点动运行步骤如表 2-6 所示。

表 2-6　交流伺服电动机的点动运行步骤

步骤	操作后的面板显示	使用的按键	操作
1		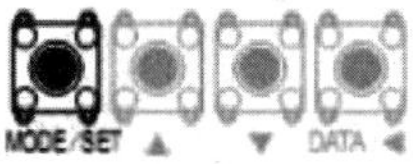	按 MODE/SET 键选择辅助功能
2		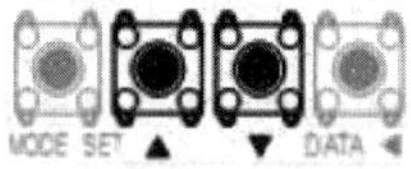	按 UP 键或 DOWN 键显示“Fn002”
3		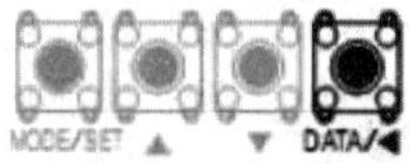	按 DATA/SHIFT 键约 1 s，显示内容如左列对应的图所示
4		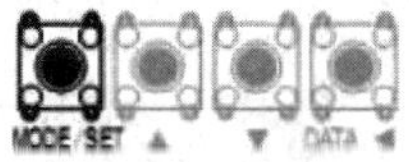	按 MODE/SET 键进入伺服 ON 状态
5	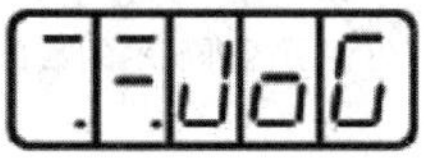	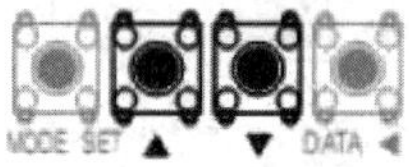	按 UP 键（正转）或 DOWN 键（反转），在按键期间，伺服电动机按照 Pn304 设定的速度旋转 电动机正转 电动机反转 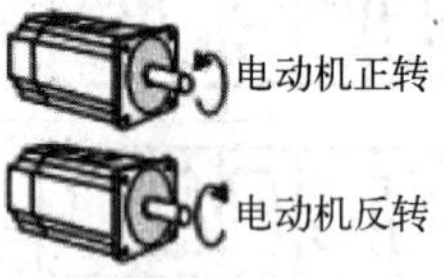
6		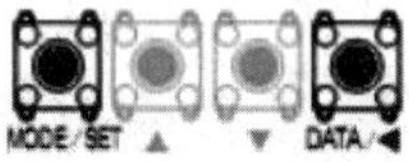	按 MODE/SET 键进入伺服 OFF 状态 也可以按 DATA/SHIFT 键约 1 s，进入伺服 OFF 状态
7		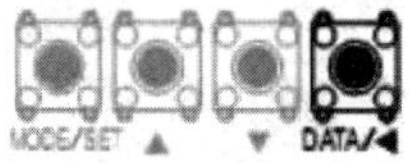	按 DATA/SHIFT 键约 1 s，返回“Fn002”的显示
8	点动运行结束后，重新接通伺服单元的电源		

（6）退出点动运行

检查电动机运转情况与测试电动机转速后，通过修改 Pn304 分别进行低速和高速的运行实验。观察电动机低速运行是否平稳，是否有振动、爬行与噪声；高速正反转运行时是否有明显冲击、驱动器过载、过流报警等。

【考核评价】

在规定的时间之内完成任务，从知识与技能、学习态度与团队意识、安全生产与职业操守 3 个方面进行综合考核评价，考核评价表如表 2-7 所示。

表 2-7　考核评价表

考核内容	考核方式	评价标准与得分				
		标　　准	分值	互评	教师评价	得分
知识与技能（70分）	教师评价+互评	能正确使用工具和仪表，能按照电路图正确接线	30分			
		驱动器参数设置是否正确	20分			
		空载运行调试与操作是否正确	20分			
学习态度与团队意识（15分）	教师评价	自主学习和组织协调能力	5分			
		分析和解决问题的能力	5分			
		互助和团队协作意识	5分			
安全生产与职业操守（15分）	教师评价+互评	安全操作、文明生产职业意识	5分			
		诚实守信、创新进取精神	5分			
		遵章守纪、产品质量意识	5分			
总分						

【拓展知识】

2.1.4　交流伺服系统的类型

交流伺服系统的分类方法有多种。按控制方式分类，与一般伺服系统相同，有开环伺服系统、闭环伺服系统和半闭环伺服系统；按伺服系统控制信号的处理方法分类，有模拟控制方式、数字控制方式、数字—模拟混合控制方式和软件伺服控制方式等。

1. 模拟控制方式

模拟控制交流伺服系统的显著标志是其调节器及各主要功能单元由模拟电子器件构成，偏差的运算及伺服电动机的位置信号、速度信号均用模拟信号来控制。系统中的输入指令信号、输出控制信号及转速和电流检测信号都是连续变化的模拟量，因此控制作用是连续施加于伺服电动机上的。

模拟控制方式的特点是：

1）控制系统的响应速度快，调速范围宽。

2）易于连接常见的输出模拟速度指令的 CNC（Computerized Numerical Control）接口。

3）系统状态及信号变化易于观测。

4）系统功能由硬件实现，易于掌握，有利于使用者进行维护、调整。

5）模拟器件的温度漂移和分散性对系统的性能影响较大，系统的抗干扰能力较差。

6）难以实现较复杂的控制算法，系统缺少柔性。

2. 数字控制方式

数字控制交流伺服系统的明显标志是其调节器由数字电子器件构成，目前普遍采用的是微处理器、数字信号处理器（DSP）及专用 ASIC（Application Specific Integrated Circuit）芯片。系统中的模拟信号需经过离散化，然后以数字量的形式参与控制。以微处理器技术为基础的数字控制方式的特点是：

1）系统的集成度较高，具有较好的柔性，可实现软件伺服。

2）温度变化对系统的性能影响小，系统的重复性好。

3）易于应用当代控制理论，实现较复杂的控制策略。

4）易于实现智能化的故障诊断和保护，系统具有较高的可靠性。

5）易于与采用计算机控制的系统相接。

3. 数字–模拟混合控制方式

由于数字控制方式的响应速度由微处理器的运算速度决定，在现有技术条件下，要实现包括电流调节器在内的全数字控制，就必须采用DSP等高性能微处理器芯片，这会导致全数字控制系统结构复杂、成本较高。为满足电流调节快速性的要求，在全数字控制永磁交流伺服系统产品中，电流调节器虽已数字化，但其控制策略一般仍采用PID调节方式。同时，考虑到系统中模拟传感器（如电流传感器）的温度漂移和信号噪声的干扰，以及其数字化时引入误差的影响，全数字化控制在性价比上并没有明显的优势。

目前永磁交流伺服系统产品中常用的是数字–模拟混合控制方式，即伺服系统的内环调节器（如电流调节器）采用模拟控制，外环调节器（如速度调节器和位置调节器）采用数字控制。数字–模拟混合控制兼有数字控制的高精度、高柔性和模拟控制的快速性、低成本的优点，成为现有技术条件下满足机电一体化产品发展对高性能伺服驱动系统需求的一种较理想的伺服控制方式，在数控机床和工业机器人等机电一体化装置中得到了较为广泛的应用。

4. 软件伺服控制方式

位置与速度反馈环的运算全部由微处理器进行处理的伺服控制，称为软件伺服控制。

伺服控制时，脉冲编码器、测速发电机检测到的电动机转角和速度信号输入微处理器内，微处理器中的运算程序对上述信号按照采样周期进行运算处理后，发出伺服电动机的驱动信号，对系统实施伺服控制。这种伺服控制方式不但硬件结构简单，而且软件可以灵活地对伺服系统做各种补偿。但是，因为微处理器的运算程序直接插入伺服系统中，所以若采样周期过长，对伺服系统的特性就有影响，不但会使控制性能变差，还会使伺服系统变得不稳定。这就要求微处理器具有高速运算和高速处理的能力。

基于微处理器的全数字伺服（软件伺服）控制器具有以下优点：

1）控制器硬件体积小、成本低。随着高性能、多功能微处理器的不断涌现，伺服系统的硬件成本变得越来越低。体积小、重量轻、耗能少是数字类伺服控制器的共同优点。

2）控制系统的可靠性高。集成电路和大规模集成电路的平均无故障时间（MTBF）远比分立元件电子电路要长；在电路集成过程中采用有效的屏蔽措施，可以避免主电路中过大的瞬态电流、电压引起的电磁干扰问题。

3）系统的稳定性好、控制精度高。数字电路温度漂移小，也不存在参数的影响。

4）硬件电路标准化容易。可以设计统一的硬件电路，软件采用模块化设计，组合构成适用于各种应用对象的控制算法，以满足不同的用途。软件模块可以方便地增加、更改、删减，或者当实际系统变化时彻底更新。

5）系统控制的灵活性好，智能化程度高。高性能微处理器的广泛应用，使信息的双向传递能力大大增强，容易和上位机联网运行，可随时改变控制参数；提高了信息监控、通信、诊断、存储及分级控制的能力，使伺服系统趋于智能化。

6）控制策略的更新、升级能力强。随着微处理器芯片运算速度和存储器容量的不断提高，性能优异但算法复杂的控制策略有了实现的基础，为高性能伺服控制策略的实现提供了可能性。

任务 2.2　PLC 与伺服电动机转速控制

【任务描述】

本任务利用 PLC 控制伺服电动机，以 ΣV 系列伺服驱动器为例选择速度控制模式，PLC 输出 0~±6 V 的模拟量电压至伺服驱动器，通过设置速度指令增益参数，实现控制电动机的转动速度和旋转方向，电动机的转速正比于模拟量电压值。完成后填写调试运行记录，整理相关文件并进行检查评价。

【基础知识】

2.2.1　交流电动机的转速控制

1. 交流传动与交流伺服

交流电动机控制系统是以交流电动机为执行元件的位置控制系统、速度控制系统或转矩控制系统的总称。按照传统的习惯，只进行转速控制的系统称为“传动系统”，而能实现位置控制的系统称为“伺服系统”。

交流传动系统通常用于机械、矿山、冶金、纺织、化工、交通等行业，其使用最为普遍。交流传动系统一般以感应电动机为对象，变频器是当前最为常用的控制装置。交流伺服系统主要用于数控机床、机器人、航天航空等需要大范围调速与高精度位置控制的场合，其控制装置为交流伺服驱动器，驱动电动机为专门生产的交流伺服电动机。

调速是交流传动系统与交流伺服系统的共同要求。根据前面交流伺服电动机工作原理的分析，电动机的实际转速为

$$n=\frac{60f}{p}(1-s) \tag{2-8}$$

由式（2-8）可知，改变 3 个参数中的任意一个，均可改变电动机的转速，因此，交流电动机的常用的调速方法有变极（p）调速、变转差（s）调速和变频（f）调速。

2. 交流电动机速度调节

（1）变极调速

变极调速通过转换感应电动机的定子绕组的接线方式（Y-YY、△-YY），变换电动机的磁极数，改变的是电动机的同步转速，它只能进行有限级（一般为 2 级）变速，故只能用于简单变速或辅助变速，且需要使用专门的变极电动机。

（2）变转差调速

变转差调速系统主要由定子调压、转子变电阻、滑差调节、串级调速等装置组成。因此变转差调速又可分为定子调压调速、转子变电阻调速和串级调速等方式。由于组成装置均为大功率部件，其体积大、效率低、成本高，且调速范围、调速精度、经济性等指标均较低，因此，随着变频器、交流伺服驱动器的应用与普及，变频调速已经成为交流电动机调速技术的发展趋势。

(3) 变频调速

交流伺服系统的速度调节同样可采用变频技术，但使用的是中小功率交流永磁同步电动机，可实现电动机位置（转角）、转速、转矩的综合控制。与感应电动机相比，交流伺服电动机的调速范围更大，调速精度更高，动态特性更好。但由于永磁同步电动机的磁场无法改变，因此，原则上只能用于机床的进给驱动、起重机等恒转矩调速的场合，很少用于诸如机床主轴、卷取控制等恒功率调速的场合。

对交流电动机控制系统来说，无论是速度控制还是位置控制或转矩控制，都需要调节电动机转速，因此，变频是所有交流电动机控制系统的基础，而电力电子器件、晶体管脉宽调制（PWM）技术、矢量控制理论则是实现变频调速的关键技术。

3. 交流调速技术

(1) 晶闸管调压调速技术

晶闸管调压调速控制系统的结构如图 2-23 所示（图中 ST 为转速调节器，CF 为触发器，SF 为转速反馈环节，G 为测速发电机）。通过晶闸管调压电路改变感应电动机的定子电压，从而改变磁场的强弱，使转子产生的感应电动势发生相应变化，因而转子的短路电流也发生相应改变，转子所受到的电磁转矩随之变化。如果电磁转矩大于负载转矩，则电动机加速；反之，电动机减速。该技术主要应用于短时或重复短时调速的设备上。

图 2-23 所示的电路是采用联结的三相调压电路，控制方式为转速负反馈的闭环控制。反馈电压 u_G 与给定电压 u_g 比较得到转速差电压 Δu_n，用 Δu_n 通过转速调节器控制晶闸管的导通角。改变 u_g 的值即可改变感应电动机的定子电压和电动机的转速，当 $u_g>u_G$ 时，调压器的控制角因 $\Delta u_n=u_g-u_G$ 的增加而变小，输出电压提高，转速升高，至 $u_g=u_G$ 时才会稳定转速；反之上述过程向反方向进行。

闭环调压调速系统可得到比较硬的机械特性，如图 2-24 所示。当电网电压或负载转矩出现波动时，转速不会因扰动出现大幅度波动。当转差率 $s=s_1$（图中 a 点）时，随着负载转矩由 T_1 变为 T_2，若是开环控制，转速将下降到 b 点；若是闭环控制，随着转速下降，u_G 下降而 u_g 不变，则 Δu_n 变大，调压器的控制角前移，输出电压由 u_1 上升到 u_2，电动机的转速将上升到 c 点，这对减少低速运行时的静差度、增大调速范围是有利的。

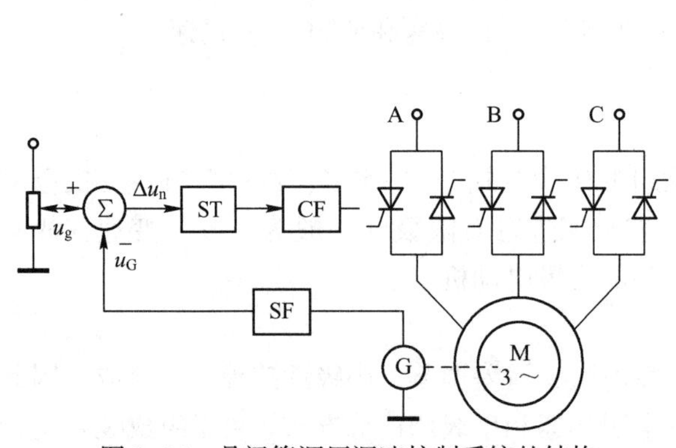

图 2-23　晶闸管调压调速控制系统的结构

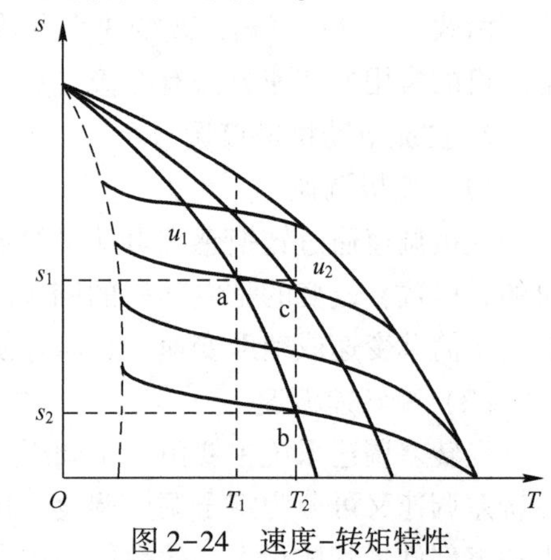

图 2-24　速度-转矩特性

晶闸管调压调速在低速时感应电动机的转差功率损耗大，运行效率低，调速性能差；采用相位控制方式时，电压为非正弦，电动机的电流中存在着较大的高次谐波，电动机将产生附加谐波损耗，电磁转矩也会因谐波的存在而发生脉动，对它的输出转矩有较大的影响。因此，晶闸管电压调速往往只能用在有限的场合。

(2) 转子串电阻调速技术

转子串电阻调速是通过改变转子的电阻大小进而调节交流电动机的转速。对于线绕式交流异步电动机，如果在转子回路中串联附加电阻，电动机的工作特性将变软，但由于定子绕组上的输入电压没有改变，因此电动机能够承受的最大转矩基本得到维持。从机械特性来看，电磁转矩与转子等效电阻有非线性的关系，改变其大小会改变电磁转矩的值，从而实现调速。

这种调速方法虽然简单、方便，却存在着以下缺点：

1) 串联电阻通过的电流较大，难以采用滑线方式，更无法以电气控制的方式进行控制，因此调速只能是有级的。

2) 串联较大附加电阻后，电动机的机械特性变得很软。低速运转时，只要负载稍有变化，转速的波动就很大。

3) 电动机在低速运转时效率甚低，电能损耗很大。异步电动机经气隙传送到转子的电磁功率中只有一部分成为机械输出功率，其他的则被串联在转子回路中的电阻所消耗，以发热的形式浪费掉了。

因此，转子串电阻调速方式的工作总效率往往低于 50%，而且转速越低，效率越差。从节能的角度来评价的话，这种调速方法性能很低劣。对于大、中容量的绕线转子异步电动机，若要求长期在低速下运转，则不宜采用这种低效率的能耗调速方法。

(3) 晶闸管串级调速技术

若在转子回路串电阻调速原理的基础上，使电动机转子回路串联接入与转子电势同频率地附加电势，通过改变该电势的幅值和相位，同样也可实现调速。这样，电动机在低速运转时，转子中的转差功率只有小部分在转子绕组本身的内阻上消耗，转差功率的大部分被串入的附加电势所吸收，利用产生装置将所吸收的这部分转差功率回馈到电网，就能够使电动机在低速运转时仍具有较高的效率。这种方法就称为串级调速方法。

图 2-25 为晶闸管串级调速系统主回路的接线图，在被调速电动机 M 的转子绕组回路上接入一个受三相桥式晶闸管网络控制的直流—交流逆变电路，使电动机根据需要将运转中的一部分能量回馈到供电电网中，达到调速的目的。

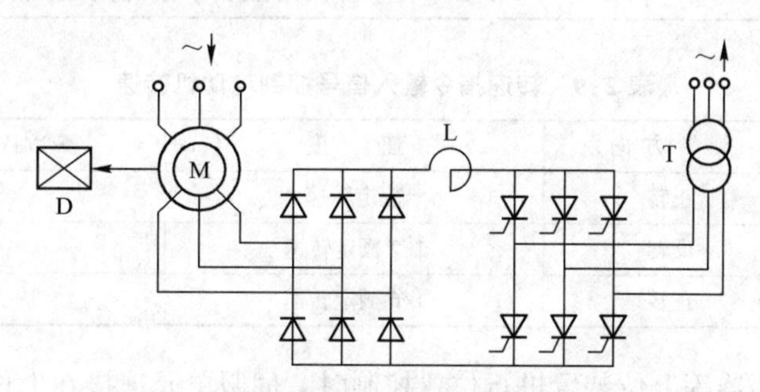

图 2-25　晶闸管串级调速系统主回路的接线图

D—电动机的负载　T—三相隔离变压器

(4) 变频调速技术

交流电的交变频率是决定交流电动机工作转速的基本参数。因此，直接改变和控制供电频率应当是控制交流伺服电动机的最有效方法，它直接调节交流电动机的同步转速，控制的切入点最直接、明确，变频调速的调速范围宽，平滑性好，具有优良的动态、静态特性，是一种理想的高效率、高性能的调速手段。

对交流电动机进行变频调速，需要一套变频电源，过去大多采用旋转变频发电机组作为电源，但这些设备庞大、可靠性差。随着晶闸管及各种大功率电力电子器件（如 GTR、GTO、MOSFET、IGBT 等）的问世，各种静止变频电源获得了迅速发展，它们具有重量轻、体积小、维护方便、惯性小和效率高等优点。以普通晶闸管构成的方波形逆变器被全控型高频率开关组成的 PWM 逆变器取代后，正弦波脉宽调制（SPWM）逆变器及其专用芯片得到普遍应用。

2.2.2 速度控制参数设置

交流伺服电动机转速控制是以电动机转速为控制对象的控制方式。速度给定输入有外部模拟量输入控制和内部参数指定两种方式。前者的速度指令来自模拟量输入端，运行过程中可以随时通过改变模拟量输入调节速度；后者是用驱动器参数设定速度中，外部控制器可通过控制输入（DI）信号选择其中之一进行运行。驱动器在速度控制时的速度反馈可以从位置反馈的微分中得到。

1. 速度控制的基本设定

交流伺服电动机有 3 种控制方式，位置控制、速度控制和转矩控制。3 种模式通过 Pn000.1 来进行选择。

（1）转速指令输入信号的规格

为了得到与输入电压成正比的速度，对伺服电动机进行转速控制，需要设定转速指令输入信号，如表 2-8 和表 2-9 所示。

表 2-8 转速指令输入信号

种类	信号名	连接器引脚号	含义
输入	V-REF	CN1-5	转速指令输入信号
	SG	CN1-6	转速指令输入信号用的信号接地

表 2-9 转速指令输入信号控制电动机转速

转速指令输入	旋转方向	速度	SGMJV 型伺服电动机时
+6 V	正转	额定转速	3000 r/min
-3 V	反转	1/2 额定转速	-1500 r/min
+1 V	正转	1/6 额定转速	500 r/min

通过可编程控制器等上位装置进行位置控制时，伺服单元连接在上位装置的转速指令输出端子上。

（2）转速指令输入增益的设定

使伺服电动机转速为额定值的转速指令（V-REF）所对应的模拟量电压值，可通过 Pn300 来设定，如表 2-10 所示。

表 2-10　转速指令输入增益的设定

<table>
<tr><td rowspan="3">Pn300</td><td colspan="3">转速指令输入增益</td><td>转速　位置　转矩</td><td rowspan="2">类别</td></tr>
<tr><td>设定范围/r/min</td><td>设定单位/V</td><td>出厂设定/r/min</td><td>生效时刻</td></tr>
<tr><td>150~3000</td><td>0.01</td><td>600（6.00 V 时的额定速度）</td><td>即时生效</td><td>基本设定</td></tr>
</table>

转速指令电压与伺服电动机转速的关系如图 2-26 所示。伺服电动机旋转分为正转和反转，对应的指令电压输入范围为-12~+12 V。

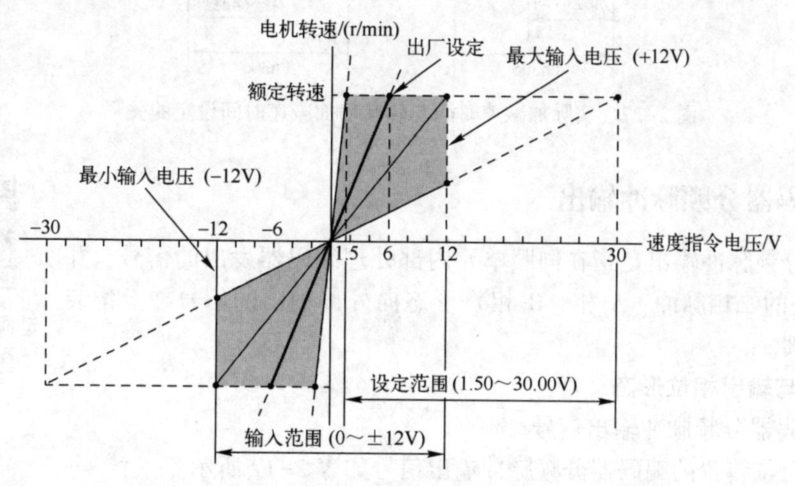

图 2-26　转速指令电压与伺服电动机转速的关系

2. 软起动

软起动的功能是指将步进状速度指令转换为较为平滑的恒定加减速的速度指令，可设定加速时间和减速时间。在希望实现平滑的速度控制时使用该功能。

可通过 Pn305 和 Pn306 完成设定，如表 2-11 所示。

表 2-11　软起动加减速时间设定

<table>
<tr><td rowspan="3">Pn305</td><td colspan="3">软起动加速时间</td><td>速度</td><td rowspan="2">类别</td></tr>
<tr><td>设定范围/(r/min)</td><td>设定单位/ms</td><td>出厂设定/(r/min)</td><td>生效时刻</td></tr>
<tr><td>0~10000</td><td>1</td><td>0</td><td>即时生效</td><td>基本设定</td></tr>
<tr><td rowspan="3">Pn306</td><td colspan="3">软起动减速时间</td><td>速度</td><td rowspan="2">类别</td></tr>
<tr><td>设定范围/(r/min)</td><td>设定单位/ms</td><td>出厂设定/(r/min)</td><td>生效时刻</td></tr>
<tr><td>0~10000</td><td>1</td><td>0</td><td>即时生效</td><td>基本设定</td></tr>
</table>

其中，Pn305 用于设定从电动机停止状态到达到电动机最高转速所需的时间，Pn306 用于设定从电动机最高转速到电动机停止时所需的时间。

实际的加减速时间通过下式计算，与软起动时间设定的关系如图 2-27 所示。

$$\text{实际的加速时间}=\frac{\text{目标转速}}{\text{最高转速}}\times\text{软起动}\qquad\text{（加速时间用 Pn305 设置）}$$

$$\text{实际的减速时间}=\frac{\text{目标转速}}{\text{最高转速}}\times\text{软起动}\qquad\text{（减速时间用 Pn306 设置）}$$

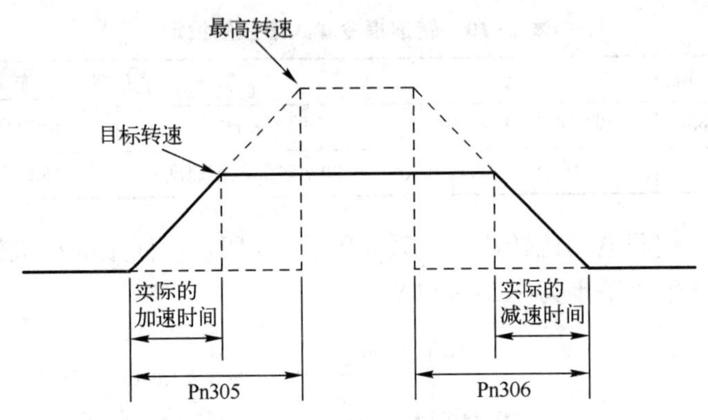

图 2-27　实际加减速时间与软起动加减速时间设定的关系

2.2.3　编码器分频脉冲输出

动画 2-3　编码器工作原理

编码器分频脉冲输出是指在伺服单元内部处理编码器发出的信号，并以 90°相位差的二相脉冲（A 相、B 相）形态向外部输出的信号在上位装置中作为反馈。

1. 信号与输出相位形态

（1）编码器分频脉冲输出信号

反馈给上位装置的编码器分频脉冲输出信号如表 2-12 所示。

表 2-12　编码器分频脉冲输出信号

种类	信号名	连接器引脚号	名　称	备　注
输出	PAO	CN1-33	编码器分频脉冲输出：A 相	编码器分频脉冲输出为通过 Pn212 设定的电动机每旋转一圈的脉冲量。该 A 相与 B 相的相位差为电气角 90°
	/PAO	CN1-34		
	PBO	CN1-35	编码器分频脉冲输出：B 相	
	/PBO	CN1-36		
	PCO	CN1-19	编码器分频脉冲输出：C 相	电动机每旋转一圈输出一个脉冲
	/PCO	CN1-20		

编码器的测量输出为串行数据信号，通过 Pn212 设定经伺服单元分频输出，伺服单元接口连线如图 2-28 所示。

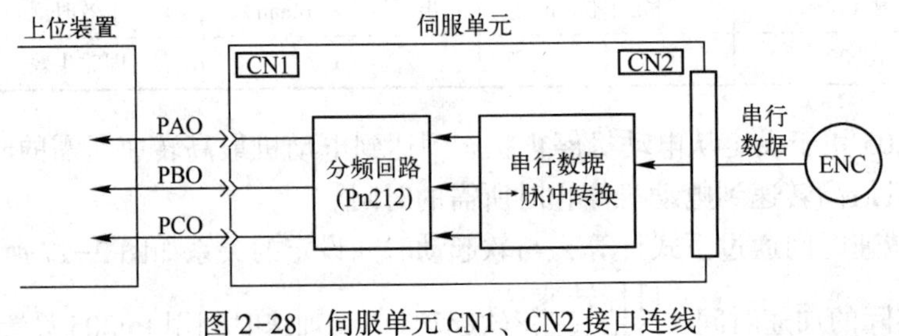

图 2-28　伺服单元 CN1、CN2 接口连线

（2）输出相位形态

C 相（原点脉冲）的脉冲幅度随编码器分频脉冲数（Pn212）而变化，和 A 相幅度相

同。正转和反转模式（Pn000.0=1）的输出相位形态如图2-29所示。

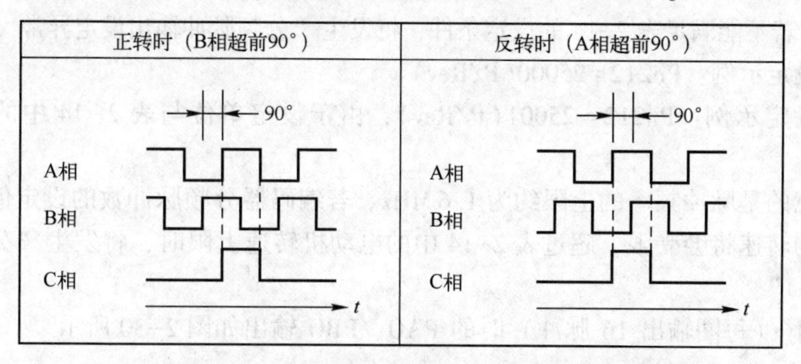

图2-29 编码器分频脉冲输出的正转和反转模式的相位形态

通过伺服单元的C相脉冲输出执行机器的原点复归操作时，应当先使伺服电动机运行两圈以上，然后操作。如果无法执行此操作，则需先将伺服电动机的速度设定在600 r/min以下，然后执行原点复归。速度在600 r/min以上时，可能无法正确输出C相脉冲。

2. 编码器分频脉冲输出的设定

编码器分频脉冲输出的设定方法如表2-13所示。

表2-13 编码器分频脉冲输出的设定方法

Pn212	编码器分频脉冲数		速度 位置 转矩		类别
	设定范围	设定单位	出厂设定	生效时刻	
	16~1073741824	1P/Rev	2048	再次接通电源后	基本设定

在伺服单元内部对来自编码器的每圈的脉冲数进行处理，按Pn212设定值进行分频（A相、B相两相脉冲）形式输出。编码器的分频脉冲输出数需根据机器及上位装置的系统规格进行设定。而编码器分频脉冲数的设定会因编码器的分辨率而受到限制，与设定的编码器分频脉冲相应的电动机转速上限值如表2-14所示。

表2-14 与设定的编码器分频脉冲相应的伺服电动机的转速上限值

编码器分频脉冲数设定范围（P/Rev）	设定刻度	编码器分辨率			与设定的编码器分频脉冲数相应的电机速度上限（min^{-1}）
		13位（8192脉冲）	17位（131072脉冲）	20位（1048576脉冲）	
16~2048	1	○	–	–	6000
16~16384	1	–	○	○	6000
16386~32768	2	–	○	○	3000
32772~65536	4	–	–	○	1500
65544~131072	8	–	–	○	750
131088~262144	16	–	–	○	375

注：“○”代表编码器分频脉冲数的设定范围应选择的分辨率，表中“设定刻度”代表倍频数，比如设定刻度4，代表四倍频。

如：编码器分频脉冲数设定范围为16~16384时，编码器分辨率不可选13位（每圈输出8192脉冲），应选17位或20位合适。

再如：编码器分频脉冲数设定范围为32772~65536时，此时设定刻度为四倍频，编码器分辨率不可选13位和17位，应选20位合适。

由表 2-14 可看出：编码器分频脉冲数（Pn212）的设定范围因所用伺服电动机的编码器分辨率而异。若不能满足表 2-14 的设定条件，将发生“分频脉冲输出设定异常（A.041）”。

正确的设定示例：Pn212＝25000(P/Rev)

错误的设定示例：Pn212＝25001(P/Rev)，由于设定单位与表 2-14 中的不同，故输出 A.041。

需要注意的是脉冲频率的上限约为 1.6 MHz。若编码器分频脉冲数的设定值过高，那么伺服电动机的转速将会受限。超过表 2-14 中的电动机转速上限时，将发生“分频脉冲输出过速（A.511）”。

Pn212＝16（每圈输出 16 脉冲）时的 PAO、PBO 输出如图 2-30 所示。

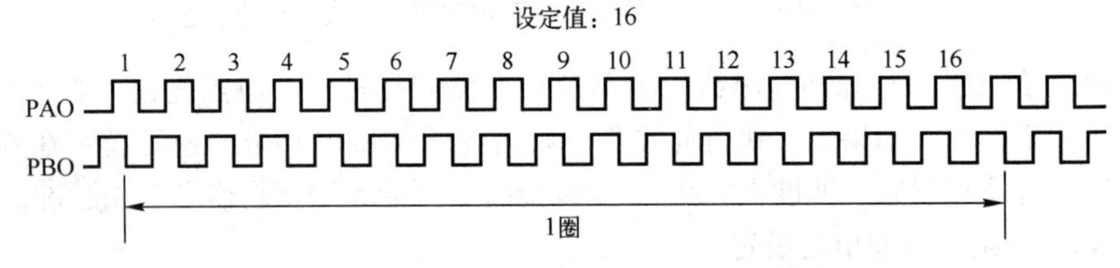

图 2-30　Pn212＝16 时的 PAO、PBO 输出

【任务实施】

1. 所需设备和器材

SGMJV-04ADE6S 交流伺服电动机一台、SGDV-2R8A01 交流伺服驱动器一台、西门子 S7 200smart PLC 一台、EM DR08 扩展模块一个、无刷电动机调速控制板一块、伺服电动机调速模块一个、实验电工工具箱一套及导线若干。

2. 任务和实施步骤

（1）伺服驱动器与 PLC 接线

伺服驱动器与 PLC 的连接电路如图 2-31 所示。

（2）伺服驱动器参数设置

1）进入 Fn005 恢复出厂设置，断电重起。

2）设置 Pn00b＝n.0101，单相电源供电，断电重起。

3）将伺服电动机设置为速度控制模式下的 Pn000＝n.0000。

4）将输入型号设置为 Pn50A＝8100，Pn50B＝6548（设置正、反转信号可驱动）。

5）根据实际外部最大输入电压设置转速指令输入增益，这里设置 Pn300＝006.00（6.00 V 时的电动机额定转速），此时电动机的转速为 3000 r/min。

6）手动调整指令偏置（Fn00A）。手动调整用于以下场合：

① 上位装置已构建位置环，将伺服锁定停止时的位置偏差设置为零时。

② 需要设定一个偏置量时。

③ 要确认通过自动调整设定的偏置量时。

7）设置 Pn305 和 Pn306，完成伺服电动机软起动加减速时间的设定。

3. 注意事项

1）分组完成任务时，第一组接好线后，后面不需重复接线，只要检查线是否接对即可，但运行速度可以改变。

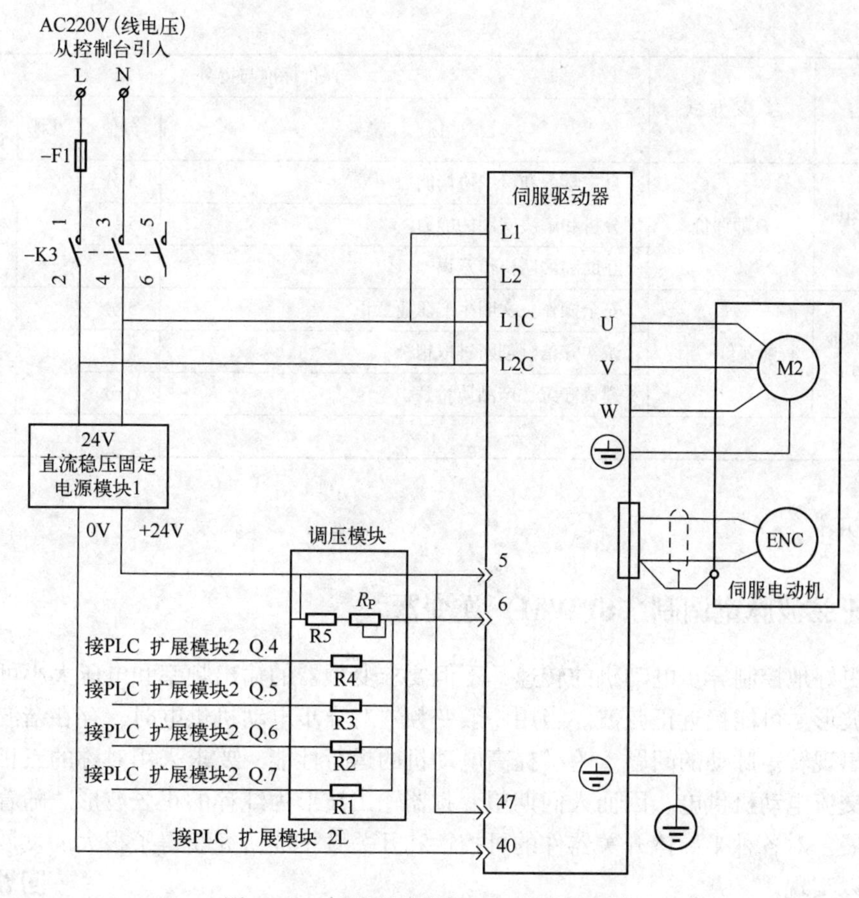

图 2-31 伺服驱动器与 PLC 的连接电路

2）使用速度控制时，即使指令为 0 V，伺服电动机也有可能微速旋转。这是因为伺服单元内部的指令发生了微小偏差。这种微小偏差被称为“偏置”。伺服电动机发生微速旋转时，需要使用偏置量的调整功能来消除偏置量。

3）在运行过程中，如果听到电动机有异常声音，须及时停机检查原因。对于部分备用参数，不允许设置。

【考核评价】

在规定的时间之内完成任务，从知识与技能、学习态度与团队意识、安全生产与职业操守 3 个方面进行综合考核评价，考核评价表如表 2-15 所示。

表 2-15 考核评价表

考核内容	考核方式	评价标准与得分				
		标　准	分值	互评	教师评价	得分
知识与技能（70 分）	教师评价+互评	能正确使用工具和仪表，能按照电路图正确接线	30 分			
		驱动器参数设置是否正确	20 分			
		伺服电动机转速控制的调试与运行是否正确	20 分			

（续）

考核内容	考核方式	评价标准与得分				
		标　准	分值	互评	教师评价	得分
学习态度与团队意识（15分）	教师评价	自主学习和组织协调能力	5分			
		分析和解决问题的能力	5分			
		互助和团队协作意识	5分			
安全生产与职业操守（15分）	教师评价+互评	安全操作、文明生产职业意识	5分			
		诚实守信、创新进取精神	5分			
		遵章守纪、产品质量意识	5分			
总分						

【拓展知识】

2.2.4　正弦波脉宽调制（SPWM）逆变器

为了更好地控制异步电动机的转速，不但要求变频器的输出频率和电压大小可调，而且要求输出波形尽可能接近正弦波。当用一般变频器对异步电动机供电时，存在谐波损耗和低速运行时出现转矩脉动的问题。为了提高电动机的运行性能，要求采用对称的三相正弦波电源为三相交流电动机供电。因而人们期望变频器输出波形为纯粹的正弦波形。随着电力电子技术的发展，对各种半导体开关器件的可控性和开关频率的研究获得了很大的发展，使得这种期望得以实现。

1. 工作原理

在采样控制理论中有一个重要结论，冲量（窄脉冲的面积）相等而形状不同的窄脉冲加在具有惯性的环节上时，其效果基本相同。该结论是PWM控制的重要理论基础。

动画2-4　正弦波脉宽调制原理

将图2-32a所示的正弦波分成N等份，即把正弦半波看成由N个彼此相连的脉冲所组成。这些脉冲宽度相等，为π/N，但幅值不等，其幅值是按正弦规律变化的曲线。把每一等份的正弦曲线与横轴所包围的面积都用一个与此面积相等的等高矩形脉冲来代替，矩形脉冲的中点与正弦脉冲的中点重合，且使各矩形脉冲面积与相应各正弦部分的面积相等，就得到图2-32b所示的脉冲序列。根据上述冲量相等其效果相同的原理，该矩形脉冲序列与正弦半波是等效的。同样，正弦波的负半周也可用相同的方法来等效。由图2-32可见，各矩形脉冲在幅值不变的条件下，其宽度随之发生变化。这种脉冲的宽度按正弦规律变化且和正弦波等效的矩形脉冲序列称为SPWM（Sinusoidal PWM）波形。

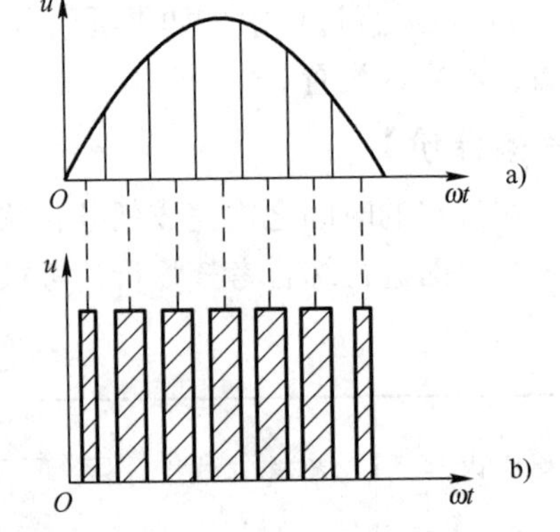

图2-32　与正弦波等效的等幅脉冲序列波
a）正弦波形　b）等效的正弦波形

图 2-32b 的矩形脉冲系列就是所期望的变频器输出波形，通常将输出为 SPWM 波形的变频器称为 SPWM 型变频器。显然，当变频器各开关器件工作在理想状态下时，驱动相应开关器件的信号也应为与图 2-32b 形状相似的一系列脉冲波形。由于各脉冲的幅值相等，所以逆变器可由恒定的直流电源供电，即变频器中的变流器采用不可控的二极管整流器就可以了。

从理论上讲，这一系列脉冲波形的宽度可以严格地用计算方法求得，作为控制逆变器中各开关器件通断的依据。但在实际运用中以所期望的波形作为调制波，而受它调制的信号称为载波。通常采用等腰三角形作为载波，因为等腰三角波是上下宽度线形对称变化的，当它与任何一条光滑的曲线相交时，在交点的时刻控制开关器件的通断，即可得到一组等幅而脉冲宽度正比于该曲线函数值的矩形脉冲，这正是 SPWM 所需要的结果。

图 2-33a 是 SPWM 变频器电路的主回路。图中，$VT_1 \sim VT_6$为逆变器的 6 个功率开关器件（以 GTR 为例），$VD_1 \sim VD_6$为用于处理无功功率反馈的二极管。整个逆变器由三相整流器提供的恒值直流电压来供电。图 2-33b 是它的控制电路，一组三相对称的正弦参考电压信号 u_{rA}、u_{rB}、u_{rC}由参考信号发生器提供，其频率决定逆变器输出的基波频率，应在所要求的输出频率范围内可调；其幅值也可在一定范围内变化，以决定输出电压的大小。三角波载波信号 u_t是共用的，分别与每相参考电压比较后，给出“正”或“零”的饱和输出，产生 SPWM 脉冲序列波 u_{dA}、u_{dB}、u_{dC}，作为逆变器功率开关器件的输出控制信号，驱动 $VT_1 \sim VT_6$。

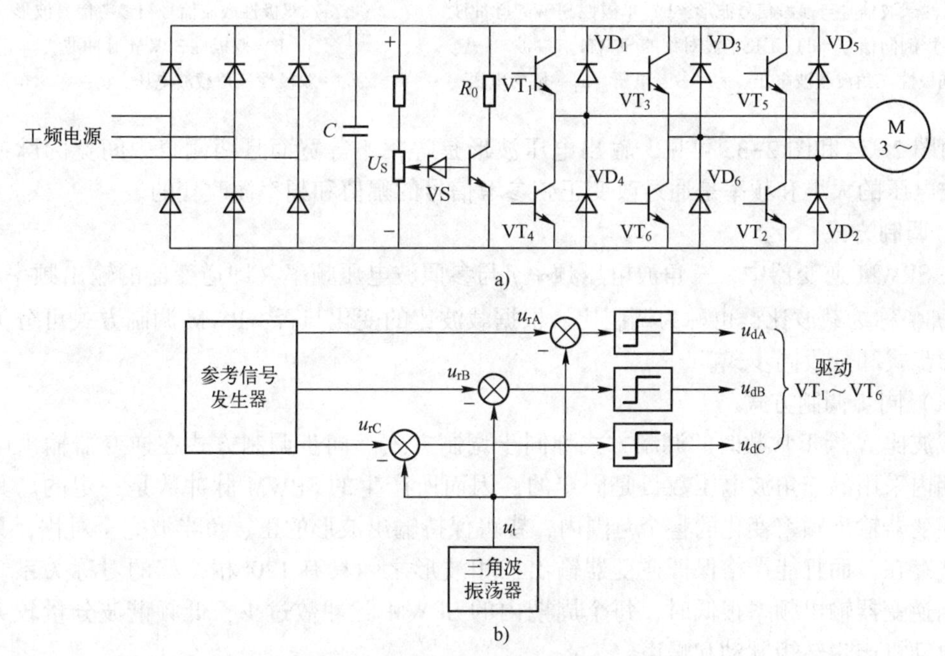

图 2-33　SPWM 变频器电路原理图

a）主回路　b）控制电路

控制方式可以是单极式，也可以是双极式。采用单极式控制时，在正弦波的半个周期内，每相只有一个功率开关开通或关断。其调制情况如图 2-34 所示，首先由同极性的三角波调制电压 u_t与参考电压 u_r比较，如图 2-34a 所示，产生的单极性 SPWM 脉冲波如

图 2-34b 所示，负半周用同样的方法调制后倒向而成，如图 2-34c、2-34d 所示。

采用双极式控制时，同一桥臂的上、下两个功率开关交替通断，处于互补的工作方式，其调制情况如图 2-35 所示。

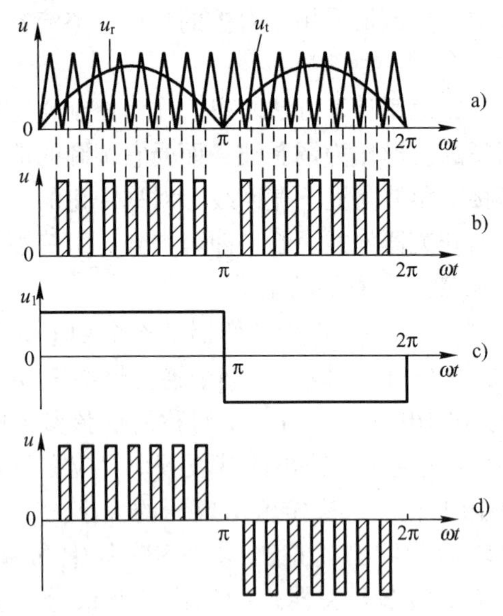

图 2-34　单极性脉宽调制模式（单相）

a）同极性载波信号与参考信号波形　b）单极性 SPWM 脉冲波

c）倒向信号　d）正负半波对称的 SPWM 脉冲波

u_t—同极性三角波载波电压　u_r—参考电压　u_1—倒向电压

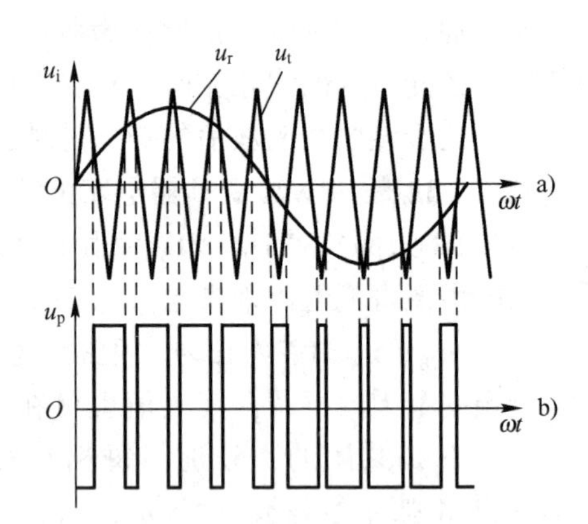

图 2-35　双极性脉宽调制模式（单相）

a）双极性载波信号与参考信号波形

b）双极性 SPWM 脉冲波

u_t—双极性三角载波电压　u_r—参考电压

由图 2-34 和图 2-35 可见，输出电压波形是等幅不等宽而且两侧窄中间宽的脉冲，输出基波电压的大小和频率是通过改变正弦参考信号的幅值和频率而改变的。

2. 调制方式

在 SPWM 逆变器中，三角波电压频率 f_t 与参照波电压频率（即逆变器的输出频率）f_r 之比 $N=f_t/f_r$ 称为载波比，也称为调制比。根据载波比的变化与否，PWM 调制方式可分为同步式、异步式和分段同步式。

（1）同步调制方式

载波比 N 等于常数时的调制方式称同步调制方式。同步调制方式在逆变器输出电压每个周期内采用的三角波电压数目是固定的，因而所产生的 SPWM 脉冲数是一定的。其优点是在逆变器输出频率变化的整个范围内，皆可保持输出波形的正、负半波完全对称，只有奇次谐波存在，而且能严格保证逆变器输出三相波形之间具有 120°相位移的对称关系。缺点是，当逆变器输出频率很低时，每个周期内的 SPWM 脉冲数过少，低频谐波分量较大，使负载电动机产生转矩脉动和噪声。

（2）异步调制方式

为消除同步调制的缺点，可以采用异步调制方式，即在逆变器的整个变频范围内，载波比 N 不是一个常数。一般在改变参照波频率 f_r 时保持三角波频率 f_t 不变，因而提高了低频时的载波比，这样逆变器输出电压每个周期内的 PWM 脉冲数可随输出频率的降低而增加，相应地可减少负载电动机的转矩脉动与噪声，改善了调速系统的低频工作特性。但异步控制方式在改善低频工作性能的同时，又失去了同步调制的优点。当载波比 N 随着输出频率的降低而连续变化时，它不可能总是 3 的倍数，势必使输出电压波形及其相位都发生变化，难以保持三相输出的对称性，因而引起电动机工作不平稳。

（3）分段同步调制方式

实际应用中，多采用分段同步调制方式，它集同步和异步调制方式之所长，克服了两者的不足。在一定频率范围内采用同步调制，以保持输出波形对称的优点，在低频运行时，使载波比有级地增大，以采纳异步调制的长处，这就是分段同步调制方式。具体地说，把整个变频范围划分为若干频段，在每个频段内都维持 N 恒定，对不同的频段取不同的 N 值，频率低时，N 值取大些。采用分段同步调制方式，需要增加调制脉冲切换电路，从而增加控制电路的复杂性。

3. SPWM 波的形成

SPWM 波就是根据三角载波与正弦调制波的交点来确定功率器件的开关时刻，从而得到其幅值不变而宽度按正弦规律变化的一系列脉冲。开关点的算法可分为两类：一是采样法，二是最佳法。采样法是从载波与调制波相比较产生 SPWM 波的思路出发，导出开关点的算法，然后按此算法实时计算或离线计算出开关点，通过定时控制，发出驱动信号的上升沿或下降沿，形成 SPWM 波。最佳法则是预先通过某种指标下的优化计算，求出 SPWM 波的开关点，其突出优点是可以预先去掉指定阶次的谐波。最佳法计算的工作量很大，一般要先离线算出最佳开关点，以表格形式存入内存，运行时再查表进行定时控制，发出 SPWM 信号。

产生 SPWM 波形的方法主要有两种：一种是利用微处理器计算查表得到，它常需复杂的算法；另一种是利用专用集成电路（ASIC）来产生 PWM 脉冲，不需或只需少量编程，使用起来较为方便。如 MOTTOROLA 公司生产的交流电动机微控制器集成芯片 MC3PHAC，就是为满足三相交流电动机变速控制系统需求专门设计的。其引脚排列如图 2-36 所示。

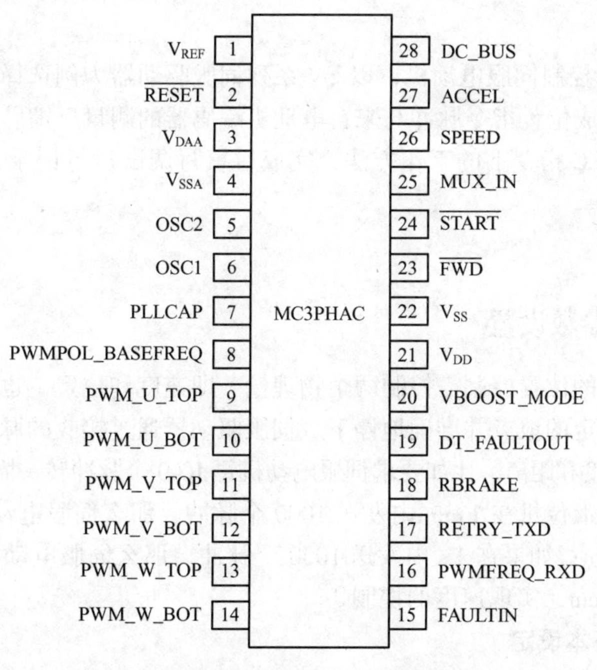

图 2-36　MC3PHAC 引脚排列

MC3PHAC 有 3 种封装方式，图 2-36 采用的是 28 个引脚的 DIP 封装。MC3PHAC 主要组成部分有：引脚 9～14 组成了 6 个输出脉宽调制器（PWM）驱动输出端；MUX_IN、SPEED、ACCEL 和 DC_BUS 在标准模式下为输出引脚，指示 PWM 的极性和基频，在其他情况为模拟量输入引脚，MC3PHAC 内置 4 通道模拟/数字转换器（ADC）；PWMFREQ_RXD、RETRY_TXD 为串行通信接口引脚；引脚 OSC1 和 OSC2 组成了锁相环（PLL）系统振荡器和低功率电源电压检测电路。

芯片 MC3PHAC 能实现三相交流电动机 V/F 开环速度控制、正/反转、起/停运动、系统故障输入、低速电压提升和上电复位（POR）等控制功能。该器件有如下特点：

1）V/F 速度控制。MC3PHAC 可按需要提升低速电压，调整 V/F 速度控制特性。

2）DSP（数字信号处理器）滤波。

3）32 bit 内部高精度运算，电机速度分辨率可以达到 4 MHz，使高精度操作得到平滑运行。

4）6 输出脉宽调制器（PWM）。

5）三相波形输出：MC3PHAC 产生控制三相交流电动机需要的 6 个 PWM 信号。3 次谐波信号叠加到基波频率上，充分利用总线电压，和纯正弦波调制相比较，最大输出幅值增加 15%。

6）4 通道模拟/数字转换器（ADC）。

7）串行通信接口（SCI）。

8）欠电压检测。

任务 2.3　PLC 与伺服电动机位置控制

【任务描述】

本任务利用 PLC 控制伺服电动机，以 ΣV 系列伺服驱动器为例选择位置控制模式，设置电子齿轮比参数来完成位置指令脉冲与来自电动机编码器的测量反馈脉冲当量的匹配。学会交流伺服电动机在 PLC 指令下的工作方法，完成后填写调试运行记录，整理相关文件并进行检查评价。

【基础知识】

2.3.1　位置控制参数设置

交流伺服电动机的位置控制需控制两个物理量，即速度和位置，也就是控制伺服电动机以多快的速度到达指定的地点并准确地停下。伺服驱动器通过接收的脉冲频率和数量来控制伺服电动机运行的速度和距离。比如要求伺服电动机每 1000 个脉冲转一圈，能够往前走 10 cm，实现距离控制。如果上位机在 1 min 内发送 1000 个脉冲，那么伺服电动机就以 1 r/min 的速度走完一圈，即 10 cm；如果在 1 s 内发送 1000 个脉冲，那么伺服电动机就以 60 r/min 的速度运转，往前走 600 cm，实现速度的控制。

1. 位置控制的基本设定

闭环位置控制是驱动器最为常用的控制方式。当驱动器选择位置控制时，来自外部脉冲输入的位置指令与来自编码器的位置反馈信号通过位置比较环节的计算，得到位置跟随误差信号，位置误差经过位置调节器（通常为比例调节）的处理，生成内部速度给定指令。

视频 2-1　伺服电动机、伺服驱动器及 PLC 的连接

速度给定指令与速度反馈信号通过速度比较环节的计算，得到速度误差信号。误差经过速度调节器（通常为比例/积分调节）的处理，生成内部转矩给定指令。转矩给定指令与转矩反馈信号通过转矩比较环节得到转矩误差信号，误差经过转矩调节器（通常为比例调节）的处理与矢量变换后，生成 PWM 控制信号，控制伺服电动机的定子电压、电流与相位速度。因此，位置控制方式实际上也具有速度、转矩控制功能，只不过它们服务于位置控制而已。

（1）位置控制的模式设定

位置控制模式通过 Pn000.1 来设定，控制框图如图 2-37 所示。

（2）指令脉冲形态的设定

驱动器的位置指定脉冲一般来自 PLC、CNC 等上级控制装置，指令脉冲应按照要求连接。脉冲类型可以通过参数 Pn200.0 选择，如表 2-16 所示。

表 2-16　指令脉冲形态的设定

参　数	指令脉冲形态	输入倍增	正转指令	反转指令
n.0 ［出厂设定］	符号+脉冲序列 （正逻辑）	—	PULS (CN1-7) SIGN (CN1-11)　H电平	PULS (CN1-7) SIGN (CN1-11)　L电平
n.1	CW+CCW 脉冲序列 （正逻辑）	—	CW (CN1-7)　L电平 CCW (CN1-11)	CW (CN1-7) CCW (CN1-11)　L电平
n.2	90°相位差二相脉冲	1 倍	90° A相 (CN1-7) B相 (CN1-11)	90° A相 (CN1-7) B相 (CN1-11)
n.3		2 倍		
n.4		4 倍		
n.5	符号+脉冲序列 （负逻辑）	—	PULS (CN1-7) SIGN (CN1-11)　L电平	PULS (CN1-7) SIGN (CN1-11)　H电平
n.6	CW+CCW 脉冲序列 （负逻辑）	—	CW (CN1-7)　H电平 CCW (CN1-11)	CW (CN1-7) CCW (CN1-11)　H电平

电动机的转向可用参数 Pn000.0（由“0”改为“1”或反之）调整；电动机的实际转速通过设置速度指令输入增益参数 Pn300（单位 0.01 V）调整。

（3）输入滤波器的选择

输入滤波器的选择如表 2-17 所示。

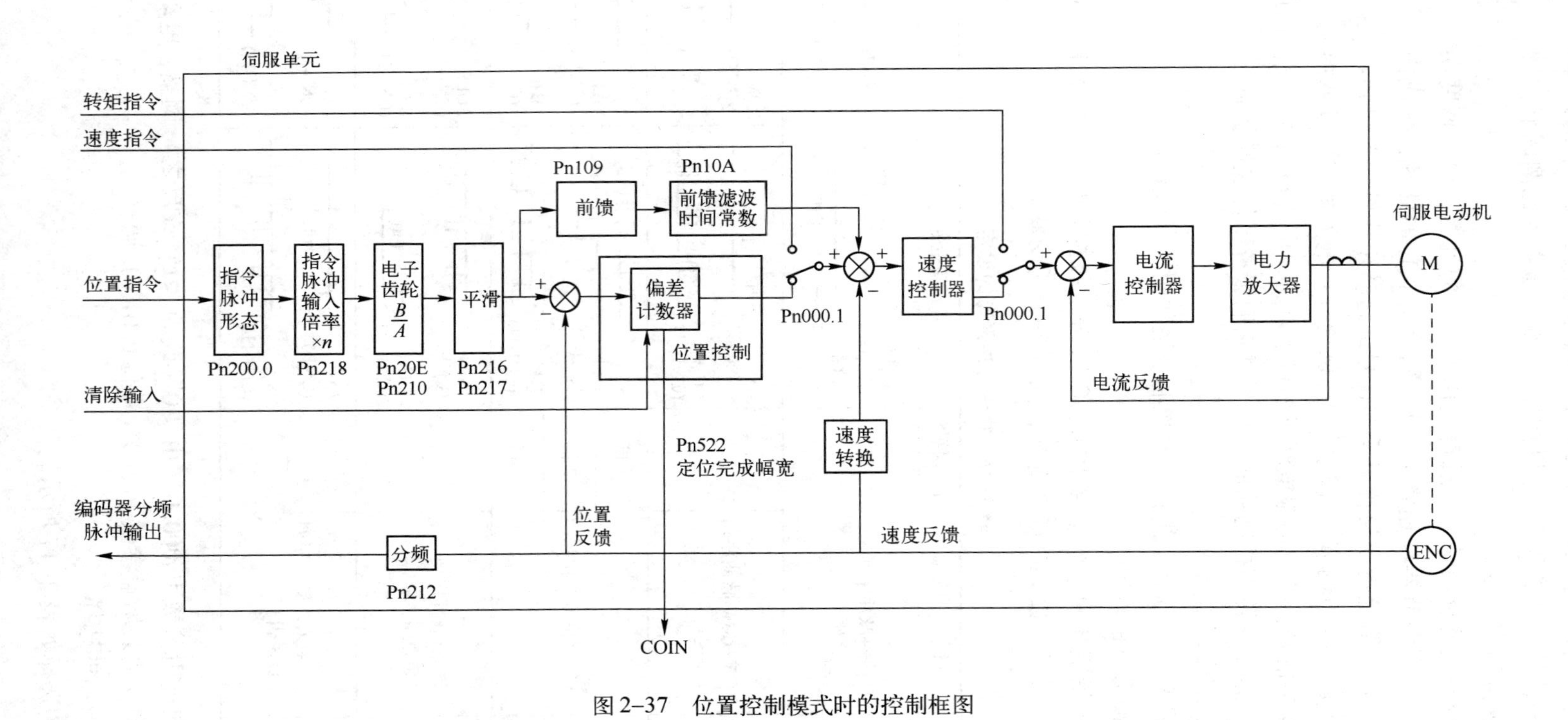

图 2-37　位置控制模式时的控制框图

表 2-17　输入滤波器的选择

参　　数		含　　义	生效时刻	类　别
Pn200	n.0 [出厂设定]	使用线性驱动信号用的指令输入滤波器 1 (~1 Mp/s)	再次接通电源后	基本设定
	n.1	使用集电极开路信号用的指令输入滤波器 (~200 kp/s)		
	n.2	使用线性驱动信号用的指令输入滤波器 2 (1~4 Mp/s)		

(4) 输入/输出信号的时间示例

输入/输出信号的时间示例如图 2-38 所示。需要注意的是，从伺服 ON 有效到输入脉冲开始输入需要间隔 40 ms 以上。若在 40 ms 以内输入，那么伺服单元可能无法接收指令脉冲。

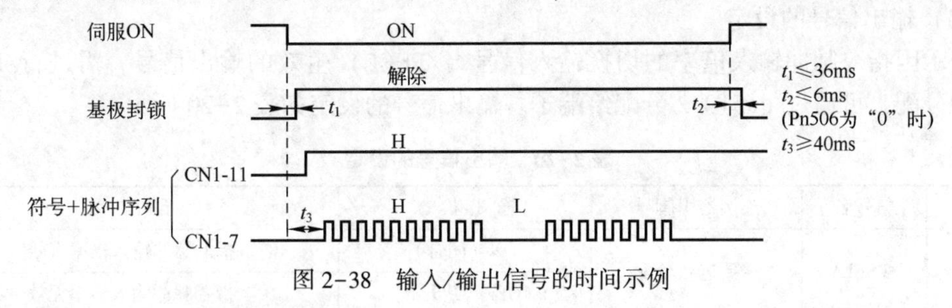

图 2-38　输入/输出信号的时间示例

2. 用指令脉冲输入倍率切换的设定

(1) 指令脉冲输入倍率的设定

通过指令脉冲输入倍率切换输入信号（/PSEL）的 ON/OFF，可将位置指令脉冲的输入倍率切换为 1 倍和 n 倍（n 的范围为 1~100）。指令脉冲输入倍率切换的输出信号（/PSELA）可以确认倍率的切换值。

使用该功能时，倍率设定为 Pn218。在位置指令脉冲为 0 的状态下，切换指令脉冲倍率。若在位置指令脉冲不为 0 时切换，那么伺服电动机可能会产生位置偏差。指令脉冲输入倍率的参数设定如表 2-18 所示。

表 2-18　指令脉冲输入倍率的参数设定

Pn218	指令脉冲输入倍率			位置	类别
	设定范围	设定单位	出厂设定	生效时刻	
	1~100	1 倍	1	即时生效	基本设定

指令脉冲输入倍率切换的时间如图 2-39 所示。

(2) 输入信号的设定

切换为 Pn218 设定的指令脉冲输入倍率时使用/PSEL 信号，需进行/PSEL 信号的分配。可通过 Pn515.1 分配给端子。输入信号的设定如表 2-19 所示。

表 2-19　输入信号的设定

种类	信号名	连接器引脚号	输出状态	含　义
输入	/PSEL	需要进行分配	ON（闭合）	使指令脉冲输入倍率有效
			OFF（断开）	使指令脉冲输入倍率无效

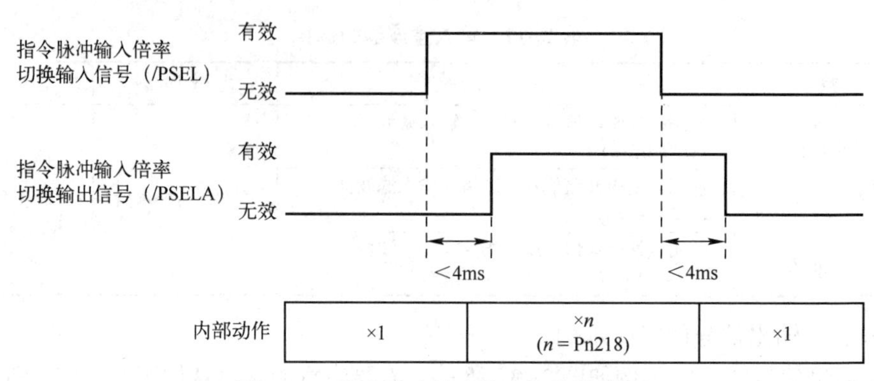

图 2-39　指令脉冲输入倍率切换的时间

（3）输出信号的设定

表示因指令脉冲输入倍率的切换输入信号（/PSEL）生效的输出信号，需进行/PSELA 信号的分配，可通过 Pn510.2 分配给端子。输出信号的设定如表 2-20 所示。

表 2-20　输出信号的设定

种类	信号名	连接器引脚号	输出状态	含　义
输出	/PSELA	需要进行分配	ON（闭合）	指令脉冲输入倍率有效
			OFF（断开）	指令脉冲输入倍率无效

需要说明的是，在部分辅助功能运行中时，如 Fn004 功能下的程序 JOG 运行以及 Fn201 功能下的高级自动调谐，指令脉冲输入倍率切换功能无效。

2.3.2　电子齿轮比的设定

当驱动器用于位置控制时，指令的位置必须与实际运动的位置一致，即位置指令脉冲与来自电动机编码器的测量反馈脉冲当量须匹配。在伺服驱动器上这两者可通过“电子齿轮比”参数进行匹配。

1. 电子齿轮比的作用

电子齿轮的具体功能是对上位装置输出一个脉冲单位的工件移动量进行设定。在实际运用中，电子齿轮用于连接不同的机械结构，如滚珠丝杠、蜗轮蜗杆等，由于它们的螺距、齿数等参数不同，移动最小单位量所需的电动机转动量也不同。

指令脉冲输入倍率切换功能有效时，将上位装置的输入指令脉冲 n 倍的位置数据定义为“指令单位”，其中 n 为指令脉冲输入倍率，“指令单位”是指使负载移动的最小位置数。

下面通过机械构成移动工件的示例说明电子齿轮的作用，如图 2-40 所示。

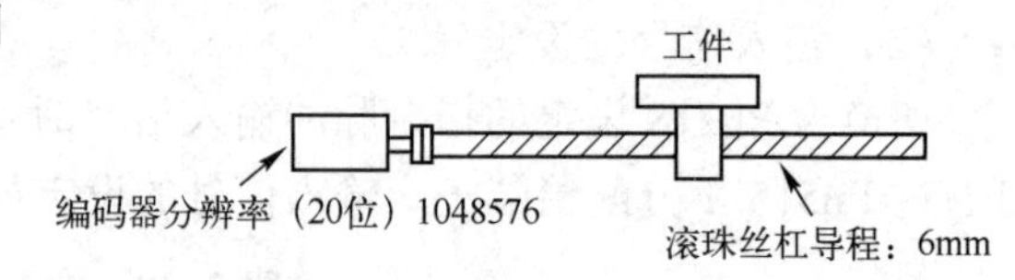

图 2-40　滚珠丝杠控制工件移动

（1）不使用电子齿轮

1）计算转速。

若电动机每转一圈的移动量为 6 mm，那么将负载移动 10 mm 需要“10/6 圈”。

2）计算所需的脉冲数。

若 1048576 个脉冲为一圈，那么需要“(10/6)×1048576 = 1747626.66…个脉冲”。如果

不使用电子齿轮而又必须要计算各指令的指令脉冲数，那么会非常烦琐。

（2）使用电子齿轮

假设指令单位为 1 μm，则一个脉冲的移动量为 1 μm。移动 10 mm（10000 μm）时，由于“10000÷1＝10000 个脉冲”，因此应输入 10000 个脉冲，这样可以不必计算各指令的指令脉冲数，大大简化了计算。

视频 2-2　电子齿轮的设定

2. 电子齿轮比的设定

电子齿轮比通过 Pn20E 和 Pn210 进行设定，如表 2-21 所示。

表 2-21　电子齿轮比的设定

参数	设定范围	设定单位	出厂设定	生效时刻	类别
Pn20E	电子齿轮比（分子）			位置	类别
	设定范围	设定单位	出厂设定	生效时刻	
	1~1073741824	1	4	再次接通电源后	基本设定
Pn210	电子齿轮比（分母）			位置	类别
	设定范围	设定单位	出厂设定	生效时刻	
	1~1073741824	1	1	再次接通电源后	基本设定

电动机轴和负载侧的机器减速比为 n/m（电动机旋转 m 圈时负载轴旋转 n 圈）时，电子齿轮比的设定值通过式（2-9）求得。

$$\text{电子齿轮比}=\frac{B}{A}=\frac{\text{Pn20E}}{\text{Pn210}}=\frac{\text{编码器分辨率}}{\text{负载轴旋转 1 圈的移动量(指令单位)}}\times\frac{m}{n} \tag{2-9}$$

3. 电子齿轮比的设定示例

根据不同机械系统构成与指令单位大小设定的电子齿轮比如表 2-22 所示。

表 2-22　不同的电子齿轮比设定

步骤	内　容	机械系统构成		
		滚珠丝杠	圆台	皮带+皮带轮
		指令单位：0.001mm 负载轴 编码器 20位 滚珠丝杠 导程：6mm	指令单位：0.01° 减速比 1/100 负载轴 编码器20位	指令单位：0.005mm 负载轴 减速比 1/50 带轮直径 ϕ100mm 编码器20位
1	机器规格	• 滚珠丝杠导程：6 mm • 减速比：1/1	• 一圈的旋转角：360° • 减速比：1/100	• 带轮直径：100 mm（带轮周长：314 mm） • 减速比：1/50
2	编码器分辨率	1048576（20 位）	1048576（20 位）	1048576（20 位）
3	指令单位	0. 001 mm	0.01°	0. 005 mm
4	负载轴旋转一圈的移动量（指令单位）	6 mm/0. 001 mm＝6000	360°/0. 01°＝36000	314 mm/0. 005 mm＝62800
5	电子齿轮比	$\frac{B}{A}=\frac{1048576}{6000}\times\frac{1}{1}$	$\frac{B}{A}=\frac{1048576}{36000}\times\frac{100}{1}$	$\frac{B}{A}=\frac{1048576}{62800}\times\frac{50}{1}$
6	参数	Pn20E：1048576	Pn20E：104857600	Pn20E：52428800
		Pn210：6000	Pn210：36000	Pn210：62800

2.3.3 定位信号的设定

1. 定位完成（/COIN）信号

定位信号表示的是位置控制时伺服电动机定位完成的信号。上位装置确认定位已经完成，/COIN 信号可通过 Pn50E.0 分配给其他端子，定位完成信号的输出如表 2-23 所示。

表 2-23 定位完成信号的输出

种类	信号名	连接器引脚号	输出状态	含　义
输出	/COIN	CN1-25、26 [出厂设定]	ON（闭合）	定位完成
			OFF（断开）	定位未完成

当来自上位装置的指令脉冲数和伺服电动机移动量之差（位置偏差）低于 Pn522 参数的设定值时，将输出定位完成信号。若设定值过大，低速运行中偏差较小时，可能会输出常时定位完成信号。输出常时定位完成信号时，需降低设定值直至不再输出该信号。定位完成幅宽可通过 Pn522 设定，如表 2-24 所示。

表 2-24 定位完成幅宽的设定

<table>
<tr><td rowspan="3">Pn522</td><td colspan="3">定位完成幅宽</td><td>位置</td><td rowspan="2">类别</td></tr>
<tr><td>设定范围</td><td>设定单位</td><td>出厂设定</td><td>生效时刻</td></tr>
<tr><td>0~1073741824</td><td>一个指令单位</td><td>7</td><td>即时生效</td><td>基本设定</td></tr>
</table>

在伺服单元设定的定位完成幅宽小、位置偏差始终较小的状态下使用时，可以通过 Pn207.3 来变更/COIN 信号的输出时间，如表 2-25 所示。

表 2-25 /COIN 信号输出时间的设定

参　数		名　称	内　容	生效时刻	类别
Pn207	n.0 [出厂设定]	/COIN 信号输出时间	位置偏差的绝对值低于定位完成幅宽（Pn522）时，输出 /COIN 信号	再次接通电源后	基本设定
	n.1		位置偏差的绝对值低于定位完成幅宽（Pn522）且位置指令滤波后变为 0 时，输出/COIN 信号		
	n.2		位置偏差的绝对值小于定位完成幅宽（Pn522）且位置指令输入为 0 时，输出/COIN 信号		

2. 定位接近信号（/NEAR）

位置控制时，上位装置在确认定位完成信号之前，可先接收定位接近信号，为定位完成之后的动作顺序做好准备。这样可以缩短定位完成时动作所需的时间。该信号通常和定位完成信号成对使用，定位接近信号的输出如表 2-26 所示。

表 2-26 定位接近信号的输出

种类	信号名	连接器引脚号	输出状态	含　义
输出	/NEAR	需要进行分配	ON（闭合）	到达定位完成接近点时输出
			OFF（断开）	未到达定位完成接近点时输出

定位接近信号可通过参数 Pn524 设定，如表 2-27 所示。

表 2-27　定位接近信号的设定

Pn524	/NEAR 信号范围			位置	类别
	设定范围	设定单位	出厂设定	生效时刻	
	1~1073741824	一个指令单位	1073741824	即时生效	基本设定

上位装置的指令脉冲数和伺服电动机移动量之差（位置偏差）低于设定值时，信号被输出。因此，Pn524 通常设定为大于定位完成幅宽（Pn522）的值，定位接近信号与定位完成信号的设定关系如图 2-41 所示。

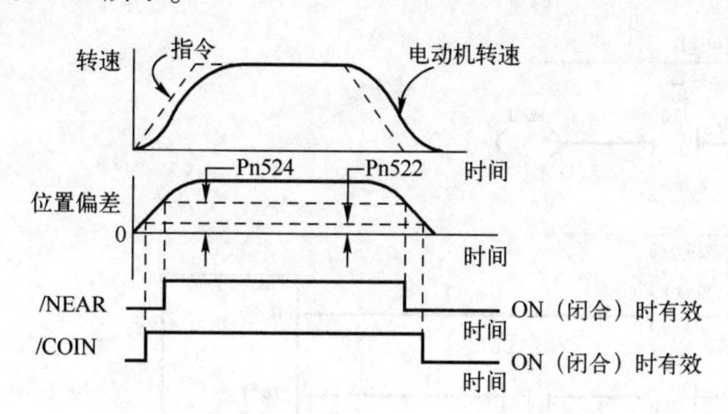

图 2-41　定位接近信号与定位完成信号的设定关系

【任务实施】

1. 所需设备和器材

SGMJV-04ADE6S 交流伺服电动机一台、SGDV-2R8A01 交流伺服驱动器一台、西门子 S7-200smart PLC 一台、实验电工工具箱一套、按钮及导线若干。

2. 任务和实施步骤

1）根据图 2-42 和图 2-43 所示，将伺服驱动器与 PLC 进行连接。

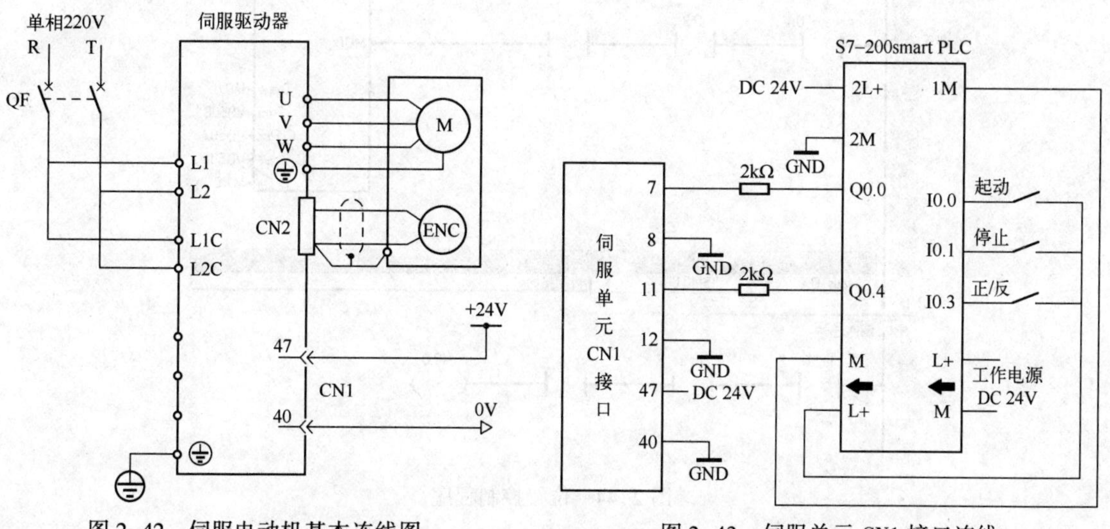

图 2-42　伺服电动机基本连线图　　　　图 2-43　伺服单元 CN1 接口连线

2）进入 Fn005 恢复出厂设置，断电重起。

3）设置 Pn00b=n. 0101，单相电源供电，并显示所有参数，断电重起。

4）将伺服电动机设置为位置控制模式下的 Pn000=n. 0010。

5）输入滤波器的选择设置为 Pn200=n. 1000（集电极开路信号用指令输入滤波器）。

6）将输入型号设置为 Pn50A=8100，Pn50B=6548（将设置正、反转信号可驱动）。

7）将电子齿轮比设置为 Pn20E=1000，Pn210=1。

8）减弱位置控制模式下由于齿轮惯性量而产生的抖动问题，将速度环增益设置为 Pn100=500，并使免调整功能无效，Pn170=1410，断电重启。

9）进行编程，写入 PLC，如图 2-44 所示。

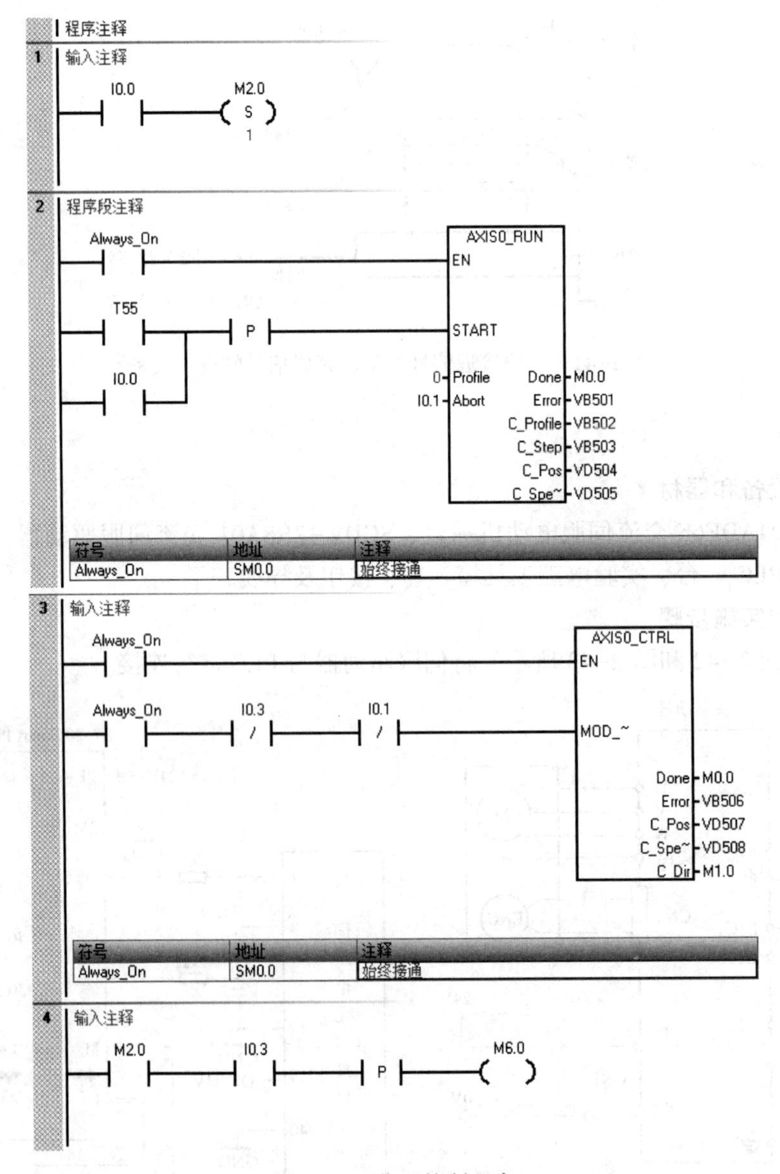

图 2-44　位置控制程序

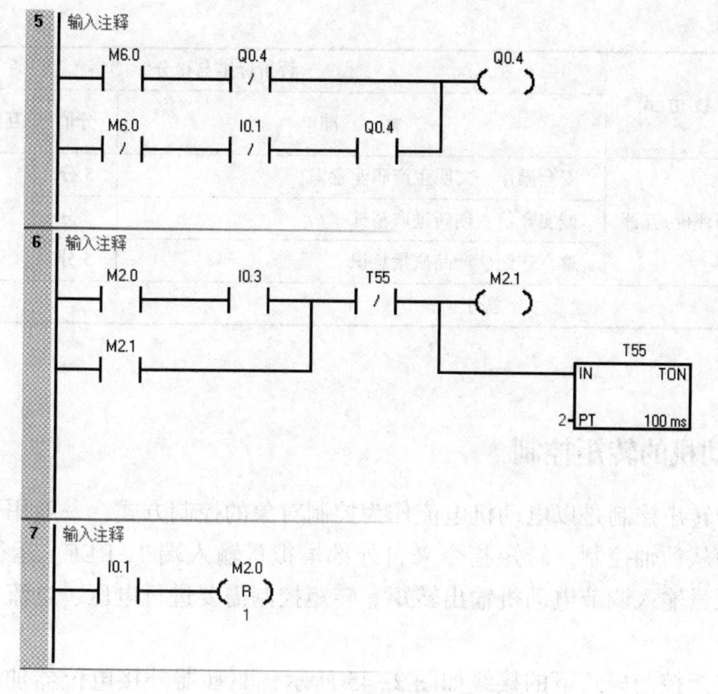

图 2-44　位置控制程序（续）

10）按下起动按钮观察电动机转向，设置 Un000 显示电动机转速。

11）分析齿轮、脉冲比与转速之间的关系。

3. 注意事项

1）分组完成任务时，第一组接好线后，后面不需重复接线，只要检查线是否接对即可，但运行速度、转动的周数可以改变。

2）在运行过程中，如果听到电动机有异常声音，须及时停机检查原因。对于部分备用参数，不允许设置。

【考核评价】

在规定的时间之内完成任务，从知识与技能、学习态度与团队意识、安全生产与职业操守 3 个方面进行综合考核评价，考核评价表如表 2-28 所示。

表 2-28　考核评价表

考核内容	考核方式	评价标准与得分				
		标　准	分值	互评	教师评价	得分
知识与技能（70 分）	教师评价+互评	能正确使用工具和仪表，能按照电路图正确接线	30 分			
		驱动器参数设置是否正确	20 分			
		伺服电动机位置控制的调试与运行是否正确	20 分			
学习态度与团队意识（15 分）	教师评价	自主学习和组织协调能力	5 分			
		分析和解决问题的能力	5 分			
		互助和团队协作意识	5 分			

（续）

考核内容	考核方式	评价标准与得分				
		标　准	分值	互评	教师评价	得分
安全生产与职业操守（15 分）	教师评价+互评	安全操作、文明生产职业意识	5 分			
		诚实守信、创新进取精神	5 分			
		遵章守纪、产品质量意识	5 分			
总分						

【拓展知识】

2.3.4　伺服电动机的转矩控制

伺服电动机的转矩控制是以电动机电流作为控制对象的控制方式，一般用于张力控制或者作为主从控制的从动轴控制。转矩指令来自外部模拟量输入端 T-REF，运行过程中可以随时通过改变模拟量输入调节电动机输出转矩。转矩控制需要进行电压、电流、相位等参数的复杂计算。

伺服驱动器转矩控制模式下的接线如图 2-45 所示，驱动器外接电位器加载 0~±8 V 的电压，调节电位器电压就可以改变伺服电动机的输出转矩。

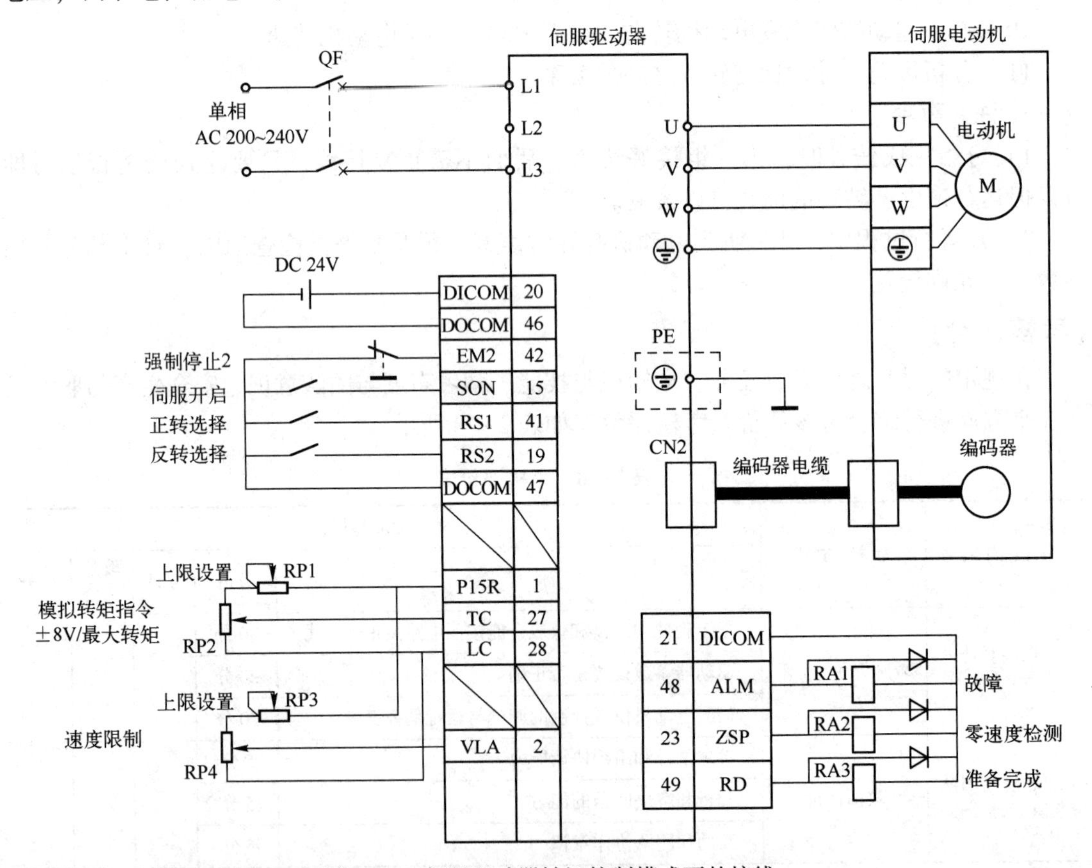

图 2-45　伺服驱动器转矩控制模式下的接线

VLA 和 LG 引脚之间的电位器加载 DC 为 0~±10 V 之间的电压，±10 V 时对应通过 PC12（伺服单元转速设置参数）设置的转速。当在 VLA 中输入大于容许转速的限制值时，将在容许转速下被钳制。

图 2-45 中的 RS1 和 RS2 用来选择伺服电动机的输出转矩方向。

1. 转矩控制

（1）转矩指令与输出转矩

图 2-45 中，通过调节 RP1 和 RP2 电位器，可以使伺服驱动器 TC 端的加载电压在 0~±8 V 范围内变化，从而调节伺服电动机的转矩。模拟量转矩指令（TC）的输出电压与伺服电动机转矩的关系如图 2-46 所示。如果电压较低（-0.05~0.05 V）的实际速度接近限制值，则转矩有可能发生变动，此时需要提高速度限制值。TC 输入电压为正时，输出转矩也为正，驱动伺服电动机按逆时针旋转；TC 输出电压为负时，输出转矩也为负，驱动伺服电动机按顺时针旋转。在±8 V 下产生最大转矩。

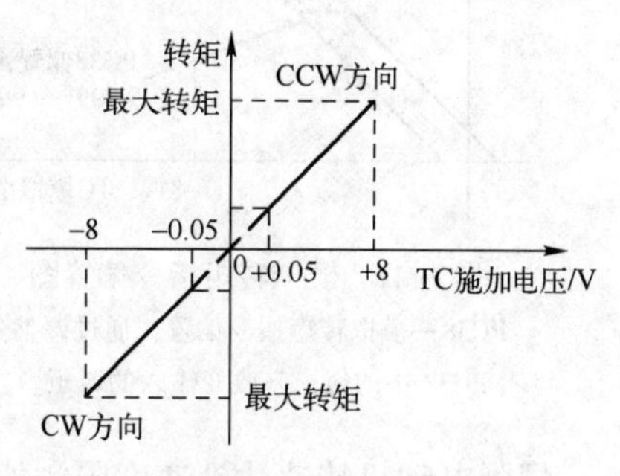

图 2-46 模拟量转矩指令的输出电压与伺服电动机转矩的关系

使用 TC（模拟转矩指令）时，RS1（正转选择）和 RS2（反转选择）决定转矩的输出发生方向，如表 2-29 所示。

表 2-29 转矩控制模式下的电动机旋转方向

输入设备		旋转方向		
		TC（模拟转矩指令）		
RS2	RS1	+极性	0 V	-极性
0	0	不输出极性	不发生转矩	不输出极性
0	1	CCW（正转驱动，反转再生）		CW（反转驱动，正转再生）
1	0	CW（反转驱动，正转再生）		CCW（正转驱动，反转再生）
1	1	不输出转矩		不输出转矩

（2）模拟转矩指令偏置

在 PC38 中针对 TC 模拟电压可以进行-9999~9999 mV 的偏置电压的相加，如图 2-47 所示。

2. 转矩限制

如果设置 PA11（正转转矩限制）和 PA12（反转转矩限制），则在运行中将会始终限制最大转矩。

3. 速度控制

受在 PC05（内部速度限制 1）~PC11（内部速度限制 7）中设置的转速或通过 VLA（模拟速度限制）的加载电压设置的转速的限制，当在 PD03~PD20 的设置中将 SP1（速度选择 1）、SP2（速度选择 2）以及 SP3（速度选择 3）设置为可用时，可以选择 VLA（模拟速度限制）以及内部速度限制 1~7 的速度限制值。

VLA（模拟速度限制）的加载电压与伺服电动机转速的关系如图 2-48 所示。

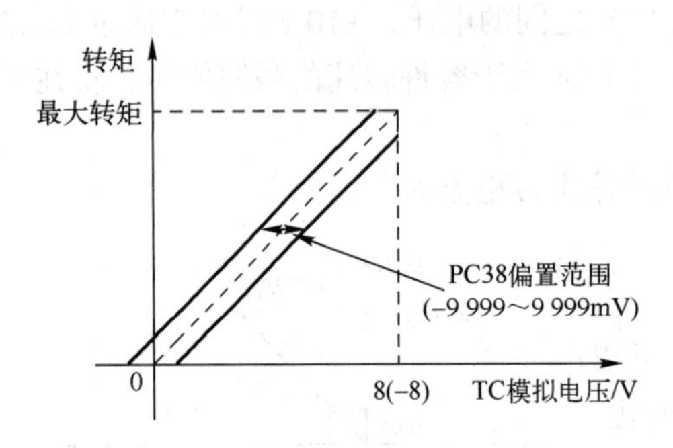

图 2-47　模拟转矩指令偏置图

PC38—模拟转矩指令偏置，通过调整 PC38 中的值，来改变输入的转矩。

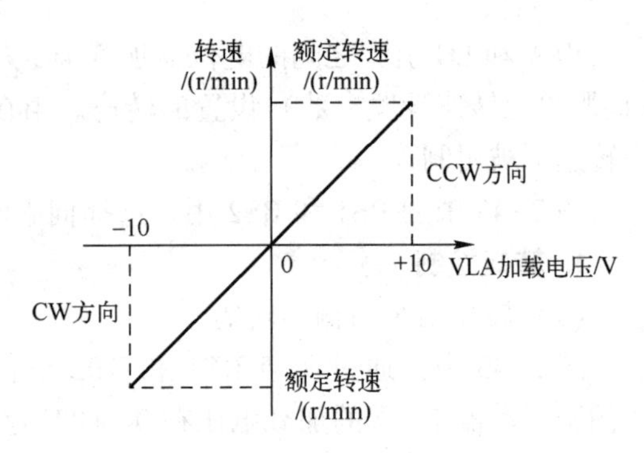

图 2-48　VAL 的加载电压与伺服电动机转速的关系

伺服电动机转速达到速度限制值时，转矩控制可能变得不稳定。可以将设置值设定为大于所需速度限制值的 100 r/min 以上。

【项目小结】

本项目主要安排了交流伺服电动机的空载 JOG 运行、PLC 与伺服电动机转速控制和位置控制，帮助初学者初步认识和了解交流伺服系统的基本组成、工作原理，使其掌握交流伺服驱动器控制模式的选择、基本参数功能及设置方法，完成以 PLC 作为控制的上位机系统接线、参数设置和程序的调试。

交流伺服系统是用交流伺服电动机作为执行元件的伺服系统。在交流伺服系统中，电动机的类型有同步型交流伺服电动机（PMSM）和感应型交流伺服电动机（IM），其中，同步型交流伺服电动机具备十分优良的低速性能，可以实现弱磁高速控制，其调速范围宽、动态特性和效率都很高，已经成为伺服系统的主流之选。而感应型交流伺服电动机虽然结构坚固、制造简单、价格低廉，但是在特性上和效率上存在不足，只在大功率场合得到重视。

交流伺服系统克服了直流伺服电动机存在的电刷、换向器等机械部件所带来的各种缺点，特别是交流伺服电动机的过负荷特性和低惯性体现出交流伺服系统的优越性。交流伺服系统的相关技术，一直随着用户的需求而不断发展。交流伺服系统包括基于异步电动机的交流伺服系统和基于同步电动机的交流伺服系统，具有稳定性好、快速性好、精度高等优点。

本项目重点介绍交流伺服电动机的工作原理及特性、交流伺服系统的组成及类型，对交流调速相关技术和变频调速技术中的正弦波脉宽调制（SPWM）逆变器的工作原理、调制方式和形成技术进行了详细的讲解。

交流伺服驱动系统的安装调试主要包括驱动器的试运行、快速调试、功能相关的参数设定以及调整等。本项目以 ΣV 系列伺服驱动器为例，介绍了驱动器的工作原理、技术特点，控制模式的选择，重点讲解了驱动器基本参数的设定与修改，通过上位机 PLC 控制实现伺服电动机的速度与位置控制。

思考与练习

一、选择题

1. 带二极管整流器的SPWM变频器是以正弦波为逆变器输出波形的，是一系列（　　）的矩形波。

A. 幅值不变，宽度可变　　B. 幅值可变，宽度不变

C. 幅值不变，宽度不变　　D. 幅值可变，宽度可变

2. 绕线转子异步电动机双馈调速，如原来处于低同步电动运行，在转子侧加入与转子反电动势相位相同的反电动势，而负载为恒转矩负载，则（　　）。

A. $0<S<1$，输出功率低于输入功率　　B. $S<0$，输出功率高于输入功率

C. $0<S<1$，输出功率高于输入功率　　D. $S<0$，输出功率低于输入功率

3. 普通串级调速系统中，逆变角β上升，则（　　）。

A. 转速上升，功率因数下降　　B. 转速下降，功率因数上升

C. 转速上升，功率因数上升　　D. 转速下降，功率因数下降

4. 绕线转子异步电动机双馈调速，如原来处于低同步电动运行，在转子侧加入与转子反电动势相位相同的反电动势，而负载为恒转矩负载，则（　　）。

A. $n<n_1$，输出功率低于输入功率　　B. $n<n_1$，输出功率高于输入功率

C. $n>n_1$，输出功率高于输入功率　　D. $n>n_1$，输出功率低于输入功率

注：n为电动机实际转速，n_1为电动机同步转速。

5. 与矢量控制相比，直接转矩控制（　　）。

A. 调速范围宽　　B. 控制性能受转子参数影响大

C. 计算复杂　　D. 控制结构简单

6. 下列不属于自动控制系统对交流伺服电动机的要求的是（　　）。

A. 转速和转向应方便地受控制信号的控制，调速范围要大

B. 整个运行范围内的特性应接近线性关系，保证运行的稳定性

C. 控制功率和起动转矩应大

D. 机电时间常数要小，起动电压要低

7. 下列不属于以微处理器技术为基础的数字控制方式的特点是（　　）。

A. 系统的集成度较高，具有较好的柔性

B. 温度变化对系统的性能影响大

C. 易于应用当代控制理论，实现较复杂的控制策略

D. 易于实现智能化的故障诊断和保护，系统具有较高的可靠性

8. 基于微处理器的全数字伺服（软件伺服）控制器不具备的特点是（　　）。

A. 控制器硬件体积小、成本低

B. 控制系统的可靠性高

C. 系统的稳定性好、控制精度高

D. 硬件电路复杂，不易标准化

二、填空题

1. 交流伺服电动机的结构主要可分为__________和__________，转子常用结构的有__________和__________。

2. 交流伺服系统通常由__________、功率变换器、__________及位置控制器、速度控制器、电流控制器等组成。交流伺服系统具有__________、__________和__________的三闭环结构形式。

3. 功率变换器主要包括__________、__________、__________等。

4. 交流电动机伺服系统通常有两类：一类是________伺服系统；另一类是________伺服系统。

5. 交流伺服系统按伺服系统控制信号的处理方法可分为________、________、__________和__________等。

6. 交流电动机常用的调速方法有__________、__________和__________。

7. 常用的交流调速技术有__________、__________、__________和__________。

8. 根据载波比的变化与否，PWM 调制方式可分为__________、__________和__________。

三、判断题

1. 转差频率控制的异步电动机变频调速系统能够仿照直流电动机双闭环系统进行控制，其动态性能能够达到直流双闭环系统的水平。(　　)

2. SVPWM 控制方法的直流电压利用率比一般 SPWM 提高了 15%。(　　)

3. 串级调速系统的容量随着调速范围的增大而下降。(　　)

4. 交流调压调速系统属于转差功率回馈型交流调速系统。(　　)

5. 普通串级调速系统是一类高功率因数、低效率的仅具有有限调速范围的转子变频调速系统。(　　)

6. 永磁同步电动机自控变频调速中，需增设位置检测装置以保证转子转速与供电频率同步。(　　)

7. 交流调压调速系统属于转差功率不变型交流调速系统。(　　)

8. 转差频率矢量控制系统没有转子磁链闭环。(　　)

9. 在串级调速系统故障时，可短接转子，在额定转速下运行，可靠高。(　　)

四、简答题

1. 请问交流伺服电动机和无刷直流伺服电动机在功能上有什么区别？

2. 永磁交流伺服电动机同直流伺服电动机比较，主要优缺点有哪些？

3. 交流伺服电动机的理想空载转速为何总是低于同步转速？

4. 当控制电压变化时，电动机的转速为何能发生变化？

5. 交流伺服电动机的转子电阻为什么都选得相当大？如果转子电阻选得过大又会产生什么影响？

6. 交流伺服系统主要包括几个闭环结构？各部分的作用是什么？

7. 交流伺服中的电流检测如何实现？常用方法有哪些？

8. 什么是 SPWM 波形？产生 SPWM 波形的方法有哪些？

项目 3　变频器基本操作

学习目标

- 了解变频器的基本概念；
- 掌握变频器的不同类型及应用；
- 理解变频控制技术的工作原理及特点；
- 掌握变频器的安装与快速调试。

任务 3.1　变频器的安装

【任务描述】

西门子 MM440（MICROMASTER440）系列变频器是用于控制三相交流电动机转速的变频器系列。该系列有多种型号，从单相电源电压、额定功率 120 W 到三相电源电压、额定功率 11 kW。MM440 系列变频器的特性主要是易于安装、调试，电磁兼容性设计牢固，对控制信号的响应是快速和可重复的，其参数设置的范围很广，确保它可对广泛的应用对象进行配置。该系列变频器还具有电缆连接简便、模块化设计、配置灵活、脉宽调制的频率高等特点，因而电动机运行的噪声低。

认识和了解变频器的结构与端子接线，能够对它进行安装与调试是对技术人员最基本的要求。

【基础知识】

3.1.1　变频器的概念

通俗地讲，变频器就是一种静止式的交流电源供电装置，其功能是将工频交流电（三相或单相）变换成频率连续可调的三相交流电源。

准确描述为：利用电力电子器件的通断作用将电压和频率固定不变的工频交流电源变换成电压和频率可变的交流电源，供给交流电动机实现软起动、变频调速，提高运转精度，改变功率因数，具有过电流、过电压、过载保护等功能的电能变换控制装置称作变频器，其英文简称为 VVVF（Variable Voltage Variable Frequency）。

变频器的控制对象是三相交流异步电动机和同步电动机，标准适配电动机级数是 2/4 级。变频电气传动的优势有：

1）实现平滑软起动，降低起动冲击电流，减少变压器占有量，确保电动机安全。

2）在机械允许的情况下可通过提高变频器的输出频率而提高工作速度。

3）实现无级调速，调速精度大大提高。

4）电动机正反向不需要通过接触器切换。

5）方便接入通信网络控制，实现生产自动化控制。

3.1.2 变频器的分类及特点

1. 按直流电源的性质分类

变频器中间直流环节用于缓冲无功功率的储能元件，可以是电容或是电感，据此变频器可分成电流型变频器和电压型变频器两大类。

（1）电流型变频器

电流型变频器的特点是中间直流环节采用大电感作为储能元件，无功功率由该电感来缓冲。由于电感的作用，直流电流趋于平稳，电动机的电流波形为方波或阶梯波，电压波形接近于正弦波。直流电源内阻较大，近似于电流源，故称为电流源型变频器或电流型变频器。

电流型变频器的一个较突出的优点是，当电动机处于再生发电状态时，回馈到直流侧的再生电能可以方便地回馈到交流电网，不需要在主电路内附加任何设备。电流型变频器常用于频繁急加减速的大容量电动机的传动。在大容量风机、泵类节能调速中也有应用。

（2）电压型变频器

电压型变频器的特点是中间直流环节的储能元件采用大电容，用来缓冲负载的无功功率。由于大电容的作用，主电路直流电压比较平稳，电动机的端电压为方波或阶梯波。直流电源内阻比较小，相当于电压源，故称为电压源型变频器或电压型变频器。

对负载而言，变频器是一个交流电压源，在不超过容量限度的情况下，可以驱动多台电动机并联运行，具有不选择负载的通用性。缺点是电动机处于再生发电状态时，回馈到直流侧的无功能量难以回馈给交流电网。要实现这部分能量向电网的回馈，必须采用可逆变流器。

2. 按变换环节分类

（1）交—交变频器

交—交变频器可将工频交流电直接变换成频率电压可调的交流电（转换前后的相数相同），又称直接式变频器。对于大容量、低转速的交流调速系统，常采用晶闸管交—交变频器直接驱动低速电动机，可以省去庞大的齿轮减速箱。其缺点是：最高输出频率不超过电网频率的1/3~1/2，且输入功率因数较低，谐波电流含量大，谐波频谱复杂，因此必须配置大容量的滤波和无功补偿设备。

近年来，又出现了一种应用全控型开关器件的矩阵式交—交变压变频器，在三相输入与三相输出之间用9组双向开关组成矩阵阵列，采用PWM控制方式，可直接输出变频电压。这种调速方法的主要优点是：

1）输出电压和输入电流的低次谐波含量都较小。

2）输入功率因数可调。

3）输出频率不受限制。

4）能量可双向流动，可获得四象限运行。

5）可省去中间直流环节的电容元件。

交—交变频技术自从20世纪70年代末提出以来，一直受到电力电子学科研工作者的高度重视。

（2）交—直—交变频器

交—直—交变频器可先把工频交流电通过整流器变成直流电，然后把直流电变换成频率和电压可调的交流电，又称间接式变频器。把直流电逆变成交流电的环节较易控制，在频率的调节范围以及改善变频后电动机的特性等方面，都具有明显的优势。

交—直—交变频采用了多种拓扑结构，如中—低—中方式，其实质上还是低压变频，只不过从电网和电动机两端来看是高压。由于其存在着中间低压环节，所以具有电流大、结构复杂、效率低、可靠性差等缺点。随着中压变频技术的发展，特别是新型大功率可关断器件的研制成功，中—低—中方式具有被逐步淘汰的趋势。

3. 按输出电压调节方式分类

变频调速时，需要同时调节逆变器的输出电压和频率，以保证电动机主磁通的恒定。对输出电压的调节主要有 PAM 方式和 PWM 方式两种。

（1）PAM 方式

脉冲幅值调制（Pulse Amplitude Modulation，PAM）方式是通过改变直流电压的幅值进行调压的方式。在变频器中，逆变器只负责调节输出频率，而输出电压的调节则由相控整流器或直流斩波器通过调节直流电压实现。此种方式下，系统低速运行时的谐波与噪声都比较大，所以当前几乎不采用，只有与高速电动机配套的高速变频器中才采用。采用 PAM 调压时，变频器的输出电压波形如图 3-1 所示。

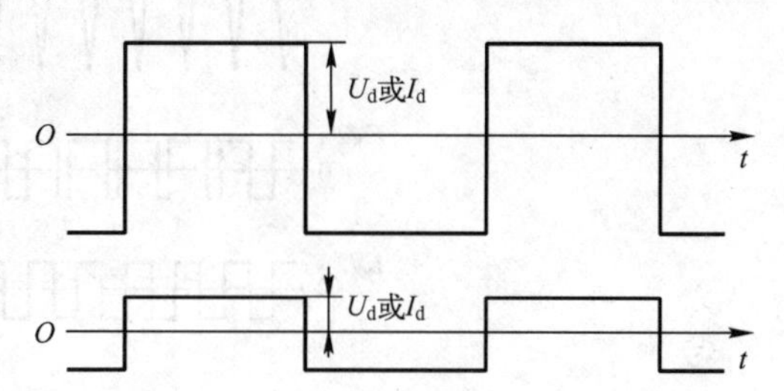

图 3-1　PAM 调压时变频器的输出波形

U_d或I_d—电压源的电压的幅值U_d或电流源的电流的幅值I_d

（2）正弦 PWM 方式

脉冲宽度调制（Pulse Width Modulation，PWM）方式最常见的主电路如图 3-2a 所示。变频器整流电路采用二极管整流电路，输出频率和输出电压的调节均由逆变器按 PWM 方式来完成。调压时的波形如图 3-2b 所示，利用信号波 u_R 与载波 u_t 互相比较决定主开关器件的导通时间而实现调压，利用脉冲宽度的改变得到幅值不同的正弦基波电压。这种参考信号为正弦波，输出电压平均值近似正弦波的 PWM 方式，称为正弦 PWM 方式，又称为正弦 PWM 调制，简称 SPWM（Sinusoidal Pulse Width Modulation）方式。通用变频器中，使用 SPWM 方式调压是一种最常采用的方案。

（3）高载波频率的 PWM 方式

此种方式与正弦 PWM 方式的区别仅在于其调制频率有很大提高。主开关器件的工作频率较高，常采用 IGBT 或 MPSFET 为主开关器件，开关频率可达 10~20 kHz，可以大幅度降低电动机的噪声，达到所谓的“静音”水平。图 3-3 所示为以 IGBT 为逆变器开关器件的变频器主电路。

当前此种高载波变频器已成为中小容量通用变频器的主流，性能价格比能达到较满意的水平。

4. 按输出电压调节方式分类

（1）*U/f* 控制

U/f 控制方式即压频比控制，它的基本特点是对变频器输出的电压和频率同时控制，通

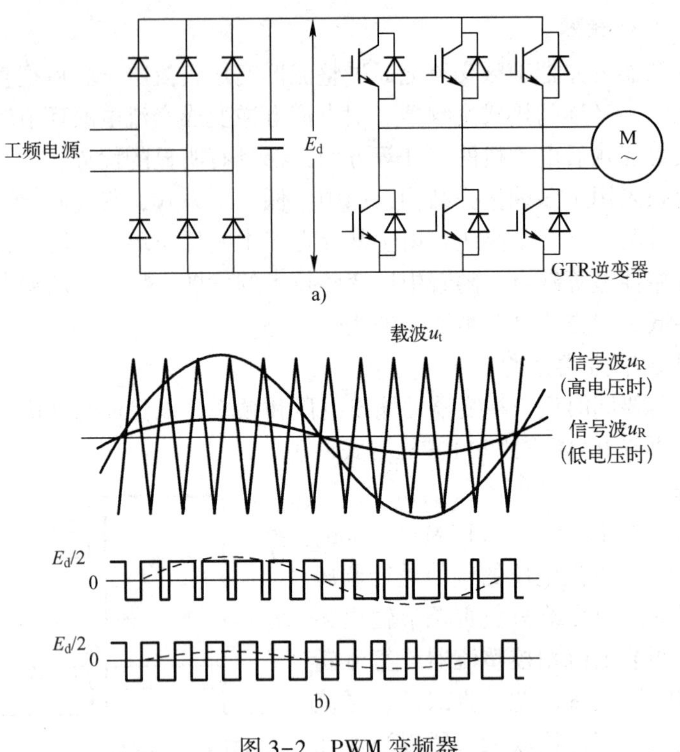

图 3-2　PWM 变频器

a）主电路　b）调压时的波形

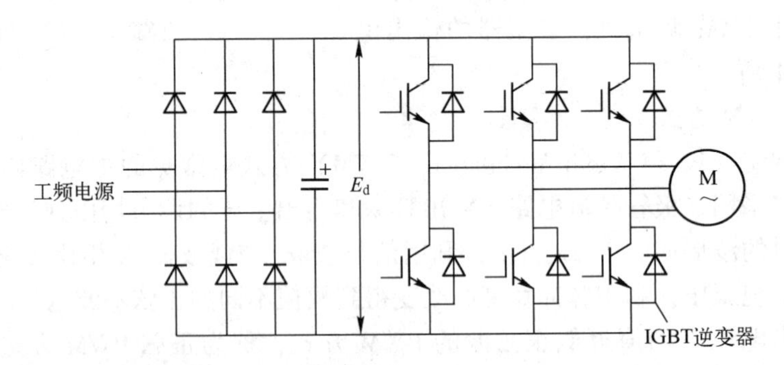

图 3-3　以 IGBT 为逆变器开关器件的变频器主电路

过保持 U/f 恒定使电动机获得所需要的转矩特性。

U/f 控制是转速开环控制，不需要速度传感器，控制电路简单，负载可以是通用标准异步电动机，所以通用性、经济性好，是目前通用变频器产品中使用较多的一种控制方式。

（2）转差频率控制

如果没有任何附加措施，在 U/f 控制方式下，如果负载变化，则转速也会随之变化，转速的变化量与转差率成正比。显然，U/f 控制的静态调速精度较差，为了提高调速精度，可采用转差频率控制方式。

与 U/f 控制方式相比，转差频率控制方式的调速精度大为提高，但使用速度传感器求取转差频率时，要针对具体电动机的机械特性调整控制参数，因而这种控制方式的通用性较差。

(3) 矢量控制

上述 U/f 控制方式和转差频率控制方式的思想都建立在异步电动机的静态数学模型上，因此动态性能指标不高。对于轧钢、造纸设备等对动态性能要求较高的应用，可以采用矢量控制变频器。

(4) 直接转矩控制

直接转矩控制系统是继矢量控制系统之后发展起来的另一种高动态性能的交流变频调速系统，转矩直接作为控制量来控制。

直接转矩控制方式不需要将交流电动机化成等效直流电动机，也不需要模仿直流电动机的控制，它是直接在定子坐标系下分析交流电动机的模型，控制电动机的磁链和转矩。因而省去了矢量旋转变换中的许多复杂计算。

采用矢量控制方式的目的，主要是为了提高变频器调速的动态性能。根据交流电动机的动态数学模型，利用坐标变换的手段，将交流电动机的定子电流分解成磁场分量电流和转矩分量电流，并分别加以控制，即模仿自然解耦的直流电动机的控制方式对电动机的磁场和转矩分别进行控制，以获得类似于直流调速系统的动态性能。

5. 按电压等级分类

变频器按电压等级可分为两类。

(1) 低压型变频器

变频器电压为 380~460 V，属低压型变频器。常见的中小容量通用变频器均属此类，单相变频器额定输入电压为 220~240 V，三相变频器额定输入电压为 220 V 或 380~400 V，功率 0.2~500 kW。

(2) 高压大容量变频器

通常，高（中）压（3、6、10 kV 等级）电动机多采用变极或电动机外配减速机械方式调速，综合性能不高，节能及提高调速性能潜力巨大。随着变频技术的发展，高（中）压变频传动也成为自动控制技术的热点。

6. 按性能及应用范围分类

根据变频器性能及应用范围，可以将变频器分为以下几种类型。

(1) 通用变频器

顾名思义，通用变频器的特点是其通用性，可以驱动通用标准异步电动机，应用于工业生产及民用各个领域。随着变频器技术的发展和市场需要的不断扩大，通用变频器也在朝着两个方向发展：低成本的简易型通用变频器和高性能多功能的通用变频器。

简易型通用变频器是一种以节约为主要目的而消减了一些系统功能的通用变频器。它主要应用于水泵、风扇、送风机等对系统的调速性能要求不高的场所，并且有体积小、价格低等方面的优势。

为适应竞争日趋激烈的变频器市场的需要，目前世界上一些大的厂家已经推出了采用矢量控制方式的高性能多功能通用变频器，此类变频器在性能上已经接近以往高端的矢量控制变频器，但在价格上与普通 U/f 控制方式的通用变频器相差不多。

(2) 高性能专用变频器

与通用变频器相比，高性能专用变频器基本上采用了矢量控制方式，而驱动对象通常是变频器厂家指定的专用电动机，并且主要应用于对电动机的控制性能要求比较高的系统。此外，高性能专用变频器往往是为了满足某些特定产业或区域的需要，使变频器在该区域中具有最好的性能价格比而设计生产的。例如，在专用于驱动机床主轴的高性能变频器中，为了便于数控装置配合完成各种工作，变频器的主电路、回馈制动电路和各种接口电路等被集成一体，从而达到了缩小体积和降低成本的要求。而在纤维机械驱动方面，为了便于大系统的维修保养，变频器则采用了可以简单地进行拆装的盒式结构。

（3）高频变频器

在超精密加工和高性能机械中，常常要用到高速电动机。为了满足驱动这些高速电动机的需要，出现了采用 PAM 控制方式的高速电动机驱动用变频器。这类变频器的输出频率可以达到 3 kHz，在驱动 2 极异步电动机时，电动机最高转速可达到 180000 r/min。

（4）小型变频器

为适应现场总线控制技术的要求，变频器必须小型化，与异步电动机结合在一起，组成总线上的一个执行单元。现在市场上已经出现了迷你型变频器，其功能比较齐全，而且通用性好。例如安川公司的 VS-mini-J7 型变频器，高度只有 128 mm，三垦公司的 ES、EF、ET 系列产品也是小型变频器。

3.1.3 MM440 变频器的安装与接线

变频器属于精密设备，安装和操作必须遵守操作规范，才能保证变频器长期、安全、可靠地运行。

1. 变频器的安装环境

（1）环境温度

变频器运行环境温度为-10~40℃，避免阳光直射。变频器内部是大功率的电子元器件，极易受到工作温度的影响，为了保证工作安全、可靠，使用时的环境温度最好控制在 40℃以下。当环境温度太高且温度变化大时，变频器的绝缘性会大大降低。

（2）环境湿度

变频器的安装环境相对湿度不应超过 90%（无结露），要注意防止水或水蒸气直接进入变频器内部，必要时在变频柜箱中增加干燥剂和加热器。

（3）振动和冲击

装有变频器的控制柜受到机械振动和冲击时，会引起电气接触不良。这时除了提高控制柜的机械强度、远离振动源和冲击源外，还应使用抗振橡皮垫固定控制柜和电磁开关之类易产生振动的元器件。设备运行一段时间后，应对其进行检查和维护。

（4）电气环境

为防止电磁干扰，控制线应有屏蔽措施，母线与动力线要保持不小于 100 mm 的距离，对变频器产生电磁干扰的装置要与变频器隔离。

（5）其他条件

变频器应安装在不受阳光直射、无灰尘、无腐蚀性气体、无可燃气体、无油污、无蒸汽滴水等环境中；安装场所的周围振动加速度应小于 0.6 g，可采用防振橡胶。变频器应用的海拔高度应低于 1000 m；海拔高度大于 1000 m 的场合，变频器要降额使用。

2. 安装方式及要求

（1）墙挂式安装

墙挂式安装指用螺栓垂直安装在坚固的物体上。正面是变频器文字键盘，不应上下颠倒或平放安装。周围要留有一定空间，上、下各留 10 cm 以上，左、右各留 5 cm 以上。因变频器在运行过程中会产生热量，必须保持冷风畅通，如图 3-4 所示。

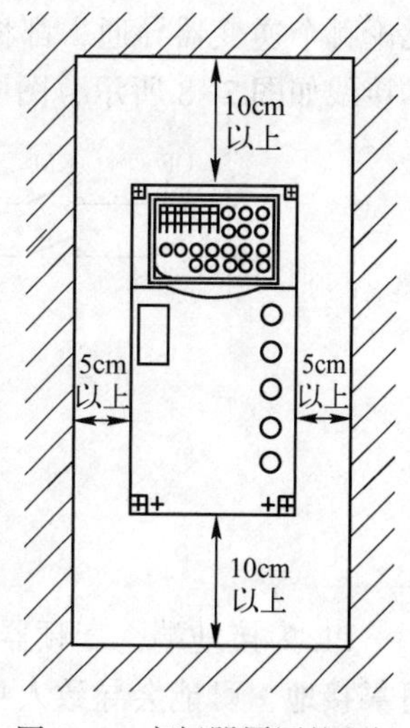

图 3-4　变频器周围的空间

（2）柜式安装

柜式安装是目前最好的安装方式，因为可以起到很好的屏蔽作用，同时也能防尘、防潮、防光照等。单台变频器应尽量采用柜外冷却方式（环境比较洁净，尘埃少时），如果采用柜内冷却方式，变频柜顶端应安装抽风式冷却风扇，并尽量装在变频器的正上方（便于空气流通），如图 3-5 所示；多台变频器应尽量并列横向安装，且排风扇安装位置要正确，尽量不要竖向安装，因为竖向安装会影响上部变频器的散热，如图 3-6 所示。不论用哪种方式，变频器都应垂直安装。

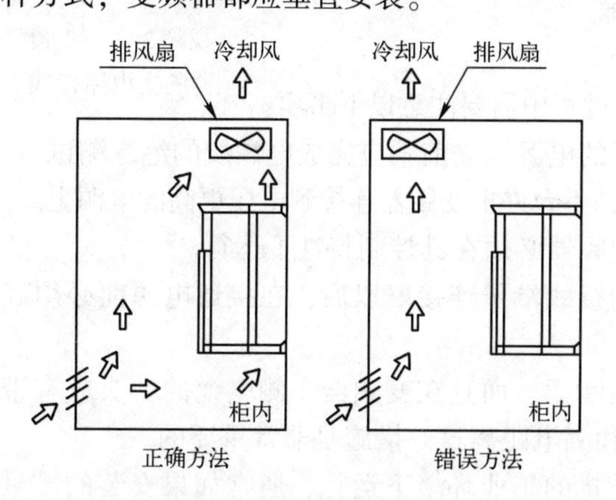

图 3-5　单台变频器安装

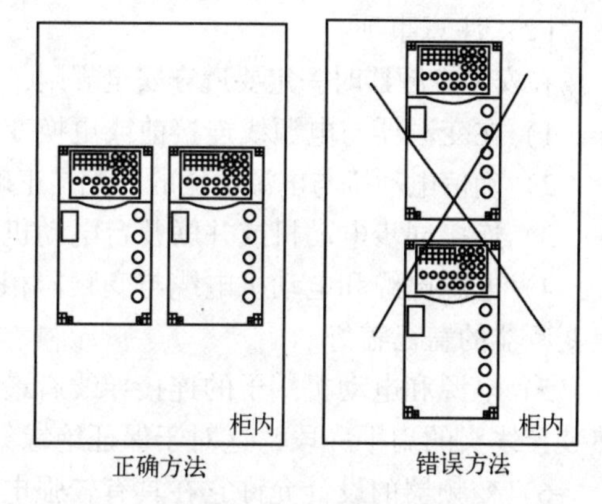

图 3-6　多台变频器安装

3. 变频器的主电路接线

（1）基本接线

变频器主电路的三相基本接线如图 3-7 所示，图中 QF 是低压断路器，FU 是熔断器，KM 是接触器主触头。L_1、L_2、L_3 是变频器的输入端，接电源进线。U、V、W 是变频器的输出端，与电动机相连。

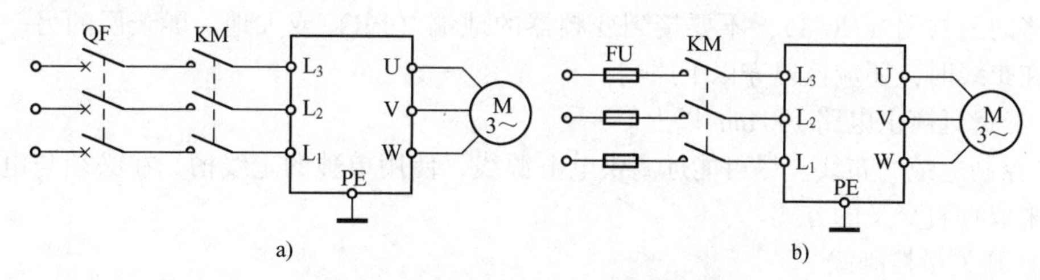

图 3-7　变频器主电路的三相基本接线

a）电源侧采用断路器　b）电源侧采用熔断器

变频器的输入端和输出端是绝对不允许接错的。如果将电源进线误接到 U、V、W 端，无论哪个逆变器导通，都将引起两相间的短路而将逆变管迅速烧坏。变频器主电路的单相基本接线如图 3-8 所示，图中 L_1 为相线，N 为零线。

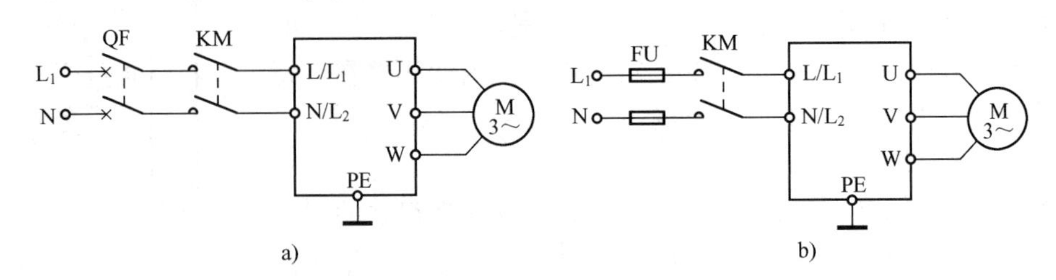

图 3-8　变频器主电路的单相基本接线

a）电源侧采用断路器　b）电源侧采用熔断器

PE 为接地端，变频器在投入运行时必须可靠接地，如果不把变频器可靠接地，可能会导致人身伤害等潜在危险。当变频器和其他设备或有多台变频器一起接地时，每台设备都必须分别与地线相连，不允许将一台设备的接地端和另一台设备的接地端相连后再接地。

视频 3-1　变频器的主电路接线

（2）注意事项

在安装变频器时一定要遵守安全规则，接线过程中需要注意以下事项：

1）在变频器与电源线连接前或更换变频器的电源线之前就应完成电源线的绝缘测试。

2）确信电动机与电源电压的匹配是正确的，不允许把变频器连接到电压更高的电源上。

3）连接同步电动机或并联几台电动机时变频器必须在其控制特性下运行。

4）电源电缆和电动机电缆与变频器相应的接线端子连接好以后，在接通电源前必须确信变频器的盖已盖好。

5）电源和电动机端子的连接导线有最大横断面，而且在变频器一侧电缆的端头应有带热装接线头的扁平一段，这对于保证绝缘气隙和漏电距离这一措施是非常重要的。

6）变频器的设计允许它在具有较强电磁干扰的工业环境下运行，通常如果安装的质量良好，就可以确保安全和无故障运行。

4. 控制电路的接线

（1）模拟量控制线

模拟量控制线主要包括输入侧的给定信号线和反馈信号线、输出侧的频率信号线和电流信号线两类。

模拟信号的抗干扰能力较低，因此必须使用屏蔽线。屏蔽层靠近变频器的一端，应接在控制电路的公共端（COM），不要接到变频器的地端（PE）或大地，屏蔽层的另一端应该悬空。在布线时，还应该遵守以下原则：

1）尽量远离主电路 100 mm 以上。

2）控制电缆的布线应尽可能远离供电电源线，使用单独的走线槽。在必须与电源线交叉时，采取垂直交叉的方式。

（2）开关量控制线

控制中如起动、电动、多档转速控制等的控制线，都是开关量控制线。一般来说，模拟量控制线的接线原则也都适用于开关量控制线。由于开关量的抗干扰能力较强，故在距离较近时允许不使用屏蔽线，但同一信号的两根线必须互相绞在一起。因此，建议控制电路的连接线都应采用屏蔽电缆。

（3）安装布线

合理选择安装位置及布线是变频器安装的重要环节。电磁选件的安装位置、各连接导线是否屏蔽、接地点是否正确等，都直接影响变频器对外干扰的大小及自身工作情况。变频器与外围设备之间布线时的基本原则是：

1）逆变器输出端子 U、V、W 连接交流电动机时，输出的是与正弦交流电等效的高频脉冲调制波。

2）当外围设备与变频器共用一供电系统时，要在输入端安装噪声滤波器，或将其他设备用隔离变压器或电源滤波器进行噪声隔离。

3）当外围设备与变频器装入同一控制柜中且布线又很接近变频器时，可采取以下方法抑制变频器干扰。

① 将易受变频器干扰的外围设备及信号线远离变频器安装；信号线使用屏蔽电缆线，屏蔽层接地。将信号电缆线套入金属管中；信号线穿越主电源线时确保正交。

② 在变频器的输入/输出侧安装无线电噪声滤波器或线性噪声滤波器（铁氧体共模扼流圈）。滤波器的安装位置要尽可能靠近电源线的入口处，并且滤波器的电源输入线在控制柜内要尽量短。

③ 变频器到电动机的电缆要采用 4 芯电缆并将电缆套入金属管，其中一根的两端分别接到电动机外壳和变频器的接地侧。

4）避免信号线与动力线平行布线或捆扎成束布线；易受影响的外围设备应尽量远离变频器安装；易受影响的信号线应尽量远离变频器的输入/输出电缆。

5）当操作台与控制柜不在一处或具有远方控制信号线时，要对导线进行屏蔽，并特别注意各连接环节，以避免干扰信号串入。

6）接地端子的接地线要粗而短，接点应接触良好。必要时采用专用接地线。

【任务实施】

1. MM440 变频器的安装和拆卸

在工程使用中，MM440 变频器通常安装在配电箱内的 DIN 导轨上，安装和拆卸的步骤如图 3-9 所示。

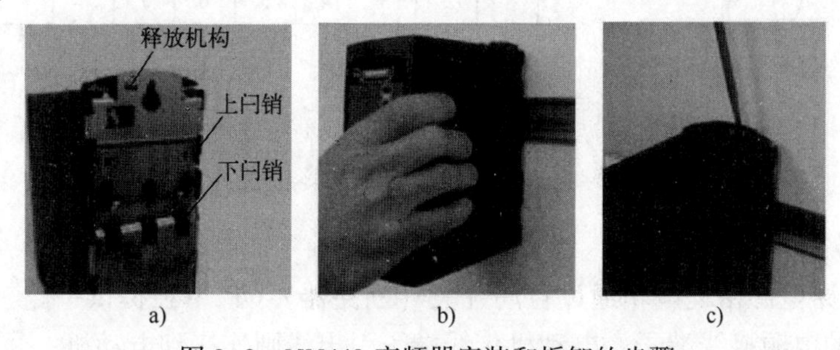

图 3-9　MM440 变频器安装和拆卸的步骤

a）变频器背面的固定机构　b）在 DIN 导轨上安装变频器　c）从导轨上拆卸变频器

（1）安装的步骤

1）用导轨的上闩销把变频器固定到导轨的安装位置上。

2）向导轨上按压变频器，直到导轨的下闩销嵌入到位。

（2）从导轨上拆卸变频器的步骤

1）为了松开变频器的释放机构，将螺钉旋具插入释放机构中。

2）向下施加压力，导轨的下闩销就会松开。

3）将变频器从导轨上取下。

2. MM440 变频器的接线

打开变频器的盖子后，就可以连接电源和电动机的接线端子。接线端子在变频器机壳下盖板内，机壳盖板的拆卸步骤如图 3-10 所示。

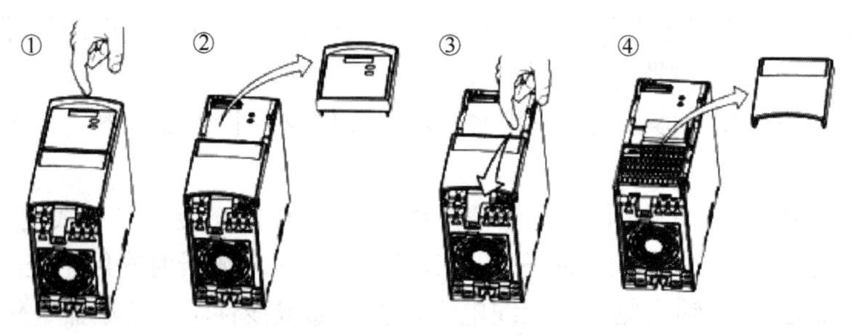

图 3-10　机壳盖板的拆卸步骤

拆卸盖板后可以看到变频器的接线端子，如图 3-11 所示。

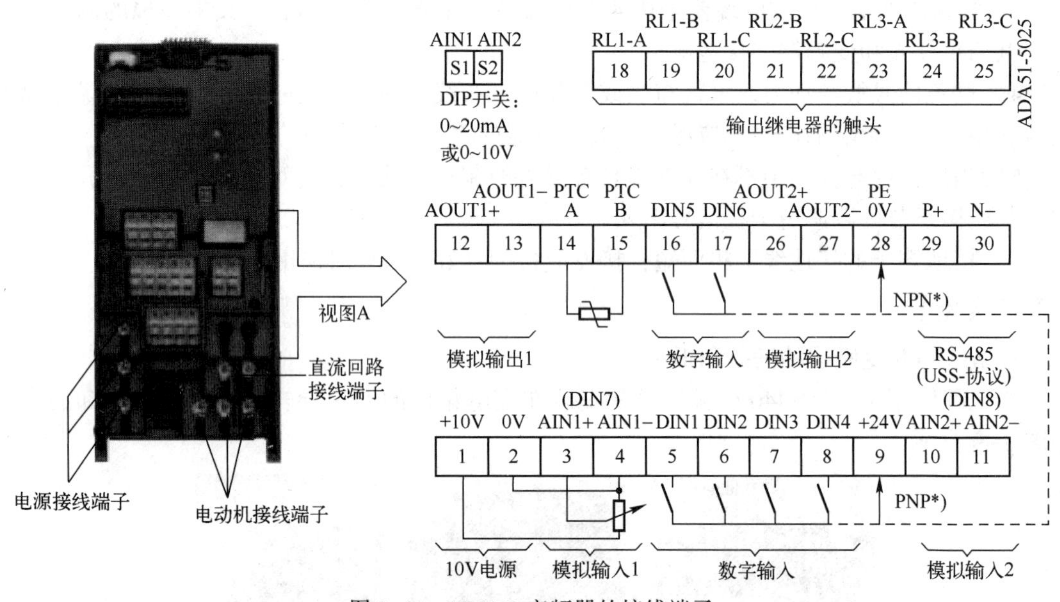

图 3-11　MM440 变频器的接线端子

（1）变频器主电路的接线

变频器主电路电源由配电箱通过自动开关（断路器）QF 单独提供一路三相电源，连接到图 3-11 所示的电源接线端子，电动机接线端子引出线则连接到电动机。注意，接地线 PE 必须连接到变频器接地端子，并连接到交流电动机的外壳。

（2）变频器控制电路的接线

变频器控制电路的接线如图 3-12 所示。

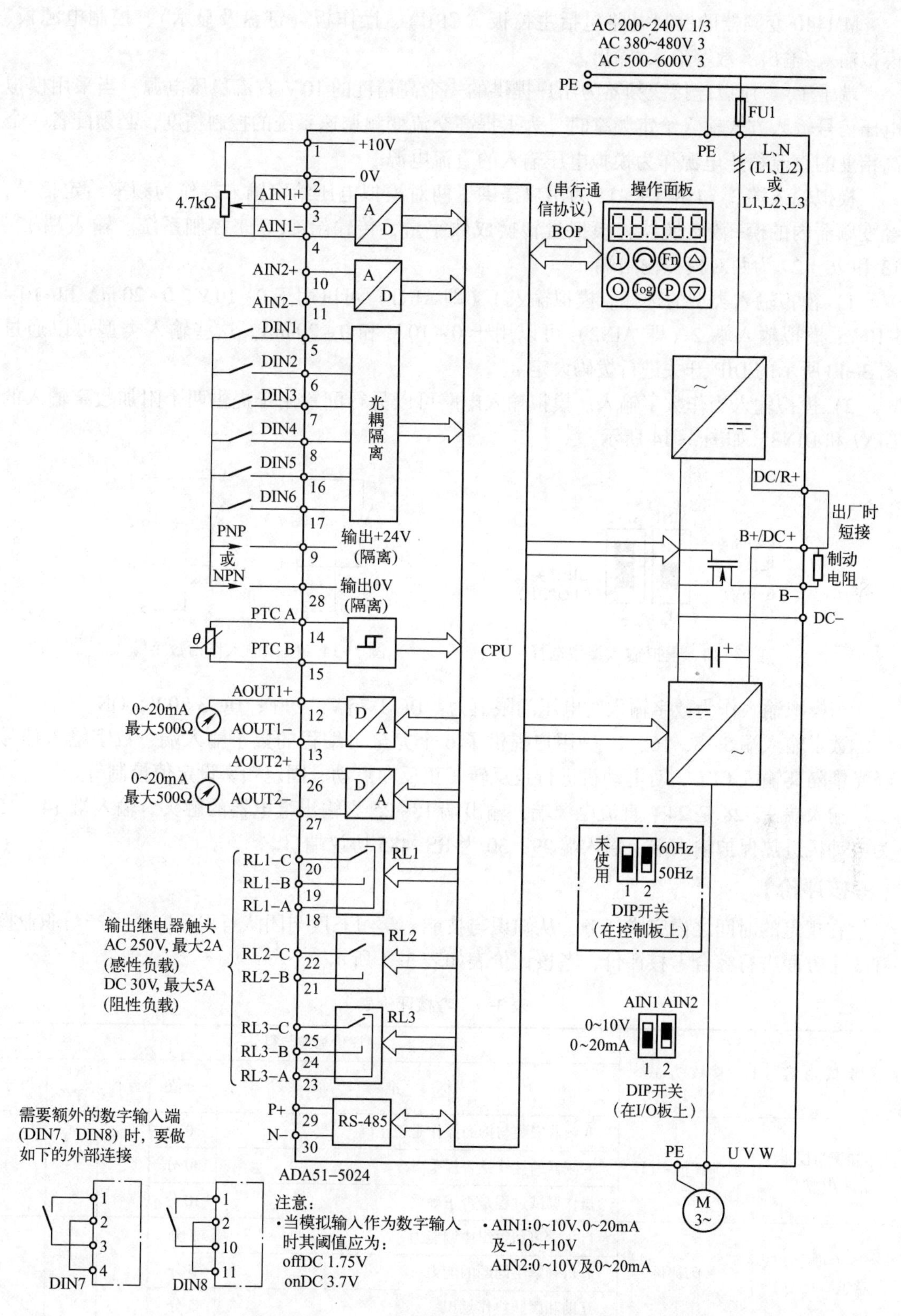

图 3-12　MM440 变频器控制电路的端子接线图

MM440 变频器的控制电路包括主控板（CPU）、操作板（键盘及显示）、控制电源板、模拟输入/输出、数字输入/输出。

端子 1、2 用以连接变频器为用户提供的一个高精度的 10 V 直流稳压电源。当采用模拟电压信号输入方式输入给定频率时，为了提高交流变频调速系统的控制精度，必须配备一个高精度的直流稳压电源作为模拟电压输入的直流电源。

模拟输入端 3、4 和 10、11 为用户提供了两对模拟电压给定输入端作为频率给定信号，经变频器内的模-数转换器将模拟量转换成数字量，传输给 CPU 来控制系统。输入端 12、13 和 26、27 为两对模拟输出端。

1）模拟输入类型的选择。模拟输入 1（即 AIN1）可以用于 0~10 V、0~20 mA 和-10~+10 V；模拟输入端 2（即 AIN2）可以用于 0~10 V 和 0~20 mA。这些输入类型可以通过图 3-13 所示的 DIP 开关进行拨码设定。

2）模拟输入当作数字输入。模拟输入电路可以另行配置用于提供两个附加数字输入的 DIN7 和 DIN8，如图 3-14 所示。

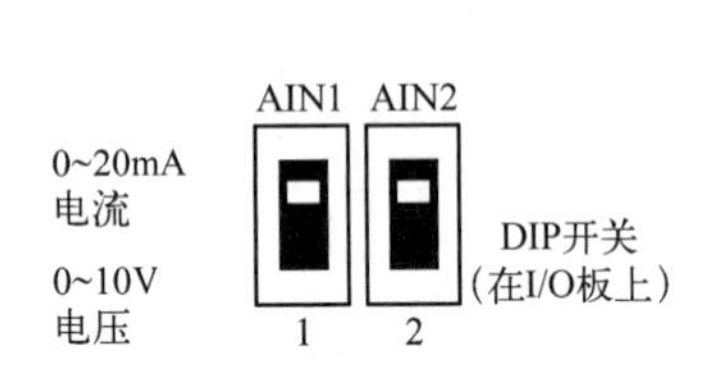

图 3-13　模拟输入类型选择

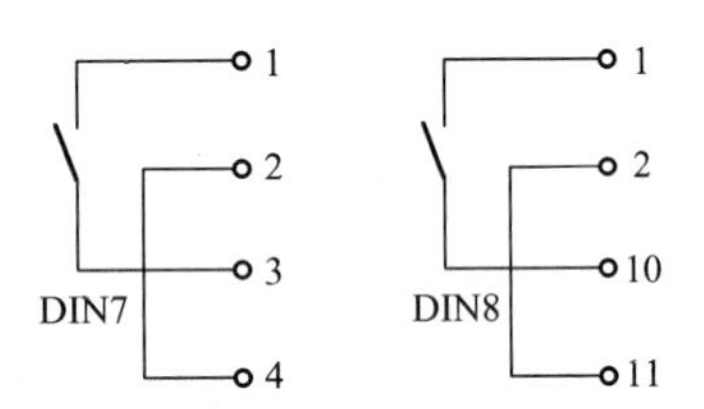

图 3-14　模拟输入作为数字输入

当模拟输入作为数字输入时电压门限值为：DC 1 75 V，OFF；DC 3 70 V，ON。

数字输入端 5~8，16、17 为用户提供了 6 个完全可编程的数字输入端，数字输入信号经光耦隔离输入 CPU，对电动机进行正反转、正反向点动、固定频率设定值控制等。

输入端 9、28 是 24 V 直流电源端，输出端 18~25 为输出继电器的触头。输入端 14、15 为电动机过热保护输入端；输入端 29、30 为 RS-485 协议端口。

【考核评价】

在规定的时间之内完成任务，从知识与技能、学习态度与团队意识和安全生产与职业操守 3 个方面进行综合考核评价，考核评价表如表 3-1 所示。

表 3-1　考核评价表

考核内容	考核方式	评价标准与得分				
		标　　准	分值	互评	教师评价	得分
知识与技能（70 分）	教师评价+互评	变频器安装与拆卸操作是否正确	30 分			
		变频器的接线是否规范	30 分			
		操作调试过程是否正确	10 分			
学习态度与团队意识（15 分）	教师评价	自主学习和组织协调能力	5 分			
		分析和解决问题的能力	5 分			
		互助和团队协作意识	5 分			

（续）

考核内容	考核方式	评价标准与得分				
		标　准	分值	互评	教师评价	得分
安全生产与职业操守（15分）	教师评价+互评	安全操作、文明生产职业意识	5分			
		诚实守信、创新进取精神	5分			
		遵章守纪、产品质量意识	5分			
总分						

【拓展知识】

3.1.4　G120变频器的安装与接线

1. G120变频器的部件

SINAMICS G120是一款模块化变频器，主要包括3个基本部件：功率模块、控制单元和操作面板。

1）功率模块，用于为电动机供电。此设备可提供多种尺寸，功率范围为0.37~250kW。

2）控制单元，用于控制和监测功率模块。控制单元具有多种设计，主要区别在于控制端子分配以及现场总线接口不同。本书将采用CU240E-2控制单元作为示例。此控制单元可用于独立操作。

3）操作面板，包括基本操作面板（BOP-2）和智能操作面板（IOP），用于操作和监测变频器。BOP-2采用按键操作，设有菜单提示和两行显示，因此调试简单。IOP与BOP-2的功能相同，只是增加了更多的选项。集成了应用向导、完整的图形化诊断概览以及纯文本，大幅增加了可用性。可提供各种版本，并且可在变频器外部进行批量调试和现场诊断。

2. 安装与接线

（1）将功率模块装入开关柜

（2）连接功率模块和电动机

根据使用环境不同，功率模块与电动机之间的连接所需的电缆长度限制也不同。工业电气网络可以使用最长100m的非屏蔽电缆。按照图3-15所示完成以下3部分接线。

1）功率模块接线。将各相线以及接地导线分别连接至端子U2、V2、W2和PE。

2）电动机接线。拧开电动机接线盒盖，取下连接板的桥轨，将桥轨放在接线板上并将其拧紧到位（根据所需连接类型——星形或三角形，本例图示采用星形连接）。然后将电缆从功率模块穿过接线盒的开口连至电动机，先接PE接线，再根据接线端子上的相位标记逐个连接各相的电缆。

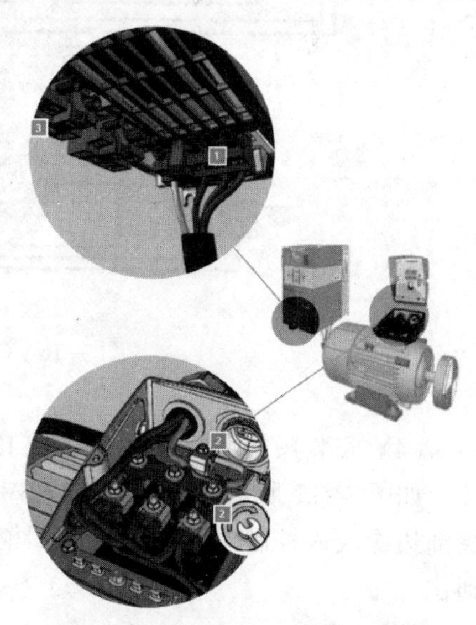

图3-15　功率模块与电动机接线图

3）电源接线。将各相线及接地导线分别连接到插拔式接线端子 L1、L2、L3 和 PE，即完成电气接线。

（3）连接控制单元

使用固定卡夹将控制单元连接到功率模块底部，然后抵住功率模块按压控制单元的上边缘，直至锁止设备卡紧到位。CU240E-2 中控制端子的接线如图 3-16 所示，步骤如下：

1）电位计连接。将电源正极连接至端子 1，将负极连接至端子 2，将电位计滑臂输出连接至端子 3，最后将端子 4 和 2 相连。

2）按键电源、数字输入端连接。将按键电源连接至端子 9，将相关数字输入端分别连接至端子 5、6 和 7。若要接通电路，则将端子 28 和 69 连接至端子 34。

3）指示灯连接。首先将端子 9 与端子 20、21 相连接，即接通 LED 电源。再将故障 LED 连接至数字输出端子 19，将报警 LED 连接至数字输出端子 22，最后将负极连接至端子 28。

4）频率输出显示。将这部分的电路正极连接至端子 12，将负极连接至端子 13。

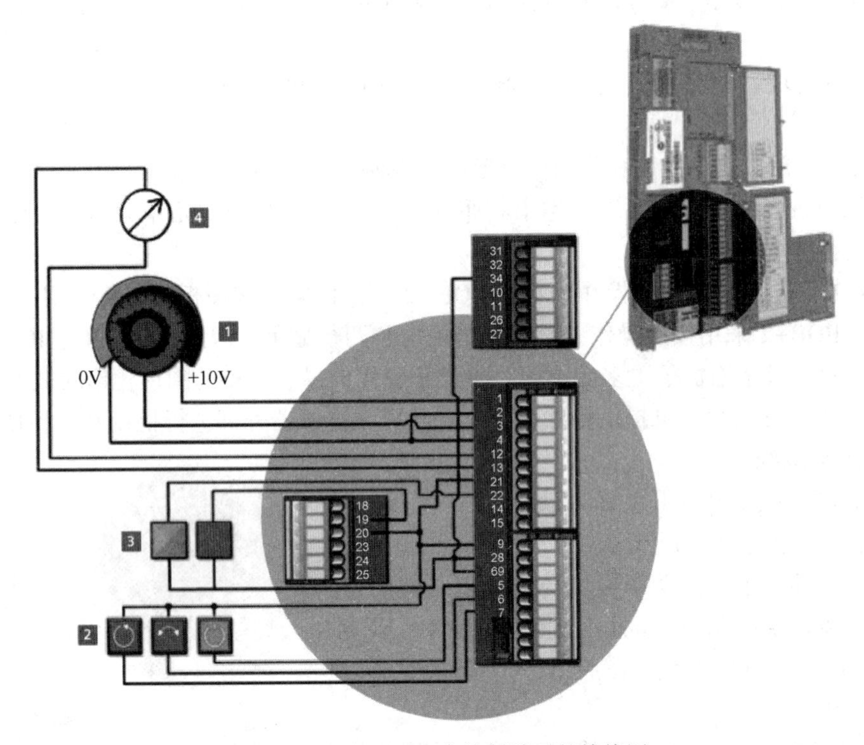

图 3-16　CU240E-2 中控制端子的接线图

（4）安装操作面板（BOP-2 或 IOP）

如图 3-17 所示，向上提起 RS-232 连接盖并滑向一侧，将其取下，将 IOP/BOP-2 底部边缘放入控制单元外壳的下凹槽内，朝控制单元方向推 IOP/BOP-2，直至卡扣卡紧到位。

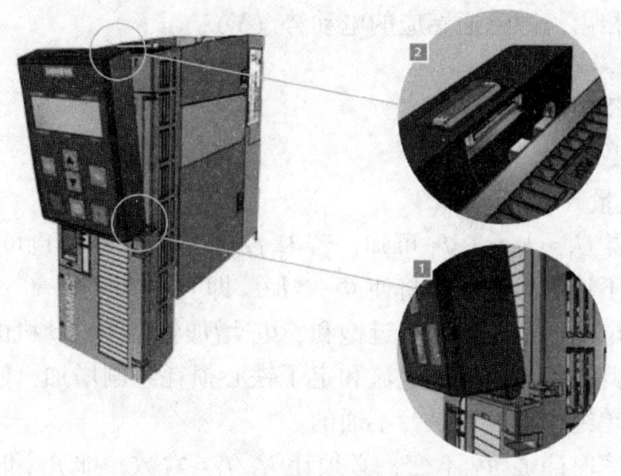

图 3-17　操作面板安装图

任务 3.2　变频器的快速调试

【任务描述】

变频器的快速调试是指通过设置电动机参数和变频器的命令源及频率给定源，从而达到简单、快速运转电动机的一种操作模式。一般在复位操作或者更换电动机后需要进行此操作。现有一台三相异步电动机，其功率为 120 W，额定电流为 0.86 A，额定电压为 380 V，额定转速为 1400 r/min，用 MM440 变频器的操作面板（BOP）调试方式对电动机的参数和斜坡函数进行设定，完成快速调试。

【基础知识】

3.2.1　变频器的控制方式

根据不同的变频控制理论，变频器的控制方式主要有 *U/f* 控制、转差频率控制、矢量控制和直接转矩控制 4 种。

1. *U/f* 控制

U/f 控制是使变频器的输出在改变频率的同时也改变电压，通常使 *U/f* 为常数，这样可使电动机磁通保持一定，在较宽的调速范围内，使电动机的转矩、效率、功率因数不下降。*U/f* 控制比较简单，多用于通用变频器、风机、泵类机械的节能运行及生产流水线的工作台传动等。另外，一些家用电器也采用 *U/f* 控制的变频器。

使 $U/f=C$，即在频率为 f_x 时，U_x 的表达式为 $U_x/f_x=C$，其中 C 为常数，故称为“压频比系数”。图 3-18 所示为变频器的基本运行 *U/f* 曲线。

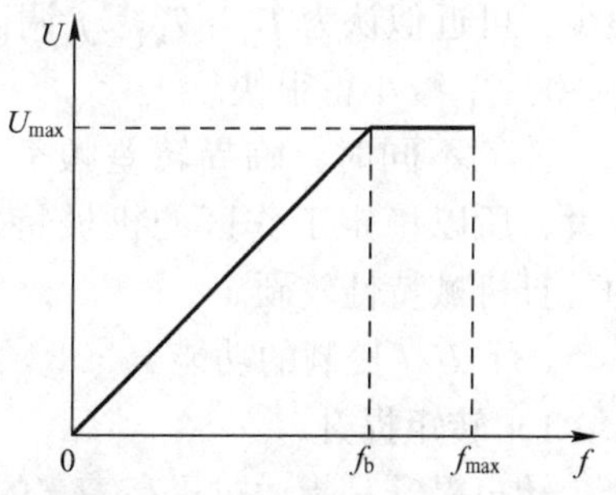

图 3-18　变频器基本运行 *U/f* 曲线

（1）*U/f* 控制原理

三相异步电动机定子每相电动势的有效值 U_1 为

$$U_1 \approx E_1 = 4.44 f_1 W_1 K_{W_1} \Phi_m \quad (3-1)$$

式中　E_1——定子每相由气隙磁通感应的电动势（V）；

f_1——定子频率（Hz）；

W_1——定子相绕组有效匝数；

K_{W_1}——绕组系数；

Φ_m——每极磁通量（Wb）。

由式（3-1）可得 $U_1 \approx E_1 \propto f_1 \Phi_m$ 可知，若 U_1 没有变化，则 E_1 也可认为基本不变。如果这时从额定频率 f_N 向下调节频率，必将使 Φ_m 增加，即 $f_1 \downarrow \rightarrow \Phi_m \uparrow$。

由于额定工作时电动机的磁通已接近饱和，Φ_m 增加将会使电动机的铁心出现深度饱和，这将使励磁电流急剧升高，导致定子电流和定子铁心损耗急剧增加，使电动机工作不正常。可见，在变频调速时单纯调节频率是行不通的。

为了达到下调频率时磁通 Φ_m 不变，必须让 U_1/f_1 = 常数，即 $f_1 \downarrow$ 时 E_1 也下调，因 E_1 是反电势，无法检测，根据 $U_1 \approx E_1$，即可以表述为 U_1/f_1 = 常数。

因此，在额定频率以下，即 $f_1 < f_N$ 调频时，同时下调定子绕组上的电压，即实现了 U/f 控制。应注意，电动机工作在额定频率时，其定子电压也应是额定电压，即 $f_1 = f_N$，$U_1 = U_N$。所以，若在额定频率以上调频，电压将不能跟着上调，因为电动机的定子绕组上的电压不允许超过额定电压，即必须保持 $U_1 = U_N$ 不变。

（2）恒 U/f 控制方式的机械特性

1）调频比和调压比。

调频时，通常都是相对于其额定频率 f_N 来进行调节的，那么调频频率 f_x 就可表示为

$$f_x = k_f \cdot f_N \tag{3-2}$$

式中　k_f——频率调节比（也叫调频比）。

根据变频也要变压的原则，在变压时也存在着调压比，电压 U_x 可表示为

$$U_x = k_u U_N \tag{3-3}$$

式中　k_u——调压比；

U_N——电动机的额定电压。

2）变频后电动机的机械特性。

变频后电动机的机械特性如图 3-19 所示，具有如下特征：

① 从 f_N 向下调频时，n_x 下移，T_{kx} 逐渐减小。

② f_x 在 f_N 附近下调时，$k_f = k_u \to 1$，T_{kx} 减小很少，可近似认为 $T_{kx} \approx T_{kN}$；f_x 调得很低时，$k_f = k_u \to 0$，T_{kx} 减小得很快。

③ f_x 不同时，临界转差频率 Δn_{kx} 变化不是很大，所以稳定工作区的机械特性基本是平行的，且机械特性较硬。

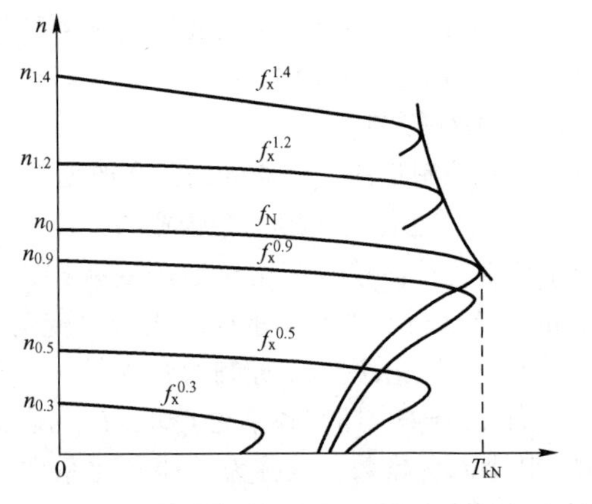

图 3-19　U/f 变频后电动机的机械特性
T—电动机的最大转矩，n—电动机的转速，f_x—调频频率，T_{kN}—电动机在额定频率下的最大转矩。

（3）U/f 控制的功能

1）转矩提升。

转矩提升是指通过提高 U/f 的比值来补偿 f_x 下调时引起的 T_{kx} 下降。但并不是 U/f 比取大些

就好，补偿过分，电动机铁心饱和厉害，励磁电流 I_0的峰值增大，严重时可能会引起变频器因过电流而跳闸。

2）U/f 控制功能的选择。

为了方便用户选择 U/f 比值，变频器通常都是以 U/f 控制曲线的方式提供给用户并让用户选择的，如图 3-20 所示。

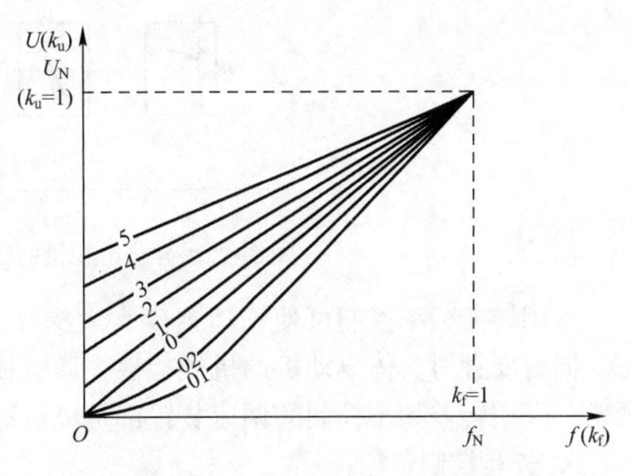

图 3-20　变频器的 U/f 控制曲线

选择 U/f 控制曲线时常用的操作方法有：

① 将拖动系统连接好，带以最重的负载。

② 根据所带负载的性质选择一个较小的 U/f 曲线，在低速时观察电动机的运行情况，如果此时电动机的带负载能力达不到要求，需将 U/f 曲线提高一档。以此类推，直到电动机在低速时的带负载能力达到拖动系统的要求。

③ 如果负载经常变化，在②中选择的 U/f 曲线还需要在轻载和空载状态下进行检验。方法是：将拖动系统带以最轻的负载或空载，在低速下运行，观察定子电流 I_1的大小，如果 I_1过大，或者变频器跳闸，说明原来选择的 U/f 曲线过大，补偿过分，需要适当调低 U/f 曲线。

U/f 控制方式可满足普通系统的控制要求，主要用于通用变频器，但其转速控制精度及系统的响应性较差，因为它采用的是开环控制方式。

2. 转差频率控制

转差频率控制变频器是利用闭环控制环节，根据电动机转速差和转矩成正比的原理，通过控制电动机的转差频率 Δn 来控制电动机的转矩，从而达到控制电动机转速精度的目的。

（1）转差频率控制原理

由电动机理论可知，如果保持电动机的气隙磁通一定，则电动机的转矩由电流差角频率决定，因此如果增加控制电动机转差角的功能，那么异步电动机产生的转矩就可以控制。

转差频率 $f_s=f_1-f_n$，其中 f_1 是指变频器输出频率（定子电压频率），f_s 指的就是转差频率，f_n 指的是电动机实际转速为同步转速时的电源频率。在电动机轴上安装测速发电机（TG）等速度检测器可以检测出电动机的速度。转差频率与转矩的关系如图 3-21 所示，在电动机允许的过载转矩以下，大体可以认为产生的转矩与转差频率成比例。另外，电流随转差频率的增加而单调增加。所以，如果给出的转差频率不超过允许过载时的转差频率，那么就可以具有限制电流的功能。

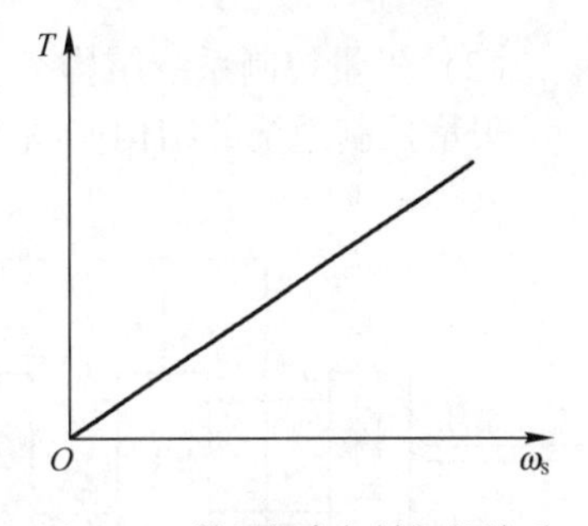

图 3-21　转差频率与转矩的关系

为了控制转差频率，虽然需要检出电动机的速度，但系统的加减速特性和稳定性比开环的 U/f 控制获得了提高，过电流的限制效果也变好。

（2）转差频率控制系统构成

图 3-22 为转差频率控制系统框图。速度调节器通常采用 PI 控制。它的输入为速度设定信号 ω_2^* 和检测到的电动机实际速度 ω_2之间的误差信号。速度调节器的输出为转差频率设定信号 ω_s^*。变频器的设定频率即电动机的定子电源频率 ω_1^*，它为转差频率设定值 ω_s^* 与实际

转子转速 ω_2的和。当电动机负载运行时，定子频率设定将会自动补偿由负载所产生的转差，保持电动机的速度为设定速度。速度调节器的限幅值决定了系统的最大转差频率。

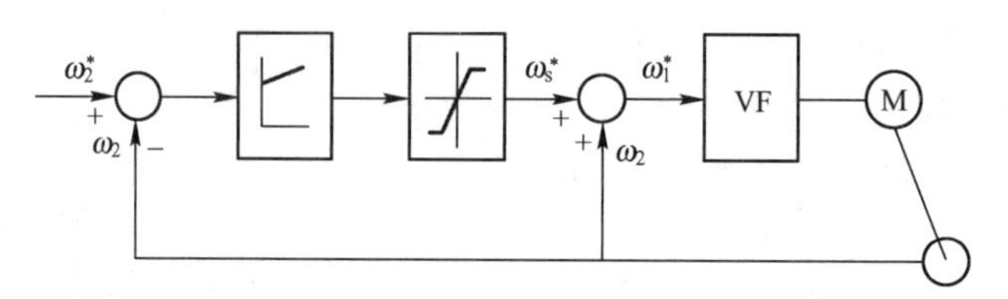

图 3-22　异步电动机的转差频率控制系统框图

采用转差频率控制可使调速精度大大提高，但该方式必须使用速度传感器求取转差频率，同时要针对具体电动机的机械特性去调整控制参数，因而这种控制方式的通用性较差。通常，采用转差频率控制的调速装置都是单机运转的，即一台变频器控制一台电动机。

3. 矢量控制

采用转速闭环、转差频率控制的变频调速系统，在动态性能上仍赶不上直流闭环调速系统，这主要是因为直流电动机与交流电动机有着很大的差异，而在数学模型上有着本质上的区别。

（1）矢量控制原理

图 3-23 所示为异步电动机的坐标变换结构图。从外部看，输入为 A、B、C 三相电压，输出是转速 ω 的一台异步电动机，从内部看，经过 3/2 变换和同步旋转变换，变成一台由 i_m和 i_t输入、由 ω 输出的直流电动机。异步电动机经过坐标变换可以等效成直流电动机，那么，模仿直流电动机的控制策略，得到直流电动机的控制量，经过相应的坐标反变换，就能够控制异步电动机。由于进行坐标变换的是空间矢量，所以这样通过坐标变换实现的控制系统就叫作矢量控制系统，简称 VC 系统。

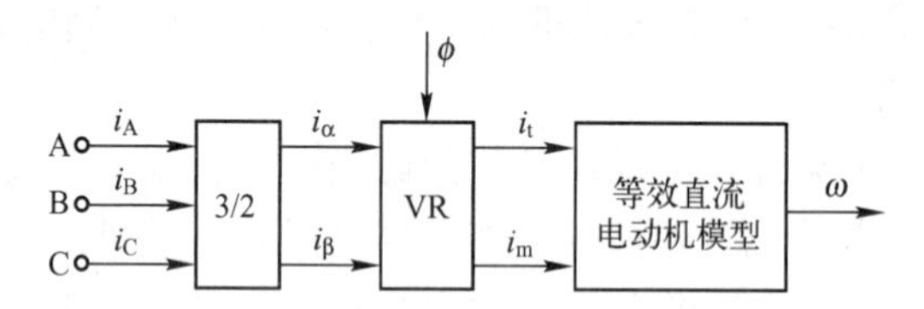

图 3-23　异步电动机的坐标变换结构图

3/2—三相—两相变换；VR—同步旋转变换；ϕ—M 轴与 α 轴（A 轴）夹角。

（2）矢量控制系统结构

矢量控制系统的结构如图 3-24 所示。图中给定和反馈信号经过类似直流调速系统所用

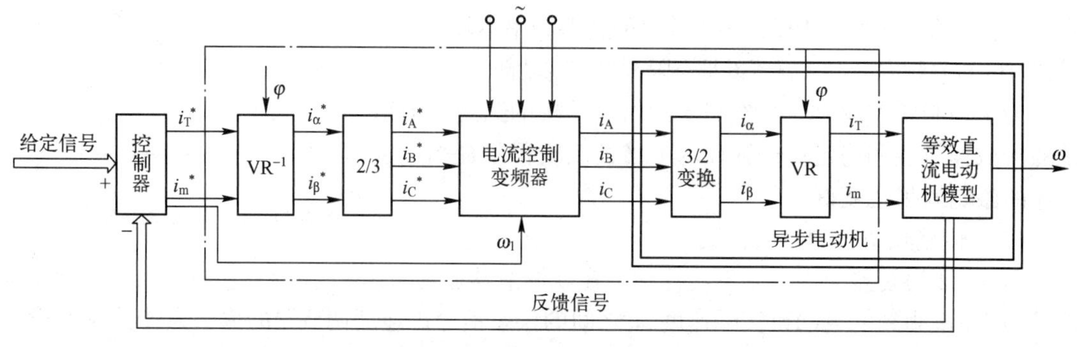

图 3-24　矢量控制系统的结构

的控制器，产生励磁电流的给定信号 i_{m1}^* 和电枢电流给定信号 i_{T1}^*，经过 VR^{-1} 反转变换得到 $i_{\alpha_1}^*$ 和 $i_{\beta_1}^*$，再经过2/3变换得到 i_A^*、i_B^*、i_C^*。把这3个电流控制信号和由控制器直接得到的频率控制信号 ω_1 加到带电流控制的变频器上，就可以输出异步电动机调速所需的三相变频电流。

矢量控制中的反馈信号有电流反馈和速度反馈两个信号。电流反馈用于反映负载的状态，使 i_T^* 能随负载而变化。速度反馈反映出拖动系统的实际转速和给定值之间的差异，从而以最快的速度进行校正，提高了系统的动态性能。速度反馈的反馈信号可由脉冲编码器PG测得。现在的变频器又推广使用了无速度传感器矢量控制技术，它的速度反馈信号不是来自速度传感器，而是通过CPU对电动机设置的各种参数，如 I_1、r_2 等经过计算得到的一个转速的实际值，由这个计算出的转速实际值和给定值之间的差异来调整 i_M^* 和 i_T^*，改变变频器的输出频率和电压。

(3) 矢量控制的要求

选择矢量控制模式，对变频器和电动机有如下要求：

1) 一台变频器只能带一台电动机。

2) 电动机的极数要按说明书的要求，一般以4极电动机为最佳。

3) 电动机容量与变频器的容量相当，最多差一个等级。

4) 变频器与电动机间的连接线不能过长，一般应在30m以内。如果超过30m，则需要在连接好电缆后进行离线自动调整，以重新测定电动机的相关参数

矢量控制具有动态的高速响应、低频转矩增大、控制灵活等优点，主要用于要求高速响应、恶劣的工作环境、高精度的电力拖动、要求四象限运转等场合。

4. 直接转矩控制

直接转矩控制系统是10余年来继矢量控制系统之后发展起来的另一种高动态性能的交流变频调速系统，转矩直接作为控制量来控制。

直接转矩控制是直接在定子坐标系下分析交流电动机的模型，控制电动机的磁链和转矩。它不需要将交流电动机转换成等效直流电动机，因而省去了矢量旋转变换中的许多复杂计算，它不需要模仿直流电动机的控制，也不需要为解耦而简化交流电动机的数学模型。

(1) 直接转矩控制系统的原理

图3-25所示为按定子磁场控制的直接转矩控制系统原理框图。与矢量控制系统一样，该系统也是分别控制异步电动机的转速和磁链，而且采用在转速环内设置转矩内环的方法，

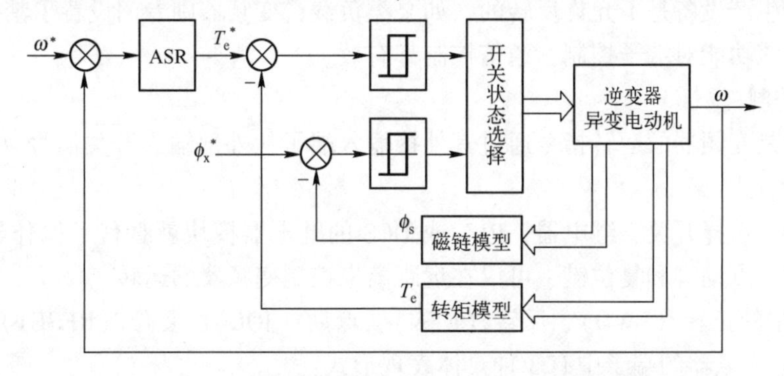

图3-25 按定子磁场控制的直接转矩控制系统原理框图

ω^*—给定转速 T_e^*—速度调节输出转矩 T_e—反馈转矩 ϕ_x^*—给定磁通 ϕ_s—反馈磁通 ω—实际转速

以抑制磁链变化对转子系统的影响，因此转速与磁链子系统也是近似独立的。

（2）直接转矩控制的特点

直接转矩控制直接在定子坐标系下分析交流电动机的数字模型，控制电动机的磁链和转矩。直接转矩控制磁通估算所用的是定子磁链，只要知道定子电阻就可以把它观测出来。直接转矩控制采用空间矢量的概念来分析三相交流电动机的数学模型和控制其各物理量，使问题变得特别简单明了。直接转矩控制技术对转矩实行直接控制，这种控制也称为无速度传感器直接转矩控制。

然而，这种控制要依赖于精确的电动机数学模型和对电动机参数的自动识别（ID）。

3.2.2 变频器的运转指令方式

变频器的运转指令方式是指如何控制变频器的基本运行功能，这些功能包括起动、停止、正转与反转、正向点动与反向点动、复位等。

与变频器的频率给定方式一样，变频器的运转指令方式也有操作器键盘控制、端子控制和通信控制 3 种。这些运转指令方式必须按照实际的需要进行选择设置，同时也可以根据功能进行切换。

1. 操作器键盘控制

操作器键盘控制是变频器最简单的运转指令方式，用户可以通过变频器的操作器键盘上的运行键、停止键、点动键和复位键来直接控制变频器的运转。

操作器键盘控制的最大特点就是方便实用，同时又能起到故障报警功能，即能够将变频器是否运行、是否有故障、是否在报警告知用户，使用户真正了解变频器是否确实在运行中、是否在报警（过载、超温、堵转等），以及是否可通过 LED 或 LCD 显示故障类型。

变频器的操作器键盘通常可以通过延长线放置在用户容易操作的 5 m 以内的空间里，距离较远时则必须使用远程操作器键盘。

在操作器键盘控制下，变频器的正转和反转可以通过正反转键进行切换和选择。如果键盘定义的正转方向与实际电动机的正转方向（或设备的前行方向）相反，则可以通过修改相关的参数来更正，如有些变频器参数定义是“正转有效”或“反转有效”，有些变频器参数定义则是“与命令方向相同”或“与命令方向相反”。

对于某些生产设备是不允许反转的，如泵类负载，变频器则专门设置了禁止电动机反转的功能参数。该功能对端子控制、通信控制都有效。

2. 端子控制

端子控制是变频器的运转指令通过其外接输入端子从外部输入开关信号（或电平信号）来进行控制的方式。

这时按钮、选择开关、继电器、PLC 或 DCS 的继电器模块就替代了操作器键盘上的运行键、停止键、点动键和复位键，可以在远距离来控制变频器的运转。

图 3-26 中的正转（FWD）、反转（REV）、点动（JOG）、复位（RESET）、使能（ENABLE）在实际变频器的端子中有 3 种具体表现形式：

1）上述几个功能由专用的端子组成，即每个端子固定为一种功能。在实际接线中非常简单，不会造成误解，这在早期的变频器中较为普遍。

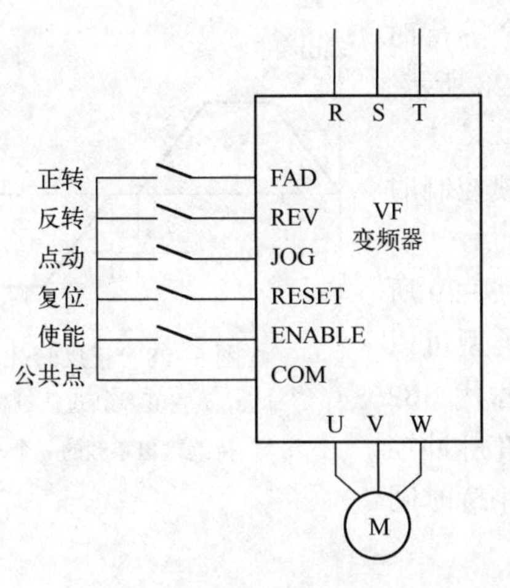

图 3-26　端子控制原理

视频 3-2　端子控制

2）上述几个功能都由通用的多功能端子组成，即每个端子都不固定，可以通过定义多功能端子的具体内容来实现。在实际接线中，非常灵活，可以大量节省端子空间。目前的小型变频器都有这个趋向，如艾默生 td900 变频器。

3）上述几个功能除正转和反转功能由专用固定端子实现外，其余的点动、复位、使能融合在多功能端子中来实现。在实际接线中，能充分考虑到灵活性和简单性。现在的大部分主流变频器都采用这种方式。

（1）端子控制正反转

由变频器拖动的电动机负载实现正转和反转功能非常简单，只需改变控制回路（或激活正转和反转）即可，无须改变主回路。

常见的正反转控制有两种方法，如图 3-27 所示。FWD 代表正转端子，REV 代表反转端子，S_1、S_2 代表正反转控制的接点信号（0 表示断开、1 表示接通）。图 3-27a 的方法中，FWD 和 REV 中的一个就能进行正反转控制，即 FWD 接通后正转、REV 接通后反转，若两者都接通或都不接通，则表示停机。图 3-27b 的方法中，接通 FWD 才能正反转控制，即 REV 不接通表示正转、REV 接通表示反转，若 FWD 不接通，则表示停机。

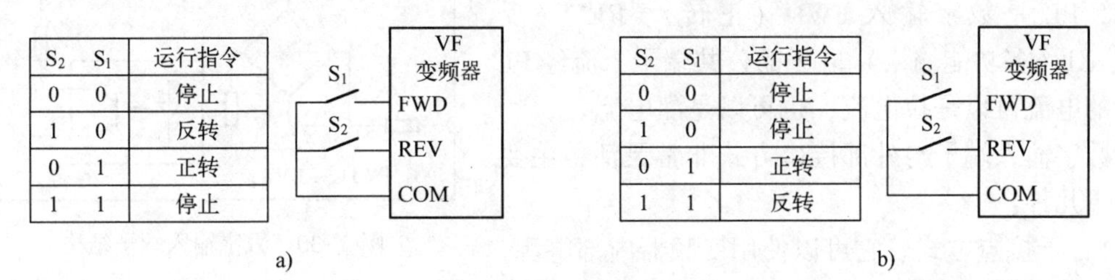

a)

S_2	S_1	运行指令
0	0	停止
1	0	反转
0	1	正转
1	1	停止

b)

S_2	S_1	运行指令
0	0	停止
1	0	停止
0	1	正转
1	1	反转

图 3-27　正反转控制原理

a）控制方法一　b）控制方法二

这两种方法在有些变频器中只能选择一种，有些可以通过功能设置来选择任意一种。但是如变频器定义为“反转禁止”，则反转端子无效。

变频器由正向运转过渡到反向运转，或者由反向运转过渡到正向运转的过程中，都有输出零频的阶段。在这个阶段中，设置一个等待时间，即称为“正反转死区时间”，如图 3-28 所示。

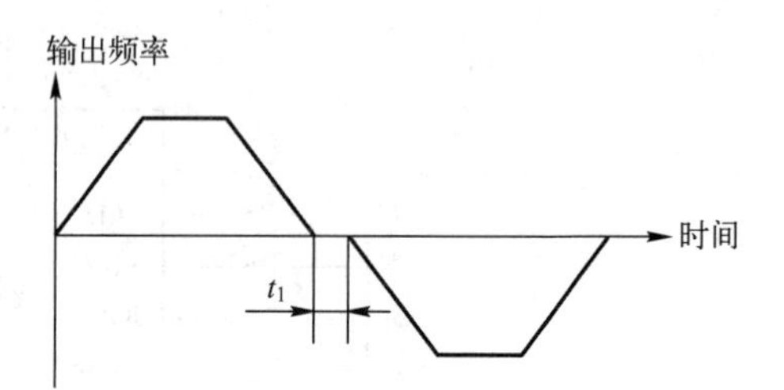

图 3-28　正反转死区时间

t_1—正反转过渡过程中，持续输出零频的一个时间段。

（2）三线制控制模式

三线制控制模式的“三线”是指自锁控制时需要将控制线接到 3 个输入端子。

三线制控制模式共有两种类型，如图 3-29 所示。两者的唯一区别是图 3-29b 所示的类型可以接收脉冲控制，即用脉冲的上升沿来替代 SB2（起动），用下降沿来替代 SB1（停止）。在脉冲控制中，要求 SB1 和 SB2 的指令脉冲能够保持时间达 50 ms 以上，否则为不动作。

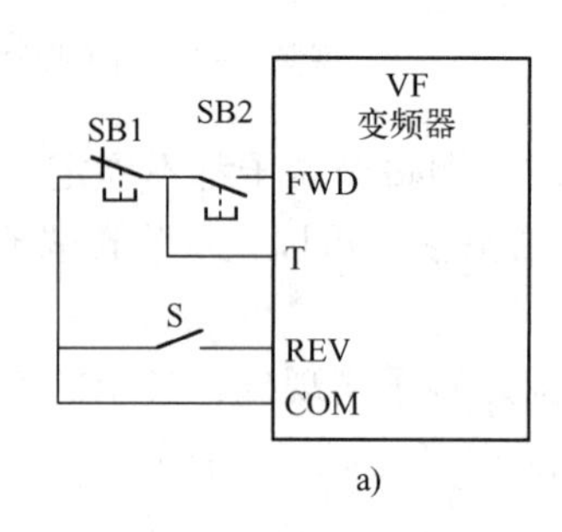

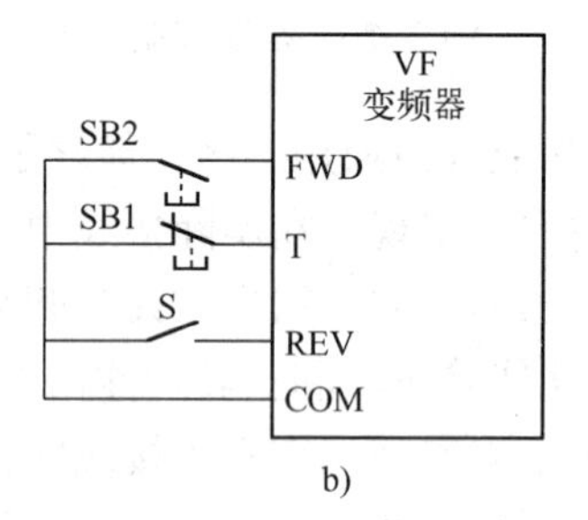

图 3-29　三线制控制模式的两种类型

a）控制方法一　b）控制方法二

（3）数字输入端子

数字输入端子是用于控制输入变频器运行状态的信号，这些信号包括待机准备、运行、故障以及其他与变频器频率有关的内容。这些数字开关量信号，除固定端子（正转、反转和点动）外，其余均为多功能数字输入端子。

常见的数字输入端子都采用光电耦合隔离方式，并且应用了全桥整流电路，其结构如图 3-30 所示，PL 是数字输入 FWD（正转）、REV（反转）、XI（多功能输入）端子的公共端子，流经 PL 端子的电流可以是拉电流，也可以是灌电流。

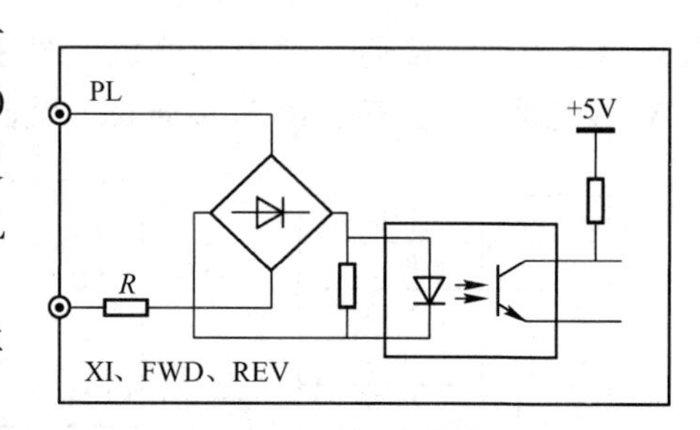

图 3-30　数字输入端子结构

数字输入端子与外部接口方式非常灵活，主要有以下几种：

1）干接点方式。它可以使用变频器内部电源，也可以使用外部电源 9~30 V。这种方式常见于按钮、继电器等信号源。

2）源极方式。当外部控制器为 NPN 型的共发射极输出的连接方式时，为源极方式。这种方式常见于接近开关或旋转脉冲编码器输入信号，用于测速、计数或限位动作等。

3）漏极方式。当外部控制器为 PNP 型的共发射极输出的连接方式时，为漏极方式。这种方式的信号源与源极相同。

多功能数字输入端子的信号定义包括多段速度选择、多段加减速时间选择、频率给定方式切换、运转命令方式切换、复位和计数输入等。综合各类变频器的输入定义，具体有以下主要参数：带切换或选择功能的输入信号、计数或脉冲输入信号、其他运行输入信号。

3. 通信控制

通信控制的方式与通信给定的方式相同，在不增加线路的情况下，只需将上位机传输给变频器的数据改一下，即可对变频器进行正反转、点动、故障复位等控制。

变频器的通信方式可以组成单主单从或单主多从的通信控制系统，利用上位机（PC、PLC 控制器或 DCS 控制系统）软件可实现对网络中变频器的实时监控，完成远程控制、自动控制，以及实现更复杂的运行控制，如无限多段程序运行。

常规的通信端子接线分为 3 种：

1）通过 RS-232 接口与上位机 RS-232 通信。

2）通过 RS-232 接口接调制解调器后再与上位机联机。

3）通过 RS-485 接口与上位机 RS-485 通信。

3.2.3 MM440 变频器的调试方式

1. 操作控制面板（SDP）调试方式

SDP 上有两个 LED，用于指示变频器的运行状态，如图 3-31 所示。

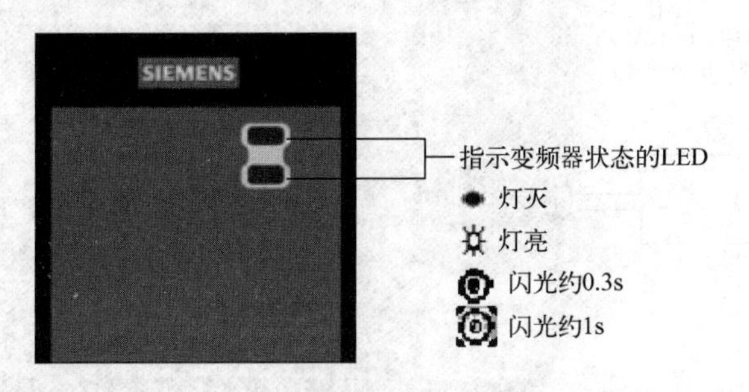

图 3-31 SDP

用 SDP 操作时的默认设置值如表 3-2 所示。变频器的预设置值必须与下列电动机数据兼容：电动机额定功率、电动机额定电压、电动机额定电流、电动机额定频率。

表 3-2 用 SDP 操作时的默认设置值

功能说明	端子编号	参　数	默认操作
数字输入 1	5	P0701='1'	ON，正向运行
数字输入 2	6	P0702='12'	反向运行
数字输入 3	7	P0703='9'	故障复位
输入继电器	10/11	P0731='52. 3'	故障识别
模拟输出	12/13	P0771=21	输出频率
模拟输入	3/4	P0700=0	频率设置值
	1/2		模拟输入电源

此外，还必须满足以下条件：

1）按照线性 *U/f* 电动机转速控制，由模拟电位计控制电动机转速。

2）50 Hz 供电电源时，最大转速为 3000 r/min（60 Hz 供电电源时为 3600 r/min），可以通过变频器的模拟输入端用电位计控制。

3）斜坡上升时间/斜坡下降时间为 10 s。

使用变频器上的 SDP 可进行以下操作：

1）起动和停止电动机（数字输入 D1N1 由外接开关控制）。

2）电动机反向（数字输入 D1N2 由外接开关控制）。

3）故障复位（数字输入 D1N3 由外接开关控制）。

按图 3-32 所示的端子连接模拟输入信号，即可实现对电动机转速的控制。

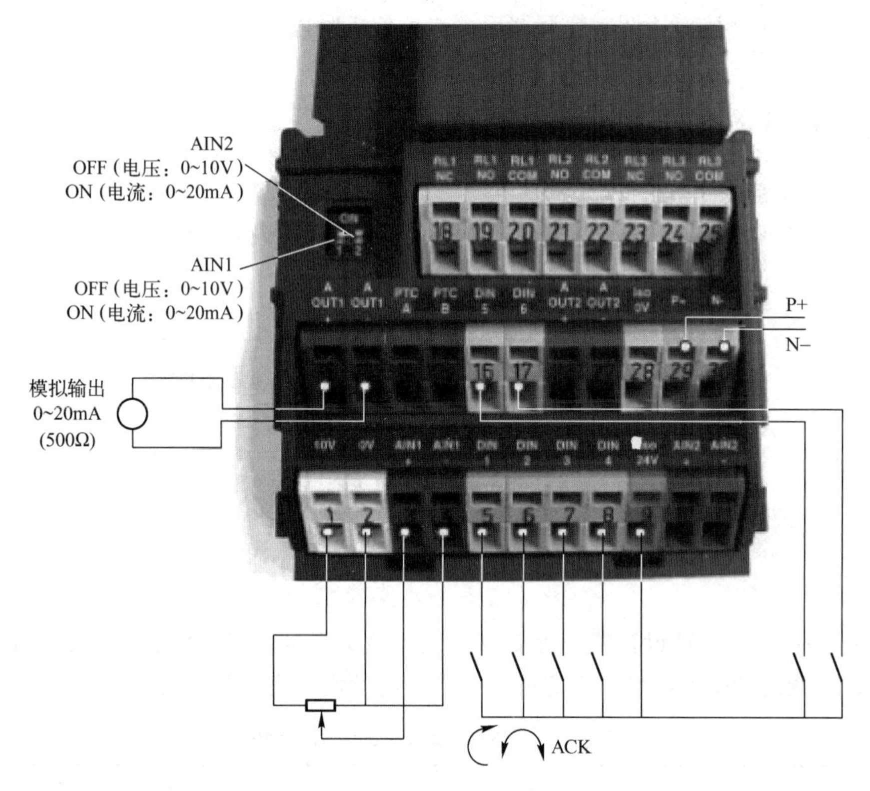

图 3-32　用 SDP 进行的基本操作

2. 操作控制面板（SDP）调试方式

（1）安装基本操作面板（BOP）

为了用 BOP 设置参数，必须首先拆下 SDP，并装上 BOP，BOP 如图 3-33 所示。

图 3-33　BOP

（2）BOP 的功能

1）显示功能。BOP 具有 5 位数字的 7 段显示，用于显示参数的序号和数值、报警和故障信息，以及该参数的设定值和实际值。BOP 不能存储参数的信息。

2）用 BOP 上的按键能修改参数。

3）BOP 上的按键具有控制电动机的功能。

用 BOP 操作时的默认设置值如表 3-3 所示。此处应该注意以下几点：

1）在默认设置下，用 BOP 控制电动机的功能是被禁止的。如果要用 BOP 进行控制，参数 P0700 应设置为 1，参数 P1000 也应设置为 1。

2）变频器加上电源时，也可以把 BOP 装到变频器上，或从变频器上将 BOP 拆卸下来。

3）如果 BOP 已经设置为 I/O 控制（P0700=1），在拆卸 BOP 时，变频器驱动装置将自动停止。

表 3-3　用 BOP 操作时的默认设置值

参　数	说　明	默认值*
P0100	运行方式，欧洲/北美	50 Hz，kW（60 Hz，hp）
P0307	功率（电动机额定值）	kW（hp）
P03010	电动机额定功率	50 Hz（60 Hz）
P03011	电动机的额定速度	1395（1680）r/min［决定于变量］
P1082	最大电动机功率	50 Hz（60 Hz）

注：* 号表示下列的值分为我国和欧洲、北美地区两种情况，（　）中表示北美地区标准。

（3）BOP 按钮及其功能

基本操作面板（BOP）的按钮的功能如表 3-4 所示。

表 3-4　基本操作面板（BOP）按钮及功能

显示/按钮	功　能	功能的说明
r0000	状态显示	LCD 显示变频器当前的设定值
I	起动电动机	按此键起动变频器，以默认值运行时此键是被封锁的，为了允许此键操作，应设定 P0700=1
0	停止电动机	OFF1：按此键，变频器将按选定的斜坡下降速率减速停车，以默认值运行时此键被封锁；为了允许使用此键，应设定 P0700=1。 OFF2：按此键两次（或一次，但时间较长），电动机将在惯性作用下自由停车。 此功能总是“使能”的
	改变电动机的转动方向	按此键可以改变电动机的转动方向：电动机的反向用负号（-）表示或用闪烁的小数点表示。以默认值运行时此键是被封锁的，为了使此键的操作有效，应设定 P0700=1
jog	电动机点动	在变频器无输出的情况下按此键，将使电动机起动，并按预设定的点动频率运行。释放此键时，变频器停车。如果变频器/电动机正在运行，按此键将不起作用
Fn	功能	1. 此键用于浏览辅助信息。 变频器运行过程中，在显示任何一个参数时按下此键并保持不动 2 s，将显示以下参数值： 1）直流回路电压（用 d 表示-，单位：V）； 2）输出电流（A）；

（续）

显示/按钮	功　能	功能的说明
Fn	功能	3）输出频率（Hz）； 4）输出电压（用 o 表示-，单位：V）； 5）由 P0005 选定的数值［如果 P0005 选择显示上述参数中的任何一个，如 3）、4）或 5），这里将不再显示］； 连续多次按下此键，将轮流显示以上参数； 2. 跳转功能。 在显示任何一个参数（rXXXX 或 PXXXX）时短时间按下此键，将立即跳转到 r0000，如果需要的话，可以接着修改其他的参数，跳转到 r0000 后，按此键将返回原来的显示点。 3. 退出。 在出现故障或报警的情况下，按键可以将操作板上显示的故障或报警信息复位
P	访问参数	按此键即可访问参数
▲	增加数值	按此键即可增加面板上显示的参数数值
▼	减少数值	按此键即可减少面板上显示的参数数值

可以用基本操作面板（BOP）更改参数的数值。表 3-5 为改变 P0004 的参数过滤功能。修改下标参数 P0719 数值的过程如表 3-6 所示，按照该表中说明的类似方法，可以用“BOP”设置任何一个参数。

表 3-5　改变 P0004 的参数过滤功能

操 作 步 骤	显示的结果
1. 按 P 访问参数	r0000
2. 按 ▲ 直到显示出 P0004	P0004
3. 按 P 进入参数数值访问级	0
4. 按 ▲ 或 ▼ 得到所需的数值	7
5. 按 P 确认并存储参数的数值	P0004
6. 使用者只能看到电动机的参数	

表 3-6　修改下标参数 P0719

操 作 步 骤	显示的结果
1. 按 P 访问参数	r0000
2. 按 ▲ 直到显示出 P019	P0719
3. 按 P 进入参数数值访问级	in000
4. 按 P 显示当前的设定值	0
5. 按 ▲ 或 ▼ 选择运行所需的数值	12
6. 按 P 确认和存储这一数值	P0719
7. 按 ▼ 直到显示出 r0000	r0000
8. 按 P 返回标准的变频器显示（由用户定义）	

修改参数的数值时，BOP 有时会显示 BUSY，表明变频器正忙于处理优先级更高的任务。

视频 3-3　BOP 调试方式

为了快速修改参数的数值，可以一个个地单独修改显示出的每个数字，操作步骤如下：

1）按 Fn（功能键），最右边的一个数字闪烁。

2）按 ▲ / ▼，修改这位数字的数值。

3）按Fn（功能键），相邻的下一位数字闪烁。

4）进行2）~4），直到显示出所需要的数值。

5）按P，退出参数数值的访问级。

注意，操作前应确定已处于某一参数数值的访问级。

3. AOP调试方式

高级操作面板（AOP）是可选件，如图3-34所示。它具有以下特点：

1）可用多种语言文本显示。

2）具有多组参数组的上装和下载功能。

3）可以通过PC编程。

4）具有链接多个站点的能力，最多可以连接30台变频器。

图3-34　高级操作板

在进行“快速调试”之前，必须完成变频器的机械和电气安装。

P0010的参数过滤功能和P0003选择用户访问级别的功能在调试时十分重要。P0010=1表示起动快速调试。

MICROMASTER 440变频器有3个用户访问级：标准级、扩展级和专家级。进行快速调试时，访问级较低的用户能够看到的参数较少。这些参数的数值要么是默认设置，要么是快速调试时进行计算得到的。

快速调试包括电动机的参数设定和斜坡函数的参数设定。快速调试的进行与参数P3900的设定有关，在它被设定为1时，快速调试结束后，要完成必要的电动机参数计算，并使其所有的参数（P0010=1不包括在内）复位为工厂的默认设置。

在P3900=1并完成快速调试以后，变频器即已做好了运行准备，快速调试流程图如图3-35所示。

在用BOP/AOP进行调试时应注意：

1）变频器没有主电源开关，因此当电源电压接通时，变频器就已带电；在按下运行（RUN）键或者在数字输入端5出现ON信号（正向旋转）之前，变频器的输出一直被封锁，处于等待状态。

2）如果装有BOP或AOP，并且已选定要显示的输出频率（P0005=21），那么在变频器减速停车时，相应的设定值大约每1s显示一次。

3）变频器出厂时已按相同额定功率的西门子四极标准电动机的常规应用对象进行编程。如果用户采用的是其他型号的电动机，就必须输入电动机铭牌上的规格数据。

4）除非P0010=1，否则是不能修改电动机参数的。

5）为了使电动机开始运行，必须将P0010值返回0。

【任务实施】

1）在进行“快速调试”之前，必须完成变频器的机械和电气安装。

2）如图3-36所示，用MM440 I/O板下的DIP2开关，设置电动机电源频率为50Hz（DIP2开关为OFF）。

图 3-35　快速调试流程图

① 电动机的额定性能参数请参看电动机的铭牌

② hp 为英制单位“马力”，1 hp = 745. 7 W。

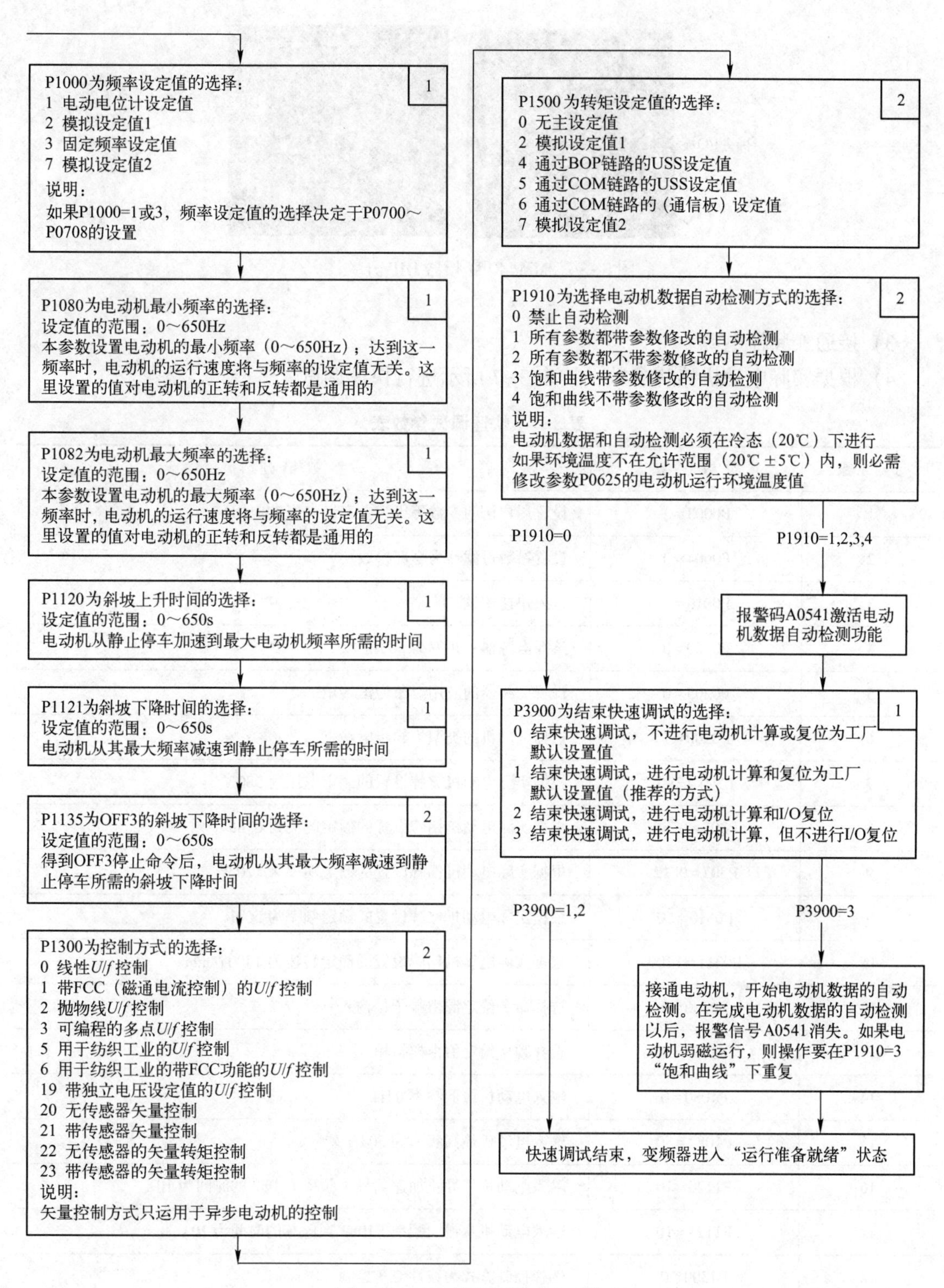

图 3-35　快速调试流程图（续）

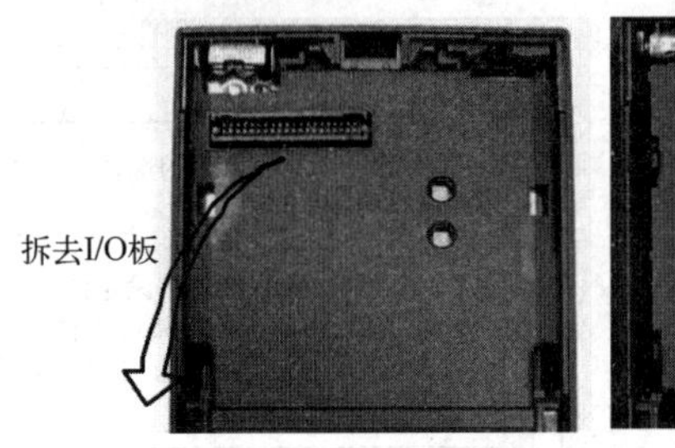

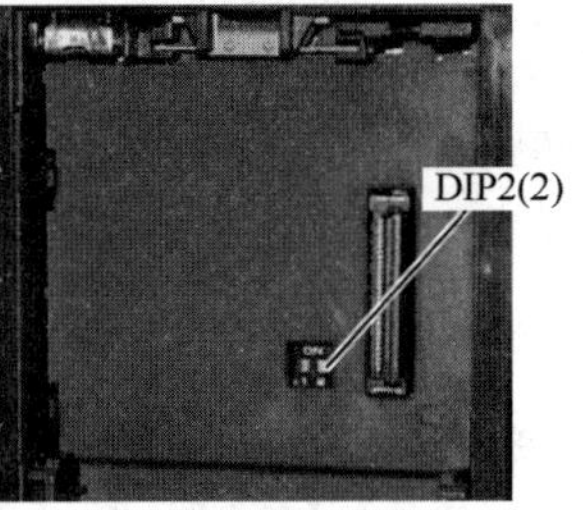

图 3-36　MM440 变频器 DIP 开关图

3）接通变频器电源。

4）根据实际电动机铭牌参数，按表 3-7 所示进行快速调试。

表 3-7　快速调试参数表

步　　骤	参数设置	参数描述
1	P0003=3	设置用户访问参数等级为专家级（复杂应用）
2	P0004=0	设置参数过滤器为全部参数
3	P0010=1	进入快速调试
4	P0100=0	选择电源输入频率为 50 Hz
5	P0205=0	设置变频器的应用对象为恒转矩
6	P0300=1	选择电动机的类型为异步电动机
7	P304=380	根据实际电动机铭牌设置的额定电压为 380 V
8	P305=0. 86	根据实际电动机铭牌设置的额定电流为 0. 86 A
9	P307=0. 12	根据实际电动机铭牌设置的额定功率为 120 W
10	P0310=50	根据实际电动机铭牌设置的额定频率为 50 Hz
11	P0311=1400	根据实际电动机铭牌设置的额定转速为 1400 r/min
12	P0700=2	选择命令给定源由端子排输入
13	P1000=2	选择频率给定值由模拟输入
14	P1080=0	输入电动机最低频率 0 Hz
15	P1082=50	输入电动机最高频率为 50 Hz
16	P1120=10	输入电动机从静止加速到最大频率 P1082 的时间为 10 s
17	P1121=10	输入电动机从最大频率 P1082 到停车的时间为 10 s
18	P1300=0	选择控制方式为线性 U/f 控制
19	P3900=3	结束快速调试，进行电动机计算，但不进行 I/O 工厂复位

【考核评价】

在规定的时间之内完成任务，以知识与技能、学习态度与团队意识、安全生产与职业操守3个方面进行综合考核评价，具体考核标准如表3-8所示。

表3-8　考核评价表

考核内容	考核方式	评价标准与得分				
		标　准	分值	互评	教师评价	得分
知识与技能（70分）	教师评价+互评	变频器接线是否规范	20分			
		变频器调试参数设置是否正确	30分			
		操作调试过程是否正确	20分			
学习态度与团队意识（15分）	教师评价	自主学习和组织协调能力	5分			
		分析和解决问题的能力	5分			
		互助和团队协作意识	5分			
安全生产与职业操守（15分）	教师评价+互评	安全操作、文明生产职业意识	5分			
		诚实守信、创新进取精神	5分			
		遵章守纪、产品质量意识	5分			
总分						

【拓展知识】

3.2.4　G120变频器的调试方式

1. BOP-2基本操作面板显示

BOP-2用于调试、诊断（故障检测）和显示变频器的状态。最多可以同时并连续监测两个状态值。菜单结构合理、清晰，操作按键功能明确。BOP-2基本操作面板如图3-37所示。按键功能如表3-9所示。

图3-37　BOP-2基本操作面板

表 3-9　BOP-2 基本操作面板按键功能表

按　键	功能描述
OK	在菜单选择时，表示确认所选的菜单项 当参数选择时，表示确认所选的参数和参数值设置，并返回上一级画面 在故障诊断画面，使用该按钮可以清除故障信息
▲	在菜单选择时，表示返回上一级的画面 当参数修改时，表示改变参数号或参数值 在“HAND”模式下，在点动运行方式下，长时间同时按▲和▼可以实现以下功能： • 若在正向运行状态下，则将切换到反向状态 • 若在停止状态下，则将切换到运行状态
▼	在菜单选择时，表示进入下一级的画面 当参数修改时，表示改变参数号或参数值
ESC	若按该按钮 2 s 以下，表示返回上一级菜单，或表示不保存所修改的参数值 若按该按钮 3 s 以上，将返回监控画面 注意，在参数修改模式下，此按钮表示不保存所修改的参数值，除非之前已经按 ESC
I	在“AUTO”模式下，该按钮不起作用 在“HAND”模式下，表示起动命令
O	在“AUTO”模式下，该按钮不起作用 在“HAND”模式下，若连续按两次，则“OFF2”自由停车 在“HAND”模式下，若按一次，将“OFF1[⊖]”，即按 P1121 的下降时间停车
HAND AUTO	BOP（HAND）与总线或端子（AUTO）的切换按钮 在“HAND”模式下，按下该键，切换到“AUTO”模式。I 和 O 按键不起作用。若有自动模式的起动命令在，变频器自动切换到“AUTO”模式下的速度给定值 在“AUTO”模式下，按下该键，切换到“HAND”模式。I 和 O 按键将不起作用。切换到“HAND”模式时，速度设定值保持不变 在电动机运行期间可以实现“HAND”和“AUTO”模式的切换

BOP-2 基本操作面板图标作用如表 3-10 所示。

表 3-10　BOP-2 基本操作面板图标作用

图　标	功　能	状　态	作　用
(手形图标)	控制源	手动模式	“HAND”模式下会显示，“AUTO”模式下没有
(圆形图标)	变频器状态	运行状态	表示变频器处于运行状态，该图标是静止的
JOG	JOG 功能	点动功能激活	
⊗	故障和报警	静止表示报警 闪烁表示故障	故障状态下会闪烁，变频器会自动停止。静止图标表示处于报警状态

2. BOP-2 基本操作面板的菜单结构

BOP-2 基本操作面板的菜单结构如图 3-38 所示，菜单的功能描述如表 3-11 所示。

⊖ OFF1 和 OFF2 表示的是两种停车方式。OFF1 是指按照参数 P1121 中设置的具体时间停车，OFF2 是指按惯性自由停车。

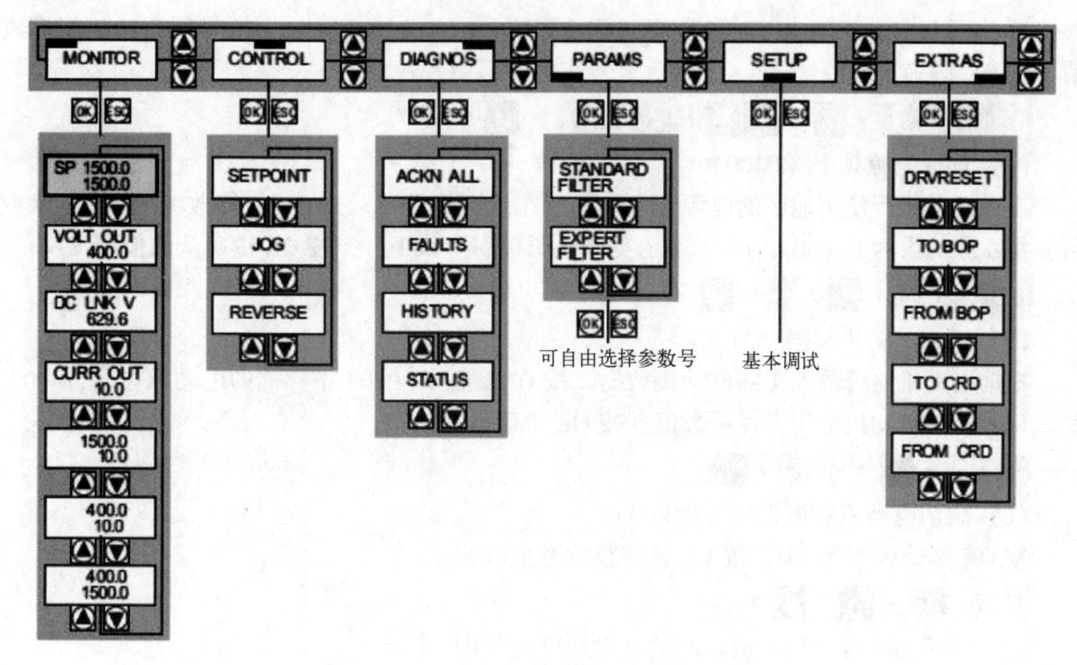

图 3-38　BOP-2 基本操作面板的菜单结构

表 3-11　BOP-2 基本操作面板的菜单功能描述

菜　　单	功 能 描 述
MONITOR	监视菜单：运行速度、电压和电流值显示
CONTROL	控制菜单：使用 BOP-2 面板控制变频器
DIAGNOS	诊断菜单：故障报警和控制字、状态字的显示
PARAMS	参数菜单：查看或修改参数
SETUP	调试向导：快速调试
EXTRAS	附加菜单：设备的工厂复位和数据备份

3. G120 变频器的快速调试

（1）开始快速调试

按 Esc 键进行菜单选择，使用 UP 键和 DOWN 键将菜单条移至 SETUP，然后按 OK 键，屏幕将自动按调试顺序显示下一个参数。

ESC > ▲▼ > SETUP > OK

（2）变频器复位

当 BOP-2 显示 RESET 时，按 OK 键，然后按 UP 键或 DOWN 键，将值改为 YES 后，按 OK 并待 BUSY 标志消失，即完成复位。

RESET > OK > ▲▼ > YES > OK > BUSY

（3）设置控制模式（P1300）

如果变频器和电动机均为全新状态，则需要执行一系列准备步骤，如选择控制模式，出厂设置定义的是“具有线性特性曲线的 U/f 控制”。

按 OK 键修改 CTRL MOD 参数值，通过调整 UP 键或 DOWN 键，选择所需的控制模式值，按 OK 键确认数值。

CTRL MOD > OK > ▲▼ > VF LIN > OK

（4）选择电源频率（P100）

设置电动机所使用地区的电源频率，如所在地区为欧洲。按 OK 键修改 EUR USA 参数值，将欧洲的设为 0（50 Hz）（1 表示美国电源频率为 60 Hz），按 OK 键确认数值。

EUR USA > OK > 0 > OK

（5）输入电动机数据

根据电动机铭牌输入实际电动机数据。按 OK 键编辑 P304 下存储的电动机电压，400 V 是默认显示的电动机电压，保留数值并按 OK 键确认。

OK 00 > OK > 400 > OK

（6）激活电动机数据识别（P1900）

按 OK 键确认 MOT ID，按 UP 键将显示数值改为 1。

MOT ID > OK > ▲ > 1

（7）激活命令源和设定值来源的预定义设置（P15）

按 OK 键激活 MAc PAr 宏参数设置，显示宏 12（Std ASP），确定命令源为 DI 0，设定值来源为电位计，保留数值并按 OK 键确认。

OK > MAc PAr > ▲▼ > OK

（8）最小频率加速/减速时间（P1080）的设置

设置参数 MIN RPM 下的最小频率，通过 UP 键或 DOWN 键更改数值，按 OK 键确认。

MIN RPM > OK > ▲▼ > OK

（9）在参数 RAMP UP 下设置达到最大频率的加速时间（P1120）

RAMP UP > OK > ▲▼ > OK

（10）在参数 RAMP DWN 下设置达到静止的减速时间（P1121）

RAMP DWN > OK > ▲▼ > OK

（11）完成快速调试

当 BOP-2 显示 FINISH 时，按 OK 键，选择 YES 并再按 OK 键确认。

FINISH > OK > ▲ > YES > OK

【项目小结】

变频器是交流伺服技术的一个重要的应用，它可以将电压和频率固定不变的工频交流电源变换成电压和频率可变的交流电源，提供给交流电动机来实现软起动、变频调速、提高运转精度、改变功率因数、过电流/过电压/过载保护等功能。变频器在工业生产自动化控制中有着重要的作用。

本项目主要介绍了变频器的基本概念、变频控制方式、变频器的运转指令方式等，并以西门子 MM440 变频器为例，着重介绍了变频器的安装和调试步骤。西门子 MM440 系列变频器采用矢量控制技术，使得即使发生突然负载变化时也能具有较高的驱动性能，具有良好的稳定性和工作精度，因此在工业控制中被广泛应用。

西门子 SINAMICS G 系列变频器有较为强大的工艺功能，维护成本低，性价比高，是通用的变频器，目前在市场上有一定的占有率。本项目的拓展知识部分对 G120 变频器的组成，安装接线及快速调试也做了一定介绍。

思考与练习

一、选择题

1. 变频器的节能运行方式只能用于（　　）控制方式。

A. *U/f* 开环　　B. 矢量　　C. 直接转矩　　D. CVCF

2. 高压变频器指工作电压在（　　）kV 以上的变频器。

A. 3　　B. 5　　C. 6　　D. 10

3. 对电动机从基本频率向上的变频调速属于（　　）调速。

A. 恒功率　　B. 恒转矩　　C. 恒磁通　　D. 恒转差率

4. 下列（　　）制动方式不适用于变频调速系统。

A. 直流制动　　B. 回馈制动　　C. 反接制动　　D. 能耗制动

5. 为了适应多台电动机的比例运行控制要求，变频器设置了（　　）功能。

A. 频率增益　　B. 转矩补偿　　C. 矢量控制　　D. 回避频率

6. 为了提高电动机的转速控制精度，变频器具有（　　）功能。

A. 转矩补偿　　B. 转差补偿　　C. 频率增益　　D. 段速控制

7. 变频器种类很多，其中按滤波方式可分为电压型和（　　）型。

A. 电流　　B. 电阻　　C. 电感　　D. 电容

8. 在 *U/f* 控制方式下，当输出频率比较低时，会出现输出转矩不足的情况，要求变频器具有（　　）功能。

A. 频率偏置　　B. 转差补偿　　C. 转矩补偿　　D. 段速控制

9. 目前，在中小型变频器中普遍采用的电力电子器件是（　　）。

A. SCR　　B. GTO　　C. MOSFET　　D. IGBT

10. 变频器的调压调频过程是通过控制（　　）进行的。

A. 载波　　B. 调制波　　C. 输入电压　　D. 输入电流

11. 变频器常用的转矩补偿方法有线性补偿、分段补偿和（　　）补偿。

A. 平方根　　B. 平方率　　C. 立方根　　D. 立方率

12. 下面（　　）控制方式适用于动态性能要求较高的场合。

A. *U/f* 开环　　B. 矢量　　C. 直接转矩　　D. CVCF

13. MM440 变频器操作面板上的显示屏幕可显示（　　）位数字或字母。

A. 2　　B. 3　　C. 4　　D. 5

14. MM440 变频器要使操作面板有效，应设参数（　　）。

A. P0010 = 1　　B. P0010 = 0　　C. P0700 = 1　　D. P0700 = 2

15. MM440 变频器频率控制方式由功能码（　　）设定。

A. P0003　　　B. P0010　　　C. P0700　　　D. P1000

16. 以下（　　）型号的变频器不是西门子公司的产品。

A. MM440　　　B. ACS800　　　C. 6SE70　　　D. G150

二、填空题

1. 频率控制功能是变频器的基本控制功能。控制变频器输出频率有以下几种方法：________、________、________和________。

2. 变频器具有多种不同的类型：按变换环节可分为________型和________型；按改变变频器输出电压的方法可分为______和______型；按用途可分为____型变频器和________型变频器。

3. 为了适应多台电动机的比例运行控制要求，变频器具有____________功能。

4. 电动机在不同的转速下、不同的工作场合所需要的转矩不同，为了适应这个控制要求，变频器具有____________________功能。

5. 有些设备需要转速分段运行，而且每段转速的上升、下降时间也不同，为了适应这些控制要求，变频器具有______________功能和多种加、减速时间设置功能。

6. 某电动机在变频运行时需要回避 17 ~ 23 Hz 之间的频率，那么应设定回避频率值为____________，回避频率的范围为________________。

7. 根据不同的变频控制理论，变频器的控制方式主要有________、__________、__________和________________等 4 种。

8. 变频器是通过__________的通断作用将__________变换成________的一种电能控制装置。

9. 矢量控制中的反馈信号有__________和______________两个。

三、判断题

1. 若在额定频率以上调频，电压将不能跟着上调，因为电动机的定子绕组上的电压不允许超过额定电压，即必须保持 $U_1=U_N$ 不变。（　　）

2. U/f 变频控制方式中，U/f 比越大，转矩提升能力越强。（　　）

3. U/f 控制方式的转速控制精度及系统的响应性能力较强，因为它采用的是闭环控制方式。（　　）

4. 转差频率控制变频器是利用开环控制环节，因此其控制精度、加减速特性和稳定性都比较低。（　　）

5. 直接转矩控制是直接在定子坐标系下分析交流电动机的模型，控制电动机的磁链和转矩。（　　）

6. 直接转矩控制要依赖于精确的电动机数学模型和对电动机参数的自动识别。（　　）

7. U/F 控制是根据负载的变化随时调整变频器的输出。（　　）

8. 转矩补偿设定太大会引起低频时空载电流过大。（　　）

9. 变频调速系统过载保护具有反时限特性。（　　）

10. 恒 U_1/f_1 控制的稳态性能优于恒 E_1/f_1。（　　）

11. 保持定子供电电压为额定值时的变频控制是恒功率控制。（　　）

12. 转矩提升是指频率 $f=0$ 时补偿电压的值。（　　）

13. 加速时间是指工作频率从 0 Hz 上升至最大频率所需要的时间。（　　）

14. 西门子变频器参数 P0003 用于定义参数的访问级，有 4 个用户访问级，即标准级、扩展级、专家级和维修级，默认值为标准级。(　　)

15. MM440 变频器的参数只能用基本操作面板（BOP）、高级操作面板（AOP）或者通过串行通信接口进行修改。(　　)

四、简答题

1. 变频器的分类方式有哪些？如何分类的？

2. 变频器常用的控制方式有哪些？

3. 一般的通用变频器包含哪几种电路？

4. 简述电压型变频器和电流型变频器的特点。

5. 简述变频器保护电路的功能及分类。

五、综合题

1. MM440 变频器的操作控制面板如图 3-33 所示。

（1）数码显示屏可以显示几位数字量或简单的英文字母。

（2）在图中注明各键的功能。

2. 有一车床用变频器控制主轴电动机转动，要求用操作面板进行频率和运行控制。已知电动机功率为 22 kW，额定电压为 380 V，功率因数为 0.85，效率为 0.95，转速范围为 200~1450 r/min，请设定功能参数。

3. 已知某交流异步电动机铭牌：电压 380 V；转速：1440 r/min；功率：75 kW；电流：154 A；频率：50 Hz；接法：三角形；工作方式：连续；绝缘等级：B。请用 MM440 进行快速参数设置。

项目 4　变频器实现电动机的正反转控制

学习要点

- 掌握变频器参数、外端子等控制方式；
- 掌握 PLC 与变频器联机控制方式；
- 能够运用变频器实现电动机的正反转控制。

任务 4.1　参数方式控制电动机的正反转

【任务描述】

变频器参数控制方式是使用基本操作面板（BOP）上的按钮设置 MM440 变频器的相关参数，使电动机能够在预设频率下正、反向运行。现有一台三相异步电动机，额定功率为 1.1 kW，额定电压为 380 V，额定电流为 0.8 A，利用变频器操作面板上的按键控制变频器起动、停止及正反转。按下变频器操作面板上的Ⅰ键，变频器正转起动，经过 5 s，变频器稳定运行在 20 Hz 频率。变频器进入稳定运行状态后，如果按下O键，经过 5 s，电动机将从 40 Hz 运行到停止，通过变频器面板上的▲和▼在 0~50 Hz 之间调速。按下⊙键，电动机还可以按照正转的相同起动时间、相同稳定运行频率以及相同停止时间反转。按下jog键，电动机以 10 Hz 频率运行。

【基础知识】

4.1.1　MM440 变频器 BOP 方式参数设置

1. 复位参数

在设置参数之前，需要先将变频器参数值复位为工厂的默认设定值。在变频器初次调试或参数设置混乱时，需要执行该操作，以便于将变频器的参数值恢复到一个确定的默认状态。用 BOP 将变频器所有参数复位为工厂默认值的方法如下：

1）设置 P0010 = 30，工厂默认设定值。

2）设置 P0970 = 1，参数复位。

2. 常用参数

- P0003：本参数用于定义用户访问参数组的等级。参数值的含义如下：

  P0003 = 1，标准级（基本应用）。

  P0003 = 2，扩展级（标准应用）。

  P0003 = 3，专家级（复杂应用）。

- P0004：本参数用于参数过滤。通过参数筛选，可以更方便地进行调试。参数值含义如下：

  P0004 = 0，全部参数（默认设置）。

P0004=2，变频器参数。

P0004=3，电动机参数。

P0004=4，速度传感器。

P0004=7，命令，二进制 I/O。

P0004=8，ADC（模—数转换）和 DAC（数—模转换）。

P0004=10，设定通道值/RFG（斜坡函数发生器）。

- P0010：本参数对于调试相关的参数进行过滤。参数值具体如下：

  P0010=0，准备运行。

  P0010=1，快速调试。

  P0010=30，出厂设置，在复位变频器的参数时，参数 P0010 必须设定为 30。

注意：

1）只有在 P0010=1 的情况下，才能修改电动机的主要参数，如 P0304，P0305 等。

2）只有在 P0010=0 的情况下，变频器才能运行。

3. 电动机参数

为了使变频器参数与电动机实际铭牌数据相匹配，需修改电动机参数。常用的电动机相关参数如下：

- P0100：本参数用于确定功率设定值的单位是 kW 还是 hp。

  P0100=0，功率单位为 kW，频率默认为 50 Hz。

  P0100=1，功率单位为 hp，频率默认为 60 Hz。

  P0100=2，功率单位为 kW，频率默认为 60 Hz。

- P0205：本参数用于设置变频器的应用对象。

  P0205=0，恒转矩（CT）（皮带运输机、空气压缩机等）。

  P0205=1，变转矩（VT）（风机、泵类等）。

- P0300：用于选择电动机的类型。

  P0300=1，异步电动机。

  P0300=2，同步电动机。

注意：如果 P0300=2，则仅能选择 *U/f* 控制方式，即 P1300<20，不能用矢量控制方式。同时，一些功能被禁止，如直流制动等。

- P0304：本参数用于设定电动机额定电压。设定值范围：10~2000 V。

注意：输入变频器的电动机铭牌数据必须与电动机的接线（星形或三角形）相一致，也就是说，如果电动机采取三角形接线，就必须输入三角形接线的铭牌数据。

- P0305：本参数用于设置电动机的额定电流。
- P0307：本参数用于设置电动机的额定功率。
- P0308：本参数用于设置电动机的额定功率因数。
- P0310：本参数用于设置电动机的额定频率，通常为 50/60Hz。非标准电动机，可以根据电动机铭牌修改。
- P0311：本参数用于设置电动机的额定速度，设定值的范围为 0~40000 r/min，根据电动机的铭牌数据输入电动机的额定速度（r/min）。在矢量控制方式下，必须准确设置此参数。

4. 运行控制参数

用 BOP 按键控制电动机运行，需要激活操作面板各按键的功能，实现电动机正向运行、反向运行、正向点动、反向点动控制。运行控制参数通常在电动机参数设定完成后进行，并且要设置 P0010=0，使变频器当前处于准备状态，可正常运行。面板基本运行控制参数的设定值含义如下。

- P0700：选择命令给定源（该参数选择变频器的起动/停止信号的给定场所）。

  P0700=0，工厂默认设置。

  P0700=1，BOP（基本操作面板）设置。

  P0700=2，由端子排输入。

  P0700=4，BOP 链路（RS232）的 USS 设置（AOP 面板）。

  P0700=5，COM 链路的 USS 设置（端子 29 和端子 30）。

  P0700=6，COM 链路的通信板设置（Profibus DP）。

注意：如果选择 P0700=2，则数字输入端的功能取决于 P0701～P0708。

- P1000：设定频率给定源。

  P1000=1，BOP 内部电动电位计设定。

  P1000=2，模拟量输入 1（端子 3、端子 4）。

  P1000=3，固定频率设定值。

  P1000=4，BOP 链路的 USS 控制。

  P1000=5，COM 链路的 USS 控制（端子 29 和端子 30）。

  P1000=6，通过 COM 链路的 CB 控制（CB=Profibus 通信模块）。

  P1000=7，模拟量输入 2（端子 10、端子 11）。

  P1000=23，模拟通道 1+固定频率。

- P1032：本参数用于确定是否禁止选择反向的设定值。

  P1032=0，允许反向，用 BOP 按键输入反向设定值（P1040 取负）。

  P1032=1，禁止反向（默认）。

- P1080：最小频率（输入电动机最低频率，单位为 Hz）。输入电动机最低频率时，电动机用此频率运行时与频率给定值无关。
- P1082：最大频率（输入电动机最高频率，单位为 Hz）。输入电动机最高频率时，例如，电动机受限于该频率而与频率给定值无关。
- P1120：斜坡上升时间（输入斜坡上升时间，单位为 s）。输入电动机从静止开始加速到最大频率 P1082 的时间，如果斜坡上升时间参数设置太小，则将引起报警 A0501（电流极限值）或传动变频器用故障 F0001（过电流）停车。
- P1121：斜坡下降时间（输入减速时间，单位为 s）。输入电动机从最大频率 P1082 制动到停车的时间。如果斜坡下降时间参数设置太小，则将引起报警 A0501（电流极限值），A0502（过电压限值）或传动变频器用故障 F0001（过电流）或 F0002（过电压）停车。
- P1300：控制方式选择。

  P1300=0，线性 *U/f* 控制，用于可变转矩和恒定转矩的负载，如带式运输机和正排量泵类。

P1300=1，带磁通电流控制（FCC）的 *U/f* 控制，用于提高电动机的效率和改善其动态响应特性。

P1300=2，平方曲线的 *U/f* 控制，可用于二次方律负载，如风机、水泵等。

P1300=3，特性曲线可编程的 *U/f* 控制，由用户定义控制特性。

P1300=20，无传感器的矢量控制，在低频时可以提高电动机的转矩。

P1300=21，*U/f* 带传感器的矢量控制。

- P3900：快速调试结束（起动电动机计算）。

  P3900=0，结束快速调试，不进行电动机计算或复位到工厂默认设定值。

  P3900=1，结束快速调试，进行电动机计算和复位到工厂默认设定值（推荐方式）。

  P3900=2，结束快速调试，进行电动机计算并将 I/O 设定恢复到工厂默认值。

  P3900=3，结束快速调试，进行电动机计算，但不进行 I/O 设定恢复到工厂默认值。

4.1.2 MM440 变频器 BOP 方式控制运行

（1）正向运行

变频器基本操作面板如图 4-1 所示，按 BOP 上的运行键，变频器将驱动电动机按照设定的斜坡上升时间升速，并运行在由参数 P1040 设置的频率上。

电动机的转速（频率）及旋转方向可直接按 BOP 面板上的增加键/减少键来改变。设置 P1031=1（默认），由增加键/减少键改变了的频率设定值被保存在内存中。

图 4-1　变频器基本操作面板（BOP）

（2）停止运行

按 BOP 面板上的停止键，变频器将驱动电动机降速至零。

（3）点动运行

1）正向点动。按 BOP 上的点动键，变频器将驱动电动机按预置点动斜坡上升时间升速，并运行在由 P1058 设置的正向点动频率上。松开点动键，变频器驱动电动机按预置点动斜坡下降时间降速至零。

2）反向点动。先按 BOP 上的换向键，再按点动键，电动机反向起动，并运行在 P1059 设置的反向点动频率上。松开反向点动键，变频器驱动电动机降速至零。

视频 4-1　变频器参数控制电动机正、反转

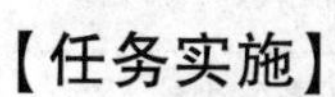

【任务实施】

1. 所需工具、材料和设备

西门子 MM440 变频器一台、三相异步电动机一台、导线若干、《西门子 MM440 变频器使用手册》、通用电工工具一套。

2. 硬件接线

根据控制要求，按照图 4-2 接线，电路中电源为单相输入，三相输出，检查电路正确无误后接线，合上主电路断路器 QF。

3. 参数设置

（1）复位参数设置

按下 P 键，设置复位参数 P0010 和 P0970，复位过程约需要 3 min。

（2）电动机参数设置

根据实际操作中使用的电动机铭牌数据进行电动机参数设置，本任务中的设置如表 4-1 所示。

（3）BOP 操作控制参数设置

要用 BOP 按键控制电动机运行，需要激活操作面板各按键的功能，实现电动机正向运行、反向运行、正向点动、反向点动控制。面板基本操作控制参数如表 4-2 所示。

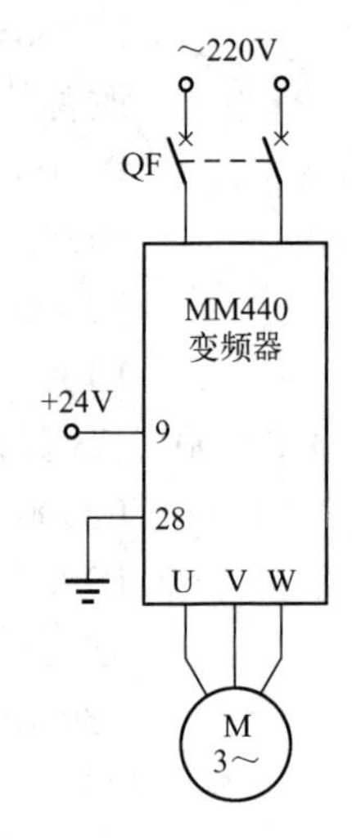

图 4-2 MM440 变频器面板基本操作接线图

表 4-1 电动机参数设置表

参 数 号	出 厂 值	设 置 值	说 明
P0003	1	1	设用户访问级为标准级
P0010	0	1	快速调试
P0100	0	0	功率以 kW 表示，频率为 50 Hz
P0304	400	380	电动机额定电压（V）
P0305	1.90	0.80	电动机额定电流（A）
P0307	0.75	0.11	电动机额定功率（kW）
P0310	50	50	电动机额定频率（Hz）
P0311	1395	1400	电动机额定转速（r/min）

表 4-2 面板基本操作控制参数

参 数 号	出 厂 值	设 置 值	说 明
P0003	1	1	设用户访问级为标准级
P0010	0	0	准备就绪
P0004	0	7	命令和数字 I/O
P0700	2	1	由键盘输入设定值（选择命令源）
P0003	1	1	设用户访问级为标准级
P0004	0	10	设定值通道和斜坡函数发生器
P1000	2	1	由键盘（电动电位计）输入设定值
* P1080	0	0	电动机运行的最低频率（Hz）
* P1082	50	50	电动机运行的最高频率（Hz）

（续）

参 数 号	出 厂 值	设 置 值	说 明
P1120	10	5	斜坡上升时间（s）
P1121	10	5	斜坡下降时间（s）
P0003	1	2	设用户访问级为扩展级
P0004	0	10	设定值通道和斜坡函数发生器
* P1040	5	40	设定键盘控制的频率值（Hz）
* P1058	5	10	正向点动频率（Hz）
* P1059	5	10	反向点动频率（Hz）
* P1060	10	5	点动斜坡上升时间（s）
* P1061	10	5	点动斜坡下降时间（s）

注：“*”号表示该参数可根据用户要求设置。

4. 运行操作

（1）正向运行

按下 BOP 上的运行键，变频器将驱动电动机在 5 s 内升速，并稳定运行在 40 Hz 的频率上。通过变频器面板上的和可以在 0~50 Hz 之间调速。

（2）反向运行

设置 P1032=0，允许反向，再按下 BOP 面板上的换向键。用 BOP 面板按键输入反向设定值（P1040 取负），再按下 BOP 上的运行键，电动机反向运行。

（3）停止运行

按 BOP 面板上的停止键，则变频器将驱动电动机将从 40 Hz 运行到停止。

（4）点动运行

1）正向点动。按 BOP 上的点动键，变频器将驱动电动机在 5 s 内升速，并运行在 10 Hz 的频率上。松开点动键，变频器驱动电动机经过 5 s 降速至零。

2）反向点动。先按 BOP 上的换向键，再按点动键，电动机反向起动，并运行在反方向 10 Hz 的频率上。松开反向点动键，变频器驱动电动机降速至零。

【考核评价】

在规定的时间之内完成任务，从知识与技能、学习态度与团队意识和安全生产与职业操守 3 个方面进行综合考核评价，具体考核标准如表 4-3 所示。

表 4-3 考核评价表

考核内容	考核方式	评价标准与得分				
		标 准	分值	互评	教师评价	得分
知识与技能（70 分）	教师评价+互评	硬件接线是否规范、正确	20 分			
		变频器调试参数设置是否正确	30 分			
		变频器面板参数控制运行是否正确	20 分			

（续）

考核内容	考核方式	评价标准与得分				
		标　　准	分值	互评	教师评价	得分
学习态度与团队意识（15分）	教师评价	自主学习和组织协调能力	5分			
		分析和解决问题的能力	5分			
		互助和团队协作意识	5分			
安全生产与职业操守（15分）	教师评价+互评	安全操作、文明生产职业意识	5分			
		诚实守信、创新进取精神	5分			
		遵章守纪、产品质量意识	5分			
总分						

【拓展知识】

4.1.3　G120变频器BOP-2基本操作面板参数设置

1. G120变频器常用参数

G120变频器参数的类型如下：

- 读写参数：可以修改和显示的参数，以P开头。
- 只读参数：不可修改的参数，用于显示内部的变量，以r开头。

G120变频器常用参数如表4-4所示。

表4-4　G120变频器常用参数

参　　数	说　　明	
P0003	存取权限级别	3：专家 4：维修
P0010	驱动调试参数筛选	0：就绪 1：快速调试 2：功率单元调试 3：电动机调试
P0015	驱动设备宏指令 通过宏指令设置输入/输出端子排	
r0018	控制单元固件版本	
P0100	电动机标准IEC/NEMA	0：IEC电机50（Hz，SI单位） 1：NEMA电动机（60Hz，US单位） 2：NEMA电动机（60Hz，SI单位）
P0304	电动机额定电压（V）	
P0305	电动机额定电流（A）	
P0307	电动机额定功率kW或hp	
P0310	电动机额定频率（Hz）	
P0311	电动机额定转速（r/min）	
r0722	数字输入的状态	

（续）

参数		说明		
	.0	端子 5	DI 0	选择允许的设置。 P0840：ON/OFF（OFF1） P0844：无惯性停车（OFF2） P0848：无快速停机（OFF3） P0855：强制打开抱闸 P1020：转速固定设定值选择，位 0 P1021：转速固定设定值选择，位 1 P1022：转速固定设定值选择，位 2 P1023：转速固定设定值选择，位 3 P1035：电动电位器设定值升高 P1036：电动电位器设定值降低 P2103：应答故障 P1055：JOG，位 0 P1056：JOG，位 1 P1110：禁止负向 P1111：禁止正向 P1113：设定值取反 P1122：跨接斜坡函数发生器 P1140：使能/禁用斜坡函数发生器 P1141：激活/冻结斜坡函数发生器 P1142：使能/禁用设定值 P1230：激活直流制动 P2103：应答故障 P2106：外部故障 1 P2112：外部报警 1 P2200：使能工艺控制器
	.1	端子 6、64	DI 1	
	.2	端子 7	DI 2	
	.3	端子 8、65	DI 3	
	.4	端子 16	DI 4	
	.5	端子 17、66	DI 5	
	.6	端子 67	DI 6	
	.11	端子 3、4	AI 0	
	.12	端子 10、11	AI 1	
	.16	端子 41	DI 16	
	.17	端子 42	DI 17	
	.18	端子 43	DI 18	
	.19	端子 44	DI 19	
	.24	端子 51	DI 24	
	.25	端子 52	DI 25	
	.26	端子 53	DI 26	
	.27	端子 54	DI 27	
P0730		端子 DO 0 的信号源		选择允许的设置： 52.0 接通就绪 52.1 运行就绪
		端子 19、20（常开触点） 端子 18、20（常闭触点）		
P0731		端子 DO 1 的信号源		
		端子 21、22（常开触点）		
P0732		端子 DO 2 的信号源		
		端子 24、25（常开触点） 端子 23、25（常闭触点）		
P0755		模拟输入，当前值（%）		
	［0］	AI 0		
	［1］	AI 1		
P0756		模拟输入类型		0：单极电压输入（0~10 V） 1：单极电压输入，受监控（2~10 V） 2：单极电流输入（0~20 mA） 3：单极电流输入，受监控（4~20 mA） 4：双极电压输入（-10 V…+10 V）
	［0］	端子 3、4	AI 0	
	［1］	端子 10、11	AI 1	
P0771		模拟输出信号源		选择允许的设置： 0：模拟量输出被封锁 21：转速实际值 24：经过滤波的输出频率 25：经过滤波的输出电压 26：经过滤波的直流母线电压 27：经过滤波的电流实际值绝对值
	［0］	端子 12、13	AO 0	
	［1］	端子 26、27	AO 1	

（续）

参　　数	说　　明		
P0776[0,1]	模拟输出类型		0：电流输出（0~20 mA） 1：电压输出（0~10 V） 2：电流输出（4~20 mA）
[0]	端子 12、13	AO 0	
[1]	端子 26、27	AO 1	
P1001	转速固定设定值 1		
P1002	转速固定设定值 2		
P1003	转速固定设定值 3		
P1004	转速固定设定值 4		
P1058	JOG 1 转速设定值		
P1059	JOG 2 转速设定值		
P1070	主设定值		选择允许的设置。 0：主设定值=0 755［0］：AI 0 的值 1024：固定设定值 1050：电动电位器 2050［1］：现场总线的 PZD 2
P1080	最小转速（RPM）		
P1082	最大转速（RPM）		
P1120	斜坡函数发生器的斜坡上升时间（s）		
P1121	斜坡函数发生器的斜坡下降时间（s）		
P1300	开环/闭环运行方式		选择允许的设置。 0：采用线性特性曲线的 *U/f* 控制 1：采用线性特性曲线和 FCC 的 *U/f* 控制 2：采用抛物线特性曲线的 *U/f* 控制 20：无编码器转速控制 21：带编码器的转速控制 22：无编码器转矩控制 23：带编码器的转矩控制
P1310	恒定起动电流（针对 *U/f* 控制需升高电压）		
P1800	脉冲频率设定值		
P2030	现场总线接口的协议选择		选择允许的设置。 0：无协议 3：PROFIBUS 7：PROFINET

2. 用 BOP-2 修改参数

修改参数值是在菜单“PARAMS”和“SETUP”中进行。下面以修改 P700［0］参数为例讲解参数的设置方法。参数的设定步骤如表 4-5 所示。

表 4-5　参数的设定步骤

序　号	操 作 步 骤	BOP—2 显示
1	按▲或▼键将光标移动到“PARAMS”	PARAMS

（续）

序　号	操 作 步 骤	BOP—2 显示
2	按OK键进入“PARAMS”菜单	STANDARD FILTEr
3	按▲或▼键选择“EXPERT FILTER”功能	EXPERT FILTEr
4	按OK键进入，面板显示 r 或 P 参数，并且参数号不断闪烁，按▲或▼键选择所需的参数 P700	P700 [00] 6
5	按OK键，焦点移动到参数下标［00］，［00］不断闪烁，按▲或▼键可以选择不同的下标。本例选择下标［00］	P700 [00] 6
6	按OK键，焦点移动到参数值，参数值不断闪烁，按▲或▼键调整参数数值	P700 [00] 6
7	按OK键保存参数值，画面返回到步骤 4 的状态	

3. 参数恢复到工厂设置

初学者在设置参数时，有时进行了错误的设置，但又不知道具体在哪个参数的设置上出错，这时可以对变频器进行复位，将所有参数恢复成出厂设定值。注意，工程中正在使用的变频器要谨慎使用此功能。西门子 G120 的复位步骤如表 4-6 所示。

表 4-6　G120 参数复位到工厂设置的步骤

序　号	操 作 步 骤	BOP—2 显示
1	按▲或▼键将光标移动到“EXTRAS”	EXTRAS
2	按OK键进入“EXTRAS”菜单，按▲或▼键找到“DRVRESET”功能	DRVRESET
3	按OK键激活复位出厂设置，按ESC取消复位出厂设置	ESC / OK
4	按OK键开始恢复参数，BOP-2 上会显示 BUSY	- BUSY -
5	复位完成后 BOP-2 显示 DONE，即完成；按OK或ESC返回到“EXTRAS”菜单	- DONE -

4. G120 变频器 BOP-2 方式控制运行

使用 BOP-2 面板上的手动/自动切换键HAND AUTO可以切换变频器的手动/自动模式。在手动模式下，面板上会显示手动符号。手动模式有两种操作方式，即起停操作方式和点动操作方式。

1）起停操作：按下 I 键起动变频器，并以 SETPOINT（设置值）功能中设定的速度运行，按下 O 键停止变频器。

2）点动操作：长按 I 键，变频器以参数 P1058 中设置的点动速度运行，释放 I 键，变频器停止运行。

SETPOINT 功能用来设置变频器起停操作的运行速度。在“CONTROL”菜单下，按 ▲ 键和 ▼ 键，选择“SETPOINT”功能，按 ▲ 键和 ▼ 键可以修改“SP 0.0”设定值，修改值立即生效，如图 4-3 所示。

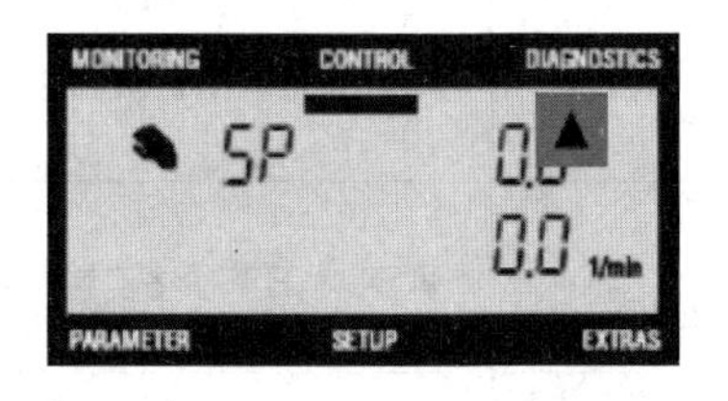

图 4-3　SETPOINT 功能图

激活点动（JOG）功能，步骤如表 4-7 所示。

表 4-7　激活点动功能的步骤

序　号	操 作 步 骤	BOP-2 显示
1	“CONTROL”菜单下按 ▲ 或 ▼ 键选择“JOG”功能	JOG
2	按 OK 键进入“JOG”功能	JOG OFF
3	按 ▲ 或 ▼ 键选择 ON	JOG On
4	按 OK 键使能点动操作，面板上会显示 JOG 符号	JOG

激活反转（REVERSE）功能，步骤如表 4-8 所示。

表 4-8　激活反转功能的步骤

序　号	操 作 步 骤	BOP-2 显示
1	在“CONTROL”菜单下按 ▲ 或 ▼ 键选择“REVERSE”功能	REVERSE
2	按 OK 键进入“REVERSE”功能	REVERSE OFF
3	按 ▲ 或 ▼ 键选择 ON	REVERSE On
4	按 OK 键使能设定值反向。激活设定值反向后，变频器会把起停操作方式或点动操作方式的速度设定值反向	REVERSE

注意：当变频器的功率与电动机功率相差较大时，电动机可能不运行，将 P1900（电动机识别）设置为 0，即禁用电动机识别。

任务 4.2　外端子方式控制电动机的正反转

【任务描述】

外端子控制是指通过变频器的外接输入端子，从外部输入开关信号（或电平信号）来进行控制的方式，从而替代了 BOP 上的按键，可以实现远距离控制变频器的运行。现有一台三相异步电动机，额定功率为 1.1 kW，额定电压为 380 V，额定电流为 0.8 A，用西门子 MM440 变频器的外部数字端子控制电动机的起停，正反向连续运行以及正反向点动运行，并且通过串入的转速调节电位器，改变外部模拟端子给定的 0~10V 的电压，让变频器在 0~50 Hz 之间进行正反转调速运行。

【基础知识】

4.2.1　MM440 变频器数字输入端口控制

1. 数字输入端子

数字输入端子是用于控制输入变频器运行状态的信号，这些信号包括待机准备、运行、故障以及其他与变频器频率有关的内容。这些数字开关量信号，除固定端子（正转、反转和点动）外，其余均为多功能数字输入端子。

常见的数字输入端子都采用光电耦合隔离方式，且应用了全桥整流电路，数字输入结构如图 4-4 所示，PL 是数字输入 FWD（正转）、REV（反转）、XI（多功能输入）端子的公共端子，流经 PL 端子的电流可以是拉电流，也可以是灌电流。

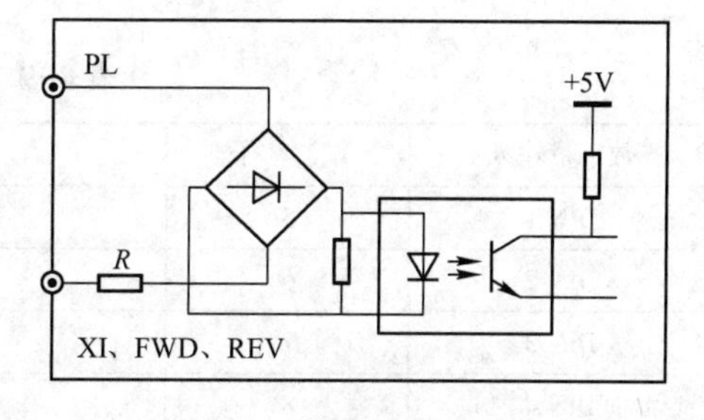

图 4-4　数字量输入结构

数字输入端子与外部接口的方式非常灵活，主要有以下几种：

1）干接点方式。它可以使用变频器内部电源，也可以使用外部电源 9~30 V。这种方式常见于按钮、继电器等信号源。

2）源极方式。当外部控制器为 NPN 型的共发射极输出的连接方式时，为源极方式。这种方式常见于接近开关或旋转脉冲编码器输入信号，用于测速、计数或限位动作等。

3）漏极方式。当外部控制器为 PNP 型的共发射极输出的连接方式时，为漏极方式。这种方式的信号源与源极相同。

多功能数字量输入端子的信号定义包括多段速度选择、多段加减速时间选择、频率给定方式切换、运转命令方式切换、复位和计数输入等。综合各类变频器的输入定义，具体有以下主要参数：

1）带切换或选择功能的输入信号。

2）计数或脉冲输入信号。

3）其他运行输入信号。

2. MM440 变频器的数字输入端口

MM440 变频器有 6 个数字输入接口（DIN1~DIN6：5、6、7、8、16 和 17），其控制端

子实物图如图 4-5 所示。这 6 个端子都是多功能端子，可根据参数 P0701～P0706 的设定值来选择，具体如表 4-9 所示。

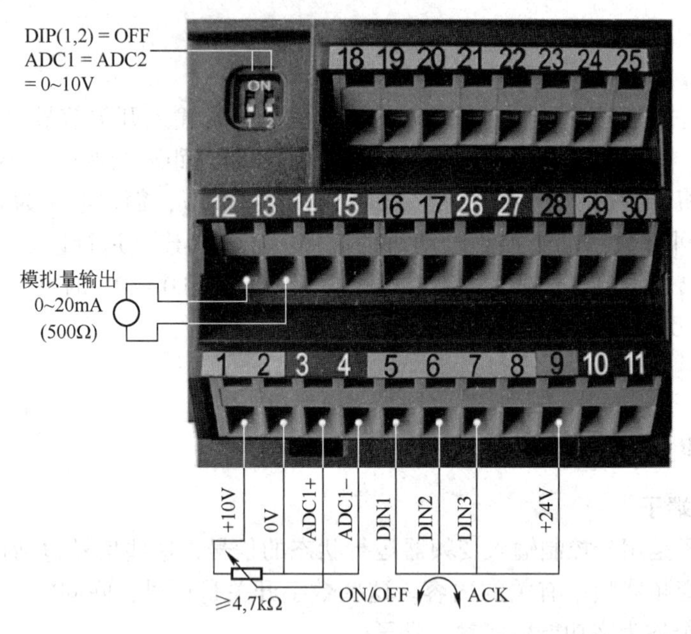

图 4-5　MM440 变频器控制端子实物图

表 4-9　数字输入端口定义

数字量输入	端　子	出　厂　值	功　能
DIN 1	5	P0701 = 1	ON/OFF1
DIN 2	6	P0702 = 12	反向
DIN 3	7	P0703 = 9	故障确认
DIN 4	8	P0704 = 15	固定给定值（直接）
DIN 5	16	P0705 = 15	固定给定值（直接）
DIN 6	17	P0706 = 15	固定给定值（直接）

每一个数字输入功能参数值范围都为 0～99。

如端口 1，用 P0701 定义，参数值的含义：

- P0701 = 1，ON 接通正转/OFF 为 OFF1 停车；
- P0701 = 2，ON 接通反转/OFF 为 OFF1 停车；
- P0701 = 3，OFF2 停车（按惯性自由停车）；
- P0701 = 4，OFF3 停车，按斜坡函数曲线快速降速停车；
- P0701 = 9，故障确认；
- P0701 = 10，正向点动；
- P0701 = 11，反向点动；
- P0701 = 12，反转；
- P0701 = 15，固定频率设定值（直接选择）；

- P0701=17，固定频率设定值（二进制编码+ON）；
- P0701=25，直流注入制动。

例如，用数字输入 DIN1 实现一个 ON/OFF1 命令。

P0700=2，通过端子排（数字输入）使能控制。

P0701=1，通过数字输入 1（DIN1）的 ON/OFF1。

视频 4-2 变频器数字输入端口控制

4.2.2 MM440 变频器模拟信号控制

1. 频率的给定

改变变频器的输出频率就可以改变电动机的转速。要调节变频器的输出频率，变频器必须提供改变频率的信号，这个信号就称为频率给定信号。所谓的频率给定方式，就是供给变频器给定信号的方式。

变频器的频率给定方式主要有面板操作给定、数字输入端口给定、模拟信号给定、脉冲给定和通信方式给定。这些给定方式各有优缺点，必须根据实际情况进行选择，给定方式的选择由信号端口和变频器参数设置完成。

MM440 变频器的频率有 2 种给定方式可供用户选择：

1）面板给定方式。通过面板上的键盘设置给定频率。

2）外接给定方式。通过外部的模拟量或数字输入给定端口，将外部频率给定信号传送给变频器。

外接给定信号有以下 3 种：

1）电压信号。一般有 0~5 V、0~±5 V、0~10 V、0~±10 V 等。

2）电流信号。一般有 0~20 mA、4~20 mA 两种。

3）通信接口给定方式。由计算机或其他控制器通过通信接口进行给定。

2. 模拟输入（ADC）属性的设定

MM440 变频器可以通过外部给定电压信号或电流信号调节变频器的输出频率，这些电压信号和电流信号可在变频器内部通过模/数转换器转换成数字信号作为频率给定信号，控制变频器的速度。MM440 变频器的两个模拟通道既可以接收电压信号，还可以接收电流信号。如图 4-6 所示，利用 I/O 板上的两个开关 DIP（1，2）和参数 P0756 可将选择为电压输入为 10 V 的模拟输入或电流输入为 20 mA 的模拟输入，P0756 参数描述如表 4-10 所示。

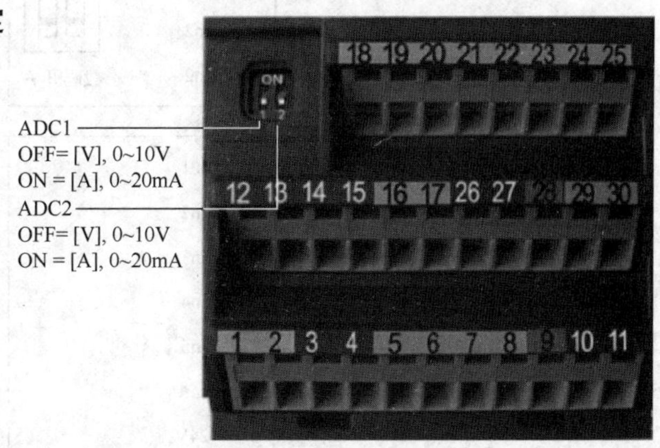

图 4-6 用于 ADC 电压/电流输入的 DIP 开关

说明：

1）P0756 的设定（模拟输入类型）必须同 I/O 板上的开关 DIP（1，2）相匹配。

2）双极电压输入仅能用于模拟输入 1（ADC1）。

表 4-10　P0756 参数描述

参数号	设定值	参数功能	说明
P0756	0	单极性电压输入（0~10 V）	带监控是指模拟通道带有监控功能，当断线或信号超限时，故障 F0080 报警
	1	带监控的单极性电压输入（0~10 V）	
	2	单极性电流输入（0~20 mA）	
	3	带监控的单极性电流输入（0~20 mA）	
	4	双极性电压输入（-10~10 V）	

3. MM440 变频器的模拟输入端口

MM440 的输入/输出电路图如图 4-7 所示。由图可知，MM440 变频器的 1、2 输出端为

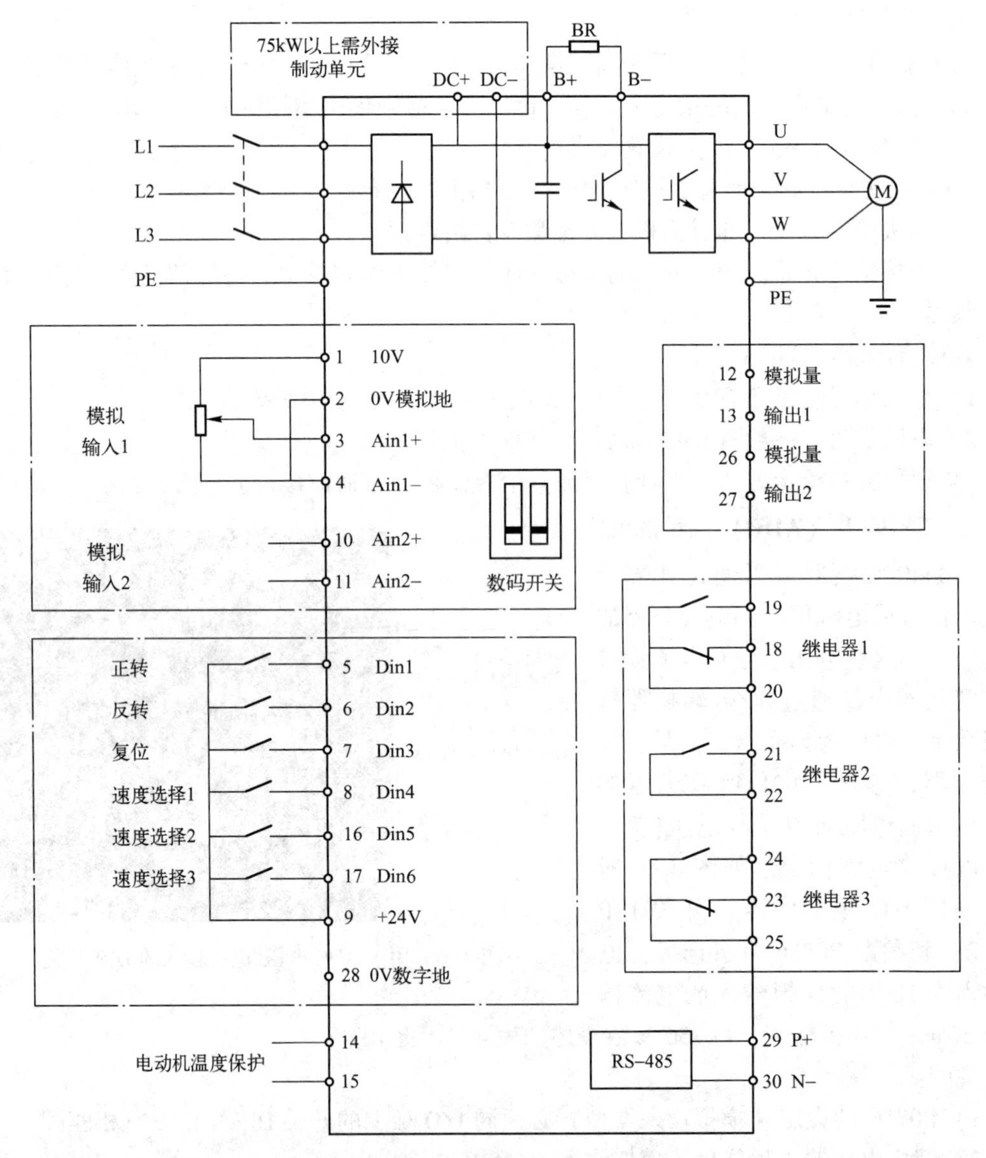

图 4-7　MM440 的输入/输出电路图

用户的给定单元提供了一个高精度的+10 V 直流稳压电源，可利用转速调节电位器串联在电路中，调节电位器改变输入端口 AIN1+给定的模拟输入电压，变频器的输入量将跟踪给定量的变换，从而平滑无极地调节电动机的转速。

由图 4-7 亦可知，MM440 变频器为用户提供了两对模拟输入端口，即端口 3、4 和端口 10、11。通过设置 P0701 的参数值，使数字输入 5 端口具有正转控制功能；通过设置 P0702 的参数值，使数字输入 6 端口具有反转控制功能；模拟输入 3、4 端口外接电位器，通过 3 端口输入大小可调的模拟电压信号，控制电动机的转速。也就是说，由数字输入端控制电动机转速的方向，由模拟输入端控制电动机的转速。

视频 4-3　变频器模拟信号控制

【任务实施】

（一）MM440 变频器数字输入端口控制

1. 所需工具、材料和设备

西门子 MM440 变频器一台，三相异步电动机一台，开关和按钮若干，导线若干，《西门子 MM440 变频器使用手册》，通用电工工具一套。

2. 硬件接线

按图 4-8 所示进行接线，包括主电路的接线以及将外部操作开关连接到 MM440 变频器的数字输入端口。其中，SA1~SA4 为二位置旋钮。检查电路正确无误后，合上主电路断路器 QF。

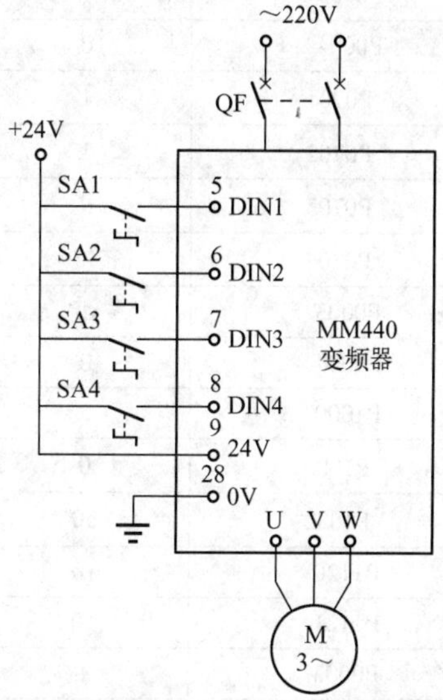

图 4-8　变频器数字输入端口控制接线图

3. 参数设置

（1）复位参数设置

按下 P 键，设置复位参数 P0010 和 P0970 进行复位，复位过程约 3 min。

（2）电动机参数设置

根据实际操作中使用的电动机铭牌数据进行电动机参数设置，如表 4-11 所示。

表 4-11　设置电动机参数表

参 数 号	出 厂 值	设 置 值	说　明
P0003	1	1	设用户访问级为标准级
P0010	0	1	快速调试
P0100	0	0	功率以 kW 表示，频率为 50 Hz
P0304	400	380	电动机额定电压（V）
P0305	1. 90	0. 80	电动机额定电流（A）
P0307	0. 75	0. 11	电动机额定功率（kW）
P0310	50	50	电动机额定频率（Hz）
P0311	1395	1400	电动机额定转速（r/min）

（3）设置数字输入端口功能定义参数和操作运行参数

数字输入端口功能定义参数和操作运行参数设置如表4-12所示。其中，P0700控制命令从数字端口输入；P0701、P0702、P0703、P0704定义数字端口功能；P1000频率设定值由BOP设置；P1080、P1082、P1120、P1121设置连续运行特性；P0003、P0004、P1040、P1058、P1059、P1060、P1061设置点动运行特性。

表4-12 数字输入端口功能定义参数和操作运行参数设置

参数号	出厂值	设置值	说明
P0003	1	1	设用户访问级为标准级
P0004	0	7	命令和数字I/O
P0700	7	7	命令源选择“由端子排输入”
P0003	1	2	设用户访问级为扩展级
P0004	0	7	命令和数字I/O
* P0701	1	1	ON为接通正转，OFF为停止
* P0702	1	2	ON为接通反转，OFF为停止
* P0703	9	10	正向点动
* P0704	15	11	反向点动
P0003	1	1	设用户访问级为标准级
P0004	0	10	设定值通道和斜坡函数发生器
P1000	2	1	由键盘（电动电位计）输入设定值
* P1080	0	0	电动机运行的最低频率值（Hz）
* P1082	50	50	电动机运行的最高频率值（Hz）
P1120	10	15	斜坡上升时间（s）
P1121	10	15	斜坡下降时间（s）
P0003	1	2	设用户访问级为扩展级
P0004	0	10	设定值通道和斜坡函数发生器
* P1040	5	20	设定键盘控制的频率值
* P1058	5	10	正向点动频率为（Hz）
* P1059	5	10	反向点动频率（Hz）
* P1060	10	5	斜坡上升时间（s）
* P1061	10	5	斜坡下降时间（s）

注：图中 * 号表示根据用户需求可自行设定参数。

4. 运行操作

1）正向运行：合上SA1，端口5为ON，电动机按设置的斜坡上升时间正向起动，稳定运行在P1040设置的频率上。断开SA1，端口5为OFF，电动机按照设定的斜坡下降时间减速停车。

2）反向运行：合上SA2，端口6为ON，电动机按P1120设置的斜坡上升时间反向起动，运行在P1040所设置的频率上。断开SA2，端口6为OFF，电动机按P1121所设置的斜坡下降时间减速停车。

3）正向点动运行：合上SA3，端口7为ON，电动机按P1060设置的点动斜坡上升时间正向点动运行，稳定运行在 P1058 设置的频率上。断开 SA3，端口 7 为 OFF，电动机按 P1061 所设置的点动斜坡下降时间停车。

4）反向点动运行：合上 SA4，端口 8 为 ON，电动机按 P1060 所设置的点动斜坡上升时间反向点动运行，稳定运行在 P1058 设置的频率上。断开 SA4 时，端口 8 为 OFF，电动机按 P1061 所设置的点动斜坡下降时间停车。

【考核评价】

在规定的时间之内完成任务，从知识与技能、学习态度与团队意识和安全生产与职业操守 3 个方面进行综合考核评价，具体考核标准如表 4-13 所示。

表 4-13　考核评价表

考核内容	考核方式	评价标准与得分				
		标　　准	分值	互评	教师评价	得分
知识与技能（70 分）	教师评价+互评	硬件接线是否规范、正确	20 分			
		变频器调试参数设置是否正确	30 分			
		变频器数字端子控制运行过程是否正确	20 分			
学习态度与团队意识（15 分）	教师评价	自主学习和组织协调能力	5 分			
		分析和解决问题的能力	5 分			
		互助和团队协作意识	5 分			
安全生产与职业操守（15 分）	教师评价+互评	安全操作、文明生产职业意识	5 分			
		诚实守信、创新进取精神	5 分			
		遵章守纪、产品质量意识	5 分			
总分						

（二）MM440 变频器模拟信号控制

1. 所需工具、材料和设备

西门子 MM440 变频器一台，三相异步电动机一台，开关、按钮若干，电位器一个，《西门子 MM440 变频器使用手册》，通用电工工具一套。

2. 硬件接线

按图 4-9 所示进行接线，其中，电位器的中间接线柱接到变频器的端子 3 上，另外两个引脚分别接到变频器的端子 1 和端子 4，变频器的端子 2 和端子 4 短接。检查电路正确无误后，合上主电路断路器 QF。

3. 参数设置

（1）设置复位参数

按下 P 键，设置复位参数 P0010 和 P0970 进行复位。

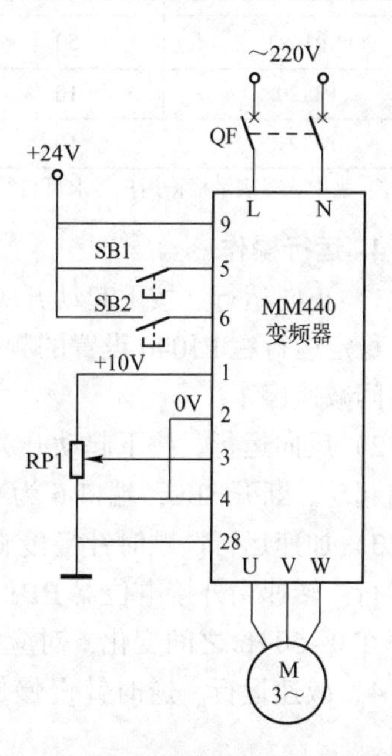

图 4-9　MM440 变频器模拟信号控制接线图

（2）设置电动机参数

根据电动机铭牌数据进行电动机参数设置。

（3）设置操作运行参数

根据表 4-14 所示的设置运行参数，这里的关键是要正确设定 P1000 的参数值。P1000 是用来定义频率设定的方法，主要有以下 3 种情况：

1）由 BOP 键盘输入 P1040，此时 P1000＝1。

2）由模拟量输入通道输入，此时 P1000＝2。

3）由固定频率定义，此时 P1000＝3。

表 4-14　模拟信号控制参数表

参 数 号	出 厂 值	设 置 值	说　　明
P0003	1	1	设用户访问级为标准级
P0004	0	7	命令和数字 I/O
P0700	2	2	命令源选择“由端子排输入”
P0003	1	2	设用户访问级为扩展级
P0004	0	7	命令和数字 I/O
* P0701	1	1	ON 为接通正转，OFF 为停止
* P0702	1	2	ON 为接通反转，OFF 为停止
P0003	1	1	设用户访问级为标准级
P0004	0	10	设定值通道和斜坡函数发生器
P1000	2	2	频率设定值选择为“模拟输入”
* P1040	5	20	设定键盘控制的频率值
* P1080	0	0	电动机运行的最低频率值（Hz）
* P1082	50	50	电动机运行的最高频率值（Hz）
P1120	10	5	斜坡上升时间（s）
P1121	10	5	斜坡下降时间（s）

注：表中＊号表示根据用户需求可自行设定参数。

4. 运行操作

1）正向运行。按下起动开关 SB1，端口 5 为 ON，电动机按设置的斜坡上升时间正向起动，稳定运行在 P1040 设置的频率上。断开 SB1，端口 5 为 OFF，电动机按照设定的斜坡下降时间减速停车。

2）反向运行。按下起动开关 SB2，端口 6 为 ON，电动机按 P1120 设置的斜坡上升时间反向起动。断开 SB2，端口 6 为 OFF，电动机按 P1121 所设置的斜坡下降时间减速停车。

3）加速运行。顺时针慢慢旋转电位器到满刻度。显示的频率数值逐渐增大，电动机加速运行。转速由外接电位器 RP1 来控制，模拟电压信号在 0~10 V 之间变化，对应变频器的频率在 0~50 Hz 之间变化，对应电动机的转速在 0~1400 r/min 之间变化。

4）减速运行。逆时针慢慢旋转电位器到零刻度，显示频率值逐渐减小，电动机减速运行。

5）停止运行。断开起动开关 SB1 或 SB2（端子 5 或端子 6），电动机将停止运行。

【考核评价】

在规定的时间之内完成任务，从知识与技能、学习态度与团队意识和安全生产与职业操守3个方面进行综合考核评价，具体考核标准如表4-15所示。

表4-15　考核评价表

<table>
<tr><th rowspan="2">考核内容</th><th rowspan="2">考核方式</th><th colspan="5">评价标准与得分</th></tr>
<tr><th>标　准</th><th>分值</th><th>互评</th><th>教师评价</th><th>得分</th></tr>
<tr><td rowspan="3">知识与技能（70分）</td><td rowspan="3">教师评价+互评</td><td>硬件接线是否规范、正确</td><td>20分</td><td rowspan="3"></td><td rowspan="3"></td><td rowspan="3"></td></tr>
<tr><td>变频器调试参数设置是否正确</td><td>30分</td></tr>
<tr><td>变频器模拟端子控制运行过程是否正确</td><td>20分</td></tr>
<tr><td rowspan="3">学习态度与团队意识（15分）</td><td rowspan="3">教师评价</td><td>自主学习和组织协调能力</td><td>5分</td><td rowspan="3"></td><td rowspan="3"></td><td rowspan="3"></td></tr>
<tr><td>分析和解决问题的能力</td><td>5分</td></tr>
<tr><td>互助和团队协作意识</td><td>5分</td></tr>
<tr><td rowspan="3">安全生产与职业操守（15分）</td><td rowspan="3">教师评价+互评</td><td>安全操作、文明生产职业意识</td><td>5分</td><td rowspan="3"></td><td rowspan="3"></td><td rowspan="3"></td></tr>
<tr><td>诚实守信、创新进取精神</td><td>5分</td></tr>
<tr><td>遵章守纪、产品质量意识</td><td>5分</td></tr>
<tr><td colspan="4">总分</td><td></td><td></td><td></td></tr>
</table>

【拓展知识】

4.2.3　G120变频器外端子方式设置

1. 数字输入（DI）功能

CU240B-2提供4路数字输入，CU240E-2提供6路数字输入。在必要时，也可以将模拟输入AI作为数字输入使用。表4-16列出了DI对应的状态位。

表4-16　DI对应的状态位

数字输入编号	端　子　号	数字输入状态位
数字输入0，DI 0	5	r0722. 0
数字输入1，DI 1	6	r0722. 1
数字输入2，DI 2	7	r0722. 2
数字输入3，DI 3	8	r0722. 3
数字输入4，DI 4*	16*	r0722. 4*
数字输入5，DI 5*	17*	r0722. 5*
数字输入11，DI 11	3、4	r0722. 11
数字输入12，DI 12*	10、11*	r0722. 12*

注：*号表示CU240B-2/CU240B-2 DP不提供DI4、DI5、DI12的功能。

注意：CU240B-2/CU240B-2 DP不提供DI4、DI5、DI12功能。

下面以数字输入0为例，介绍BOP-2查看数字输入状态的操作步骤，如表4-17所示。

表 4-17　查看数字输入状态的操作步骤

序　　号	操 作 步 骤	BOP-2 显示
1	进入 PARAMETER 菜单，选择专家列表，按 OK 键确认	E:PERT FILtEr
2	选择 r722 参数，显示 r722 参数的十六进制状态	r722 00000003
3	按▲或▼键选择位号，图中显示为 r722. 0=1	r722 bI t 0 1 位号 状态

2. 数字输出功能

CU240B-2 提供一路继电器输出，G120C 提供了一路继电器数字输出和一路晶体管数字输出，CU240E-2 提供两路继电器输出和一路晶体管输出。G120 数字输出功能的参数设置如表 4-18 所示。

表 4-18　G120 变频器数字输出功能的参数设置

数字输出编号	端　子　号	对应参数号
数字输出 0，DO 0	18、19、20	P0730
数字输出 1，DO 1	21、22	P0731
数字输出 2，DO 2	23、24、25	P0732

下面以数字输出 DO 0 为例，常用的输出功能设置如表 4-19 所示。

表 4-19　常用的数字输出功能设置

参　数　号	参　数　值	说　　明
P0730	0	禁用数字量输出
	52. 0	变频器准备就绪
	52. 1	变频器运行
	52. 2	变频器运行使能
	52. 3	变频器故障
	52. 7	变频器报警
	52. 11	已达到电动机电流极限
	52. 14	变频器正向运行

3. 模拟输入

CU240B-2 和 G120C 提供一路模拟输入（AI0），CU240E-2 提供两路模拟输入（AI0 和 AI1）。AI0 和 AI1 相关参数分别在下标［0］和［1］中设置。变频器提供了多种模拟输入模式，可以使用参数 P0756 进行选择，参数 P0756 功能表如表 4-20 所示。

表 4-20　参数 P0756 功能表

参 数 号	设 定 值	说　明	说　明
P0756	0	单极性电压输入（0~10 V）	"带监控"是指模拟输入通道具有监控功能，能够检测断线
	1	单极性电压输入，带监控（2~10 V）	
	2	单极性电流输入（0~20 mA）	
	3	单极性电流输入，带监控（4~20 mA）	
	4	双极性电压输入（出厂设置）（-10~10 V）	
	8	未连接传感器	

当模拟输入信号是电压信号时，需要把 DIP 拨码开关拨到电压档一侧（出厂时，DIP 开关在电压档一侧）；当模拟输入是电流信号时，需要把 DIP 拨码开关拨到电流档一侧。如图 4-10 所示，两个模拟输入通道的信号在电压档侧，即接电压信号。

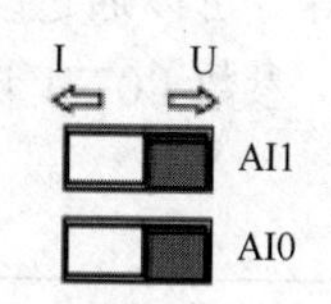

图 4-10　模拟输入信号设定

P0756 修改了模拟输入的类型后，变频器会自动调整模拟输入的标定。线性标定曲线由两个点（P0757,P0758）和（P0759,P0760）确定，也可以根据实际需要调整标定，标定举例如表 4-21 所示。

表 4-21　模拟输入标定举例

参 数 号	设 定 值	说　明
P0757[0]	-10	输入电压-10 V 对应-100%的标定及-50 Hz
P0758[0]	-100	
P0759[0]	10	输入电压+10 V 对应 100%的标定及 50 Hz
P0760[0]	100	
P0761[0]	0	死区宽度

4. 模拟输出

CU240B-2 和 G120C 提供一路模拟输出（AO0），CU240E-2 提供两路模拟输出（AO0 和 AO1）。AO0 和 AO1 的相关参数分别在下标［0］和［1］中设置。变频器提供了多种模拟输出模式，可以使用参数 P0776 进行选择，参数 P0776 功能表如表 4-22 所示。

表 4-22　参数 P0776 功能表

参数号	设 定 值	参数功能	说　明
P0776	0	电流输出（出厂设置）(0~20 mA)	模拟输出信号与所设置的物理量呈线性关系
	1	电压输出（0~10 V）	
	2	电流输出（4~20 mA）	

用 P0776 修改了模拟输出的类型后，变频器会自动调整模拟输出的标定。线性的标定曲线由两个点（P0777,P0778）和（P0779,P0780）确定，也可以根据实际需要调整标定，标定举例如表 4-23 所示。

表 4-23 模拟输出标定举例

参 数 号	设 定 值	说 明
P0777[0]	0%	0%对应输出电流 4 mA
P0778[0]	4 mA	
P0779[0]	100%	100%对应输出电流 20 mA
P0780[0]	20 mA	

变频器模拟的输出大小对应电动机的转速、变频器的频率、变频器的电压或变频器的电流等，可以通过改变参数 P0771 来实现。下面以模拟输出 AO0 为例介绍常用的输出功能设置，参数 P0771 功能表如表 4-24 所示。

表 4-24 参数 P0771 功能表

参 数 号	参 数 值	说 明
P0771[0]	21	电动机转速
	24	变频器输出频率
	25	变频器输出电压
	27	变频器输出电流

任务 4.3 组合控制方式控制电动机的正反转

【任务描述】

在工厂车间内，各个工段之间运送物料时使用的平板车，就是正反转变频调速的应用实例。应用时，经常要求用外部按钮控制电动机的起停，用变频器面板调节电动机的运行频率。这种用参数单元控制电动机的运行频率，用外部按钮控制电动机起停的运行模式，是变频器组合运行模式的一种。变频器的组合控制模式一般分为以下两种。

1）组合运行模式一：外部接线控制电动机的起停，操作面板按键调节电动机运行频率。

2）组合运行模式二：操作面板按键控制电动机的起停，外端子模拟输入调节频率。

【基础知识】

4.3.1 MM440 变频器外端子开关量控制电动机正反转和面板调节频率

当用外部信号起停电动机，用变频器面板调节频率时，变频器的外端子开关量控制电动机正反转接线如图 4-11 所示。

在图 4-11 中，S1～S4 为带自锁按钮，分别控制数字输入 DIN1～DIN4 端口。端口 DIN1 设置为正转控制，其功能由 P0701 的参数值设置。端口 DIN2 设置为反转控制，其功能由 P0702 的参数值设置。端口 DIN3 设置为正向点动控制，其功能由 P0703 的参数值设置。端口 DIN4 设置为反向点动控制，其功能由 P0704 的参数值设置。

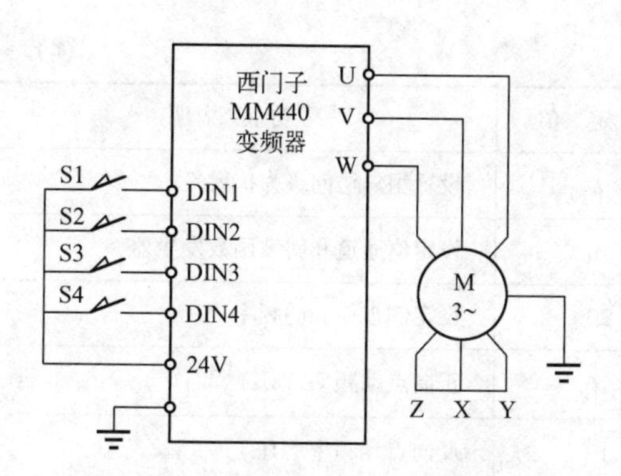

图 4-11　外端子开关量控制电动机正反转接线

视频 4-4　变频器外端子开关量控制

视频 4-5　面板调节频率

根据组合运行模式一的定义，在参数设置部分，关键要将“选择命令源”设定为 2（P0700=2），这决定了变频器的运转指令由端子排输入；将“频率设定值的选择”设定为 1（P1000=1），这决定了频率值由面板参数设定。组合运行模式一的参数设定如表 4-25 所示。

表 4-25　组合运行模式一参数设定表

序　号	变频器参数	出　厂　值	设　定　值	功 能 说 明
1	P0003	1	1	设置用户访问级为标准级
2	P0004	0	7	命令和二进制 I/O
3	P0700	2	2	命令源选择“由端子排输入”
4	P0003	1	2	设置用户访问级为扩展级
5	P0004	0	7	命令和数字 I/O
6	P0701	1	1	ON 为接通正转，OFF 为停止
7	P0702	1	2	ON 为接通反转，OFF 为停止
8	P0703	9	10	正向点动
9	P0704	15	11	反向点动
10	P0003	1	1	设置用户访问级为标准级
11	P0004	0	10	设定值通道和斜坡函数发生器
12	P1000	2	1	频率设定值为键盘（MOP）设定值
13	*P1080	0	0	电动机运行最低频率（Hz）
14	*P1082	50	50	电动机运行最高频率（Hz）
15	*P1120	10	5	斜坡上升时间（s）
16	*P1121	10	5	斜坡下降时间（s）

（续）

序　号	变频器参数	出　厂　值	设　定　值	功能说明
17	P0003	1	2	设置用户访问级为扩展级
18	P0004	0	10	设定值通道和斜坡函数发生器
19	P1040	5	20	设定键盘控制的频率（Hz）
20	* P1058	5	10	正向点动频率（Hz）
21	* P1059	5	10	反向点动频率（Hz）
22	* P1060	10	5	点动斜坡上升时间（s）
23	* P1061	10	5	点动斜坡下降时间（s）

注：标“*”的参数可根据用户实际要求进行设置。

4.3.2　MM440 变频器面板控制电动机正反转和外端子调节频率

当用变频器面板起停电动机，用外部信号调节频率时，模拟输入端口 3、4 外接电位器，通过端口 3 输入大小可调的模拟电压信号，控制电动机转速的大小；电动机正反转的控制，在变频器的前操作面板上直接设置。变频器的外端子模拟输入调节频率接线如图 4-12 所示，电动机额定电压为 220 V，采用△形联结。

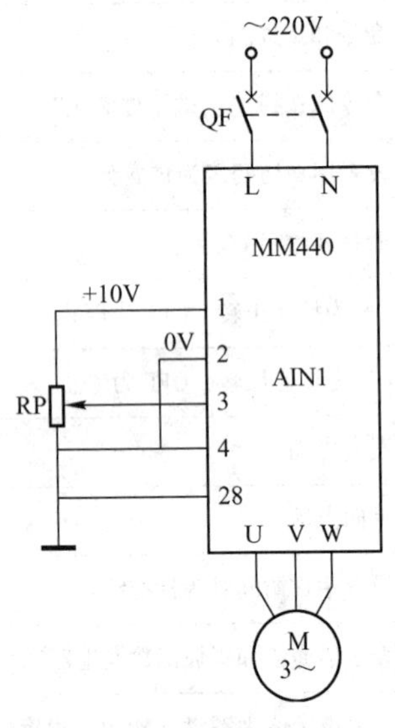

图 4-12　外端子模拟量输入调节频率接线

视频 4-6　变频器面板控制

视频 4-7　外端子调节频率

根据组合运行模式二的定义，在参数设置部分，关键要将“选择命令源”设定为 1（P0700=1），变频器的起停运转指令由面板按键控制；将“频率设定值的选择”设定为 2（P1000=2），频率值由模拟端输入调节。组合运行模式二的参数设定如表 4-26 所示。

表 4-26　组合运行模式二参数设定表

序号	变频器参数	出厂值	设定值	功 能 说 明
1	P0003	1	1	设置用户访问级为标准级
2	P0004	0	7	命令和二进制 I/O
3	P0700	2	1	命令源选择 BOP
4	P0004	0	10	设定值通道和斜坡函数发生器
5	P1000	2	2	频率设定值为模拟输入
6	* P1080	0	0	电动机运行最低频率（Hz）
7	* P1082	50	50	电动机运行最高频率（Hz）
8	* P1120	10	5	斜坡上升时间（s）
9	* P1121	10	5	斜坡下降时间（s）

注：标“*”的参数表示根据用户实际要求进行设置。

【任务实施】

1. 组合运行模式一

1）参照图 4-11 进行接线。进行正确的电路接线后，合上变频器电源开关 QF。

2）恢复变频器工厂默认值。按下 P 键，变频器开始复位到工厂默认值。

3）设置电动机参数。设 P0010=0，变频器当前处于准备状态，可正常运行。

4）参照表 4-25 设置变频器运行参数。

5）电动机正向运行。按下按钮 S1 时，电动机按 P1120 设置的 5 s 斜坡上升时间正向起动，经 5 s 后运行于 P1040 设置为 20 Hz 频率所对应的转速下。按下变频器面板的增加键，频率上升，电动机转速增加。按下变频器面板的减少键，频率下降，电动机转速降低。断开按钮 S1，电动机按 P1121 所设置的 5 s 斜坡下降时间停车，经 5 s 后电动机停止运行。

6）电动机反向运行。操作运行情况与正向运行类似。

7）电动机正向点动运行。当按下正向点动按钮 S3 时，电动机按 P1060 所设置的 5 s 斜坡上升时间正向点动运行，经 5 s 后正向稳定运行于 P1058 所设置的 10 Hz 频率所对应的转速下。当断开按钮 S3 时，电动机按 P1061 所设置的 5 s 点动斜坡下降时间停车。

8）电动机反向点动运行。操作运行情况与正向点动运行类似。

2. 组合运行模式二

1）参照图 4-12 进行接线。进行正确的电路接线后，合上变频器电源开关 QF。

2）恢复变频器工厂默认值。按下 P 键，变频器开始复位到工厂默认值。

3）设置电动机参数。设 P0010=0，变频器当前处于准备状态，可正常运行。

4）参照表 4-26 设置变频器运行参数。

5）按下变频器的运行键，电动机正转运行，转速由外接电位器 RP 来控制，模拟电压信号从 0~10 V 变化，对应变频器的频率从 0~50 Hz 变化，通过调节电位器 RP 改变 MM440 变频器 3 端口模拟输入电压信号的大小，可平滑无极地调节电动机转速的大小。当按下停止键时，电动机停止。通过 P1120 和 P1121 参数，可设置斜坡上升时间和斜坡下降时间。

6）电动机反转。当按下变频器的换向键时，电动机反转运行。反转转速的调节与电动机正转相同，这里不再重复。

【考核评价】

在规定的时间之内完成任务，从知识与技能、学习态度与团队意识和安全生产与职业操守 3 个方面进行综合考核评价，具体考核标准如表 4-27 所示。

表 4-27　考核评价表

考核内容	考核方式	评价标准与得分				
		标　　准	分值	互评	教师评价	得分
知识与技能 （70 分）	教师评价+互评	硬件接线是否规范、正确	20 分			
		变频器调试参数设置是否正确	30 分			
		变频器组合运行模式一的运行过程是否正确	10 分			
		变频器组合运行模式二的运行过程是否正确	10 分			
学习态度与团队意识 （15 分）	教师评价	自主学习和组织协调能力	5 分			
		分析和解决问题的能力	5 分			
		互助和团队协作意识	5 分			
安全生产与职业操守 （15 分）	教师评价+互评	安全操作、文明生产职业意识	5 分			
		诚实守信、创新进取精神	5 分			
		遵章守纪、产品质量意识	5 分			
总分						

【拓展知识】

4.3.3　G120 变频器外端子控制电动机正反转

1. G120 变频器的宏

SINAMICS G120 为满足不同的接口定义提供了多种预定义接口宏，每种宏对应着一种接线方式。选择其中一种宏后，变频器会自动设置与其接线方式相对应的一些参数，这样极大方便了用户的快速调试。可以通过参数 P0015 修改宏，不过要注意：只有在设置 P0010=1 时才能更改 P0015 参数。

如果其中一种宏定义的接口方式完全符合用户的应用，那么按照该宏的接线方式设计原理图，并在调试时选择相应的宏功能即可方便地实现控制要求。如果所有宏定义的接口方式都不能完全符合用户的应用，那么需选择与布线比较相近的接口宏，然后根据需要来调整输入/输出的配置。

不同类型的控制单元有不同数量的宏，如 CU240B-2 有 8 种宏，CU240E-2 有 18 种宏。下面以 CU240E-2 为例介绍常用的几种预定义接口宏，如表 4-28 所示。

所谓的二线制、三线制实质是指用开关还是用按钮来进行正反转控制，如图 4-13 所示。二线制是一种使用开关触点进行闭合/断开的起停方式。三线制控制是一种脉冲上升沿触发的起停方式。

表 4-28　常用预定义接口宏

宏编号	宏　功　能	主要端子定义	主要参数设置
1	两线控制，两个固定转速	DI0：ON/OFF1 正转 DI1：ON/OFF1 反转 DI2：应答 DI4：固定转速 3 DI5：固定转速 4	P1003：固定转速 3 P1004：固定转速 4
2	单方向两个固定转速，带安全功能	DI0：ON/OFF1+固定转速 1 DI1：固定转速 2 DI2：应答 DI4：预留安全功能 DI5：预留安全功能	P1001：固定转速 1 P1002：固定转速 2
3	单方向 4 个固定转速	DI0：ON/OFF1+固定转速 1 DI1：固定转速 2 DI2：应答 DI4：固定转速 3 DI5：固定转速 4	P1001：固定转速 1 P1002：固定转速 2 P1003：固定转速 3 P1004：固定转速 4
9	电动电位器	DI0：ON/OFF1 DI1：MOP 升高 DI2：MOP 降低 DI3：应答	-
12	两线制控制方式 1，模拟量调速	DI0：ON/OFF1 正转 DI1：反转 DI2：应答 AI0+和 AI0-：转速设定	-
13	端子起动，模拟给定，带安全功能	DI0：ON/OFF1 正转 DI1：反转 DI2：应答 AI0+和 AI0-：转速设定 DI4：预留安全功能 DI5：预留安全功能	-
17	两线制控制方式 2，模拟量调速	DI0：ON/OFF1 正转 DI1：ON/OFF1 反转 DI2：应答 AI0+和 AI0-：转速设定	-
19	三线制控制方式 1，模拟量调速	DI0：Enable/OFF1 DI1：脉冲正转起动 DI2：脉冲反转起动 DI4：应答 AI0+和 AI0-：转速设定	-

如果选择了通过数字输入来控制变频器起停，需要在基本调试中通过参数 P0015 定义数字输入如何起停电动机、如何在正反转之间进行切换。有五种方法可用于控制电动机，其中三种方法通过两个控制指令进行（双线控制），另外两种方法需要三个控制指令（三线控制）。其中两线控制中方法 2、3 的区别在于：方法 2 只能在电机停止时接受新的控制指令，方法 3 可以在任何时刻接受新的控制指令。

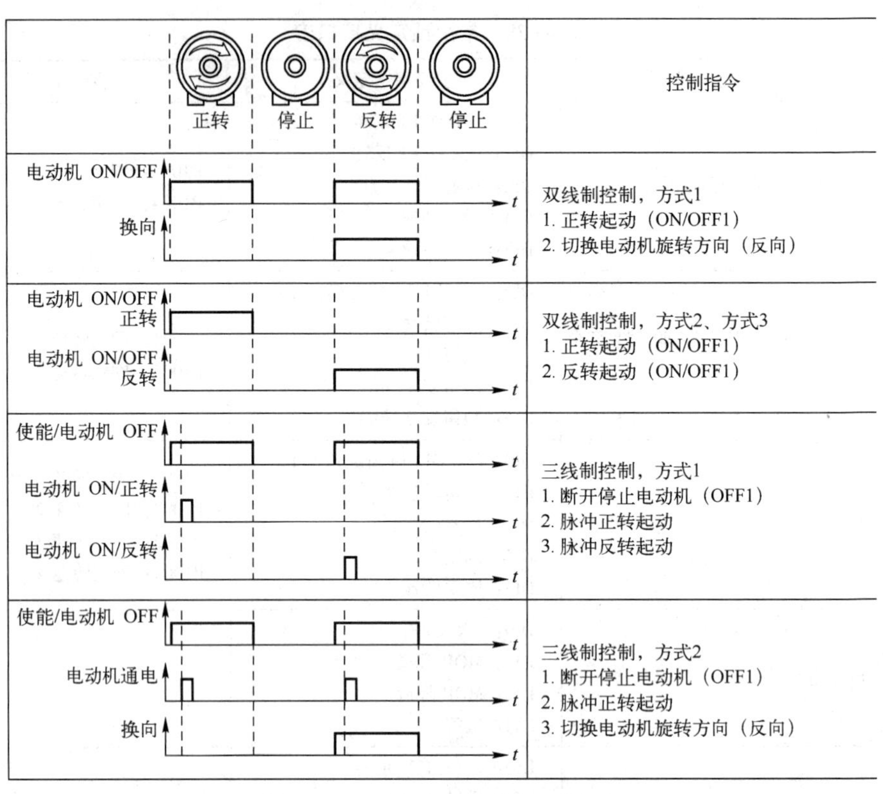

图 4-13　二线制和三线制控制方式

2. G120 变频器的正反转控制

现有一电动机，功率为 0.75 kW，额定转速为 1440 r/min，额定电压为 380 V，额定电流为 50 Hz，利用 G120C 变频器来控制电动机的正反转。当接通开关 SA1 和 SA3 时，电动机以 150 r/min 正转；当接通开关 SA2 和 SA3 时，电动机以 150 r/min 反转，接线如图 4-14 所示。

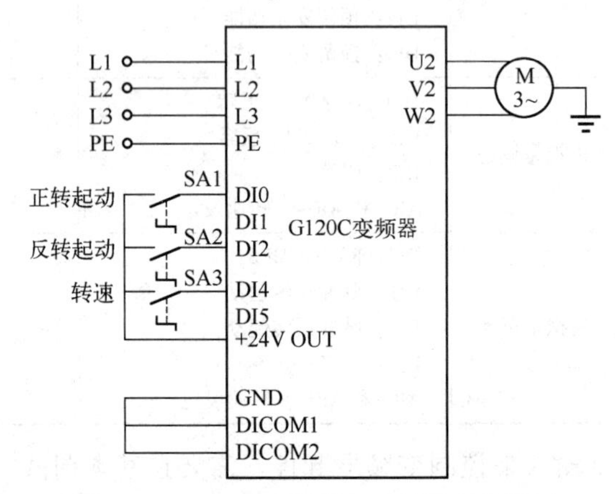

图 4-14　G120C 变频器正反转控制接线图

本例中使用了预定义的接口宏 1，宏 1 规定了变频器的 DI0 为正转起停控制，DI1 为反转起停控制。这里需要将 DI0 定义为起停控制，将 DI2 定义为反转起停控制，所以可以在宏 1 的基础上进行修改，变频器参数如表 4-29 所示。

表 4-29 变频器参数

序号	变频器参数	设定值	单位	功能说明
1	p0003	3	—	权限级别
2	p0010	1/0	—	驱动调试参数筛选。先设置为 1，当把 p15 和电动机相关参数修改完成后，再设置为 0
3	p0015	1	—	驱动设备宏指令
4	p0304	380	V	电动机的额定电压
5	p0305	2.05	A	电动机的额定电流
6	p0307	0.75	kW	电动机的额定功率
7	p0310	50.00	Hz	电动机的额定频率
8	p0311	1440	r/min	电动机的额定转速
9	p1003	180	r/min	固定转速 3
10	p1004	180	r/min	固定转速 4
11	p1070	1024	—	固定设定值作为主设定值
12	P3331	722.2	—	将 DI2 作为反转选择信号

任务 4.4　PLC 与变频器联机控制电动机的正反转

【任务描述】

在生产实践应用中，三相异步电动机的正反转是比较常见的，为了提高自动控制水平，需要进一步掌握用 PLC 控制变频器端口所连开关的操作实现电动机正反转运行。利用 S7-226 PLC 和 MM440 变频器设计电动机正反转运行的控制电路。控制要求：通过 PLC 的正确编程、变频器参数的正确设置，实现电动机的正反转运行。

【基础知识】

4.4.1　PLC 与变频器的连接方式

PLC 与变频器一般有 3 种连接方式。

（1）利用 PLC 的模拟输出模块控制变频器

视频 4-8　PLC 与变频器的联机

PLC 的模拟输出模块输出 0~5 V 电压信号或 4~20 mA 电流信号，作为变频器的模拟输入信号。这种控制方式接线简单，但需要选择与变频器输入阻抗匹配的 PLC 输出模块，且 PLC 的模拟输出模块价格较为昂贵。此外还需采取分压措施使变频器适应 PLC 的电压信号范围，在连接时注意将布线分开，保证主电路一侧的噪声不传至控制电路。

（2）利用 PLC 的开关输出控制变频器

PLC 的开关量输出一般可以与变频器的开关量输入端直接相连。这种控制方式的接线简单，抗干扰能力强。利用 PLC 的开关量输出可以控制变频器的起动/停止、正反转、点动、转速和加减时间等，能实现较为复杂的控制要求，但只能有级调速。

使用继电器触点进行连接时，有时存在因接触不良而误操作的现象；使用晶体管进行连接时，则需要考虑晶体管自身的电压、电流容量等因素，保证系统的可靠性。另外，在设计变频器的输入信号电路时还应该注意到，输入信号电路连接不当，有时也会造成变频器的误动作。例如，当输入信号电路采用继电器等感性负载且继电器开闭时，产生的浪涌电流带来的噪声有可能引起变频器的误动作，应尽量避免。

（3）PLC 与 RS485 通信接口的连接

所有的标准西门子变频器都有一个 RS485 串行接口（有的也提供 RS232 接口），可采用双线连接，其设计标准适用于工业环境的应用对象。单一的 RS485 链路最多可以连接 30 台变频器，而且根据各变频器的地址或采用广播信息，就可以找到需要通信的变频器。链路中需要有一个主控制器（主站），而各个变频器则是从属的控制对象（从站）。

4.4.2 MM440 变频器正反转的 PLC 控制

视频 4-9 变频器与 PLC 联机控制

通过 S7-226 系列 PLC 与 MM440 变频器联机，实现 MM440 控制端口开关操作，完成电动机正反转运行的控制。首先需要在 PLC 与变频器之间进行正确的控制电路接线，如图 4-15 所示。

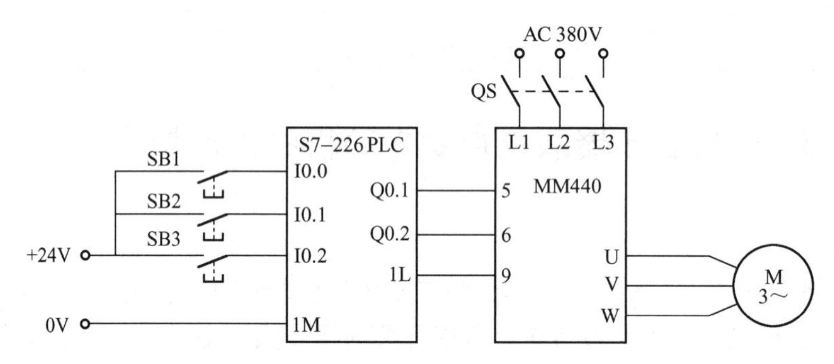

图 4-15 PLC 和变频器联机实现电动机正反转运行的控制电路图

根据控制要求，确定 PLC 的输入、输出，并给这些输入、输出分配地址，如表 4-30 所示。

表 4-30 PLC 输入/输出地址分配表

输　入			输　出	
电路符号	地　址	功　能	地　址	功　能
SB1	I0. 0	电动机正转按键	Q0. 1	电动机正转/停止
SB2	I0. 1	电动机反转按键	Q0. 2	电动机反转/停止
SB3	I0. 2	电动机停止按键		

按照电动机正反向运行控制要求及对 MM440 变频器输入接口、S7-226 PLC 数字输入/输出接口所做的变量约定，PLC 控制程序梯形图如图 4-16 所示。

【任务实施】

1. 所需工具、材料和设备

西门子 MM440 变频器一台，西门子 S7-226 系列 PLC 一台，计算机一台，三相异步电动机一台，开关、按钮和导线若干，《西门子 MM440 变频器使用手册》等。

2. 硬件接线

参照图 4-15 进行接线。进行正确的电路接线后，合上变频器电源开关 QS。

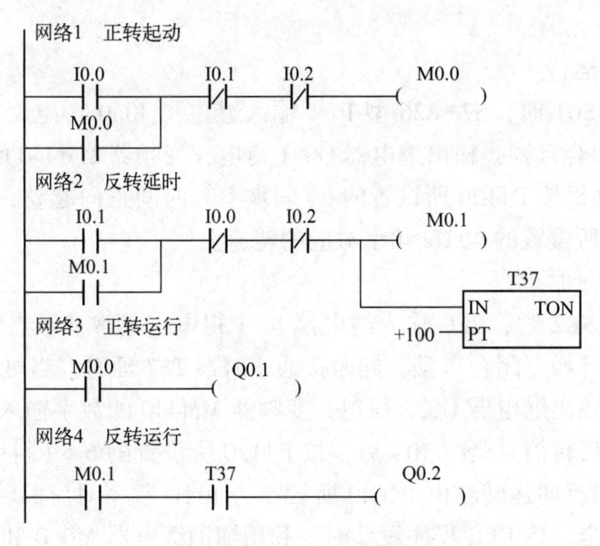

图 4-16 PLC 控制程序梯形图

3. PLC 程序设计

根据控制要求，编写相应的 PLC 程序。在本任务中，将图 4-16 所示的程序下载到 PLC 中。

4. 变频器参数设置

1）恢复变频器出厂默认值。按下 P 键，变频器开始复位到出厂默认值。

2）设置电动机参数。设 P0010=0，变频器当前处于准备状态，可正常运行。

3）参照表 4-31 设置变频器运行参数。

表 4-31 变频器的参数设置

参 数 号	出 厂 值	设 置 值	说 明
P0003	1	1	设用户访问级为标准级
P0004	0	7	命令和二进制 I/O
P0700	2	2	由端子排输入
P0003	1	2	设用户访问级为扩展级
P0004	0	7	命令，二进制 I/O
P0701	1	1	ON 接通正转，OFF 停止
P0702	1	2	ON 接通反转，OFF 停止
P0703	9	10	正向点动
P0704	15	11	反向点动
P0003	1	1	设用户访问级为标准级
P0004	0	10	设定值通道和斜坡函数发生器
P1000	2	1	频率设定值为键盘（MOP）设定值
P1080	0	0	电动机运行的最低频率（Hz）
P1082	50	50	电动机运行的最高频率（Hz）
P1120	10	6	斜坡上升时间（s）
P1121	10	8	斜坡下降时间（s）
P0003	1	2	设用户访问级为扩展级
P0004	0	10	设定值通道和斜坡函数发生器
P1040	5	40	设定键盘控制的频率值（Hz）

5. 运行操作

（1）电动机正转运行

当按下正转按钮 SB1 时，S7-226 型 PLC 输入继电器 I0.0 得电，辅助继电器 M0.0 得电，M0.0 常开触点闭合自锁，输出继电器 Q0.1 得电，变频器 MM440 的数字输入端口 DIN2 为“ON”状态。电动机按 P1120 所设置的 6 s 斜坡上升时间正向起动，经过 6 s 后，电动机正转运行在由 P1040 所设置的 40 Hz 频率对应的转速上。

（2）电动机反转延时运行

当按下反转按钮 SB2 时，PLC 输入继电器 I0.1 得电，其常开触点闭合，位辅助继电器 M0.1 得电，M0.1 常开触点闭合自锁，同时接通定时器 T37 延时。当时间达到 10 s 时，定时器 T37 位触点闭合，输出继电器 Q0.2 得电，变频器 MM440 的数字输入端口 DIN3 为“ON”状态。电动机在发出反转信号延时 10 s 后，按 P1120 所设置的 6 s（斜坡上升时间）反向起动，经 6 s 后，电动机反向运转在由 P1040 所设置的 40 Hz 频率对应的转速上。

为了保证运行安全，在 PLC 程序设计时，利用辅助继电器 M0.0 和 M0.1 的常闭触点实现互锁。

（3）电动机停止

无论电动机当前处于正转还是反转状态，当按下停止按钮 TB1 后，输入继电器 I0.2 得电，其常闭触点断开，使辅助继电器 M0.0（或 M0.1）线圈失电，其常开触点断开，取消自锁，同时输出继电器线圈 Q0.1（或 Q0.2）失电，变频器 MM440 端口 6（或 7）为“OFF”状态，电动机按 P1121 所设置的 8 s（斜坡下降时间）正向（或反向）停车，经 8 s 后电动机运行停止。

【考核评价】

在规定的时间之内完成任务，从知识与技能、学习态度与团队意识和安全生产与职业操守 3 个方面进行综合考核评价，具体考核标准如表 4-32 所示。

表 4-32 考核评价表

考核内容	考核方式	评价标准与得分				
		标准	分值	互评	教师评价	得分
知识与技能（70 分）	教师评价+互评	硬件接线是否规范、正确	20 分			
		PLC 程序编写是否正确	20 分			
		变频器调试参数设置是否正确	20 分			
		运行操作过程是否正确	10 分			
学习态度与团队意识（15 分）	教师评价	自主学习和组织协调能力	5 分			
		分析和解决问题的能力	5 分			
		互助和团队协作意识	5 分			
安全生产与职业操守（15 分）	教师评价+互评	安全操作、文明生产职业意识	5 分			
		诚实守信、创新进取精神	5 分			
		遵章守纪、产品质量意识	5 分			
总分						

【拓展知识】

4.4.3 PLC 和 G120 变频器联机实现电动机无级调速

数字多段频率给定方式可以设定速度段数量是有限的，不能做到无级调速，而外部模拟量输入可以做到无级调速，也容易实现自动控制，并且模拟量可以是电压信号或者电流信号，使用比较灵活，应用较广。现用 S7-1200 PLC 的 CPU 1212C 对变频器进行模拟量速度给定，已知电动机功率为 0.75 kW，额定转速为 1440 r/min，额定电压为 380 V，额定电流为 2.05 A，额定频率为 50 Hz。

1. 硬件接线

将 CPU 1212C、变频器、模拟量输出模块 SM1234 和电动机按照图 4-17 所示的原理图进行接线。

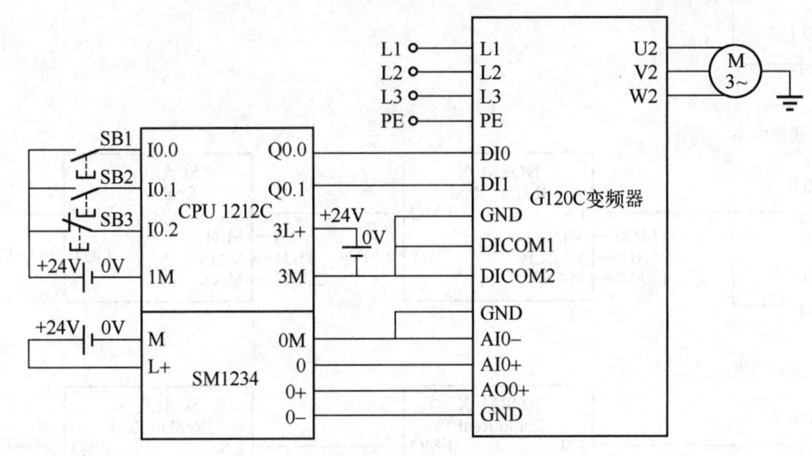

图 4-17　接线原理图

2. 设定变频器的参数

参阅 G120C 说明书，在变频器中设定表 4-33 中的参数。

表 4-33　变频器参数设置

序号	变频器参数	设定值	单位	功 能 说 明
1	p0003	3	—	权限级别
2	p0010	1/0	—	驱动调试参数筛选。先设置为 1，当把 p15 和电动机相关参数修改完成后，再设置为 0
3	p0015	17	—	驱动设备宏指令
4	p0304	380	V	电动机的额定电压
5	p0305	2.05	A	电动机的额定电流
6	p0307	0.75	kW	电动机的额定功率
7	p0310	50.00	Hz	电动机的额定频率
8	p0311	1440	r/min	电动机的额定转速
9	P756	0	—	模拟量输入类型，0 表示电压范围为 0~10 V
10	P771	21	r/min	输出的实际转速
11	P776	1	—	输出电压信号

注：将 I/O 控制板上的 DIP 开关设定为“ON”。

3. 编写程序，并将程序下载到 PLC 中

PLC 梯形图程序如图 4-18 所示。

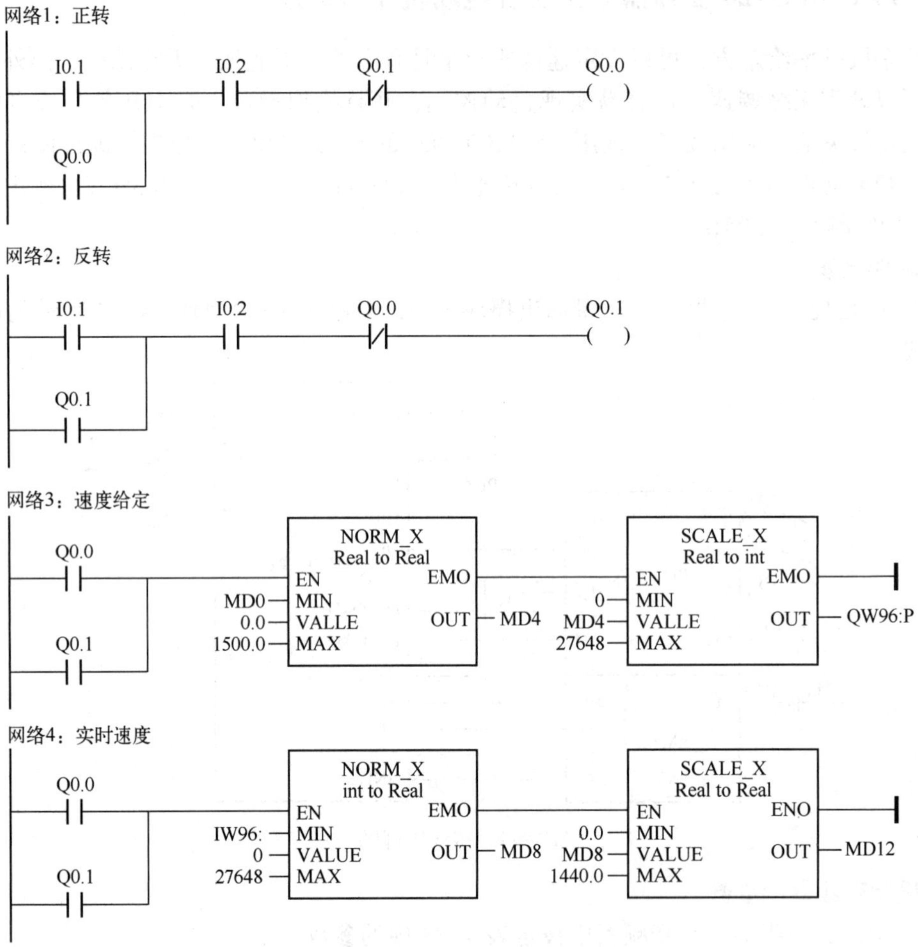

网络1：正转

I0.1 I0.2 Q0.1 Q0.0

Q0.0

网络2：反转

I0.1 I0.2 Q0.0 Q0.1

Q0.1

网络3：速度给定

Q0.0

NORM_X
Real to Real
EN EMO
MD0 MIN
0.0 VALLE OUT MD4
1500.0 MAX

Q0.1

SCALE_X
Real to int
EN EMO
0 MIN
MD4 VALLE OUT QW96:P
27648 MAX

网络4：实时速度

Q0.0

NORM_X
int to Real
EN EMO
IW96: MIN
0 VALUE OUT MD8
27648 MAX

Q0.1

SCALE_X
Real to Real
EN ENO
0.0 MIN
MD8 VALUE OUT MD12
1440.0 MAX

图 4-18 PLC 梯形图程序

【项目小结】

本项目主要介绍了通过西门子 MM440 变频器实现电动机的正反转控制，基本操作方式包括参数控制方式、外端子控制方式、组合控制方式、PLC 与变频器联机控制方式 4 种形式。通过本单元的学习，学生能够对变频器的功能参数进行合理正确的预置，并能够自行设计通过变频器实现电动机的正反转。

思考与练习

一、简答题

1. 标出图 4-19 所示西门子 MM440 变频器基本操作单元 BOP 各功能键的功能。

2. 西门子 MM440 变频器实现电动机正反转的控制方式有哪几种？

3. 西门子 MM440 变频器采用组合控制方式实现电动机正反转主要包括哪两种方式？

4. PLC 与变频器联机控制时一般有几种连接方式？

二、综合题

项目训练：

用两个开关 SA1 和 SA2 控制 MM440 变频器，实现电动机正转和反转功能，电动机加减速时间为 15 s，接线图如图 4-20 所示。其中，数字输入端口 5 设置为正转控制，数字输入端口 6 设置为反转控制，试完成变频器及电动机参数设置。

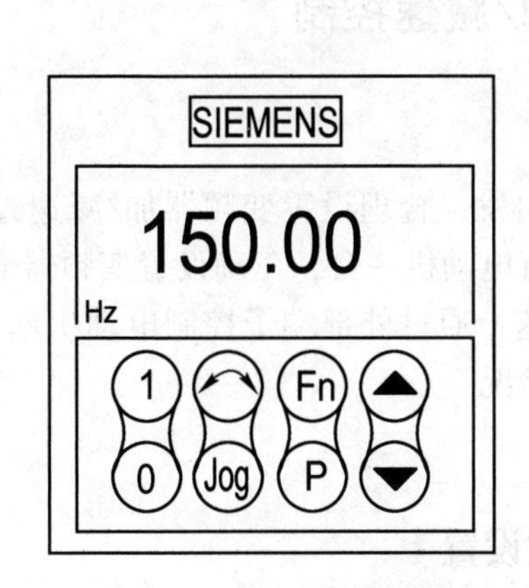

图 4-19　MM440 变频器 BOP

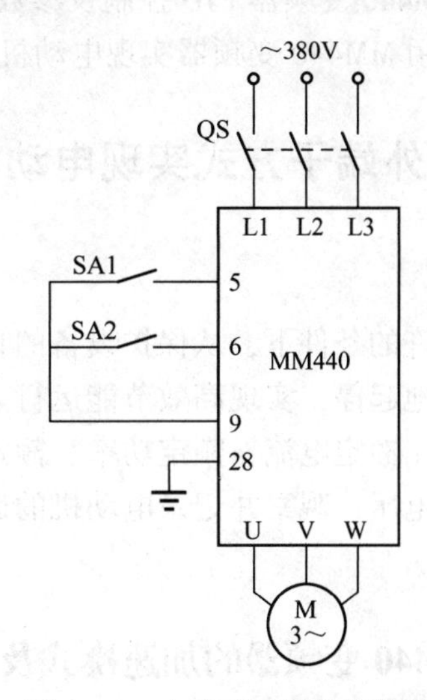

图 4-20　电动机正反转接线图

项目 5　变频器控制电动机转速

学习要点

- 掌握 MM440 变频器与 PLC 联机控制方式；
- 了解 MM440 变频器 PID 控制及参数设置；
- 能够运用 MM440 变频器实现电动机的转速控制。

任务 5.1　外端子方式实现电动机加/减速控制

【任务描述】

在工艺允许的条件下，从保护设备的目的出发，合理设置变频器加/减速过程参数，使设备可以平滑地起停，实现高效节能运行。现有电动机一台，正确设置变频器输出的额定频率、额定电压、额定电流、额定功率、额定转速，通过外部端子控制电动机起动/停止，调节电位器输入电压，观察并记录电动机的运转情况。

【基础知识】

5.1.1　MM440 变频器的加速模式及参数设置

1. 基础定义

（1）起动方式

电动机从较低转速升至较高转速的过程称为加速过程，加速过程的极限状态便是电动机的起动。常见电动机的起动方式有工频起动和变频起动。

1）工频起动。

电动机工频起动是指电动机直接接上工频电源时的起动，也叫直接起动或全压起动。电动机工频起动电路如图 5-1a 所示，在电动机接通电源的瞬间，电源频率为额定频率（50 Hz），电源电压为额定电压（380 V），如图 5-1b 所示。由于电动机转子绕组与旋转磁场的相对速度很高，电动机转子电动势和电流很大，因此定子电流也很大，一般可达电动机额定电流的 4~7 倍，如图 5-1c 所示。

电动机工频起动存在的主要问题有：

① 起动电流大。当电动机的容量较大时，其起动电流将对电网产生干扰，引起电网电压波动。

② 对生产机械设备的冲击很大，影响机械的使用寿命。

2）变频起动。

采用变频调速的电路如图 5-2a 所示。起动过程的特点：频率从最低频率（通常是 0 Hz）按预置的加速时间逐渐上升，如图 5-2b 的上部所示。以 4 极电动机为例，假设在接通电源的瞬间，将起动频率降至 0.5 Hz，则同步转速只有 15 r/min，转子绕组与旋转磁场的

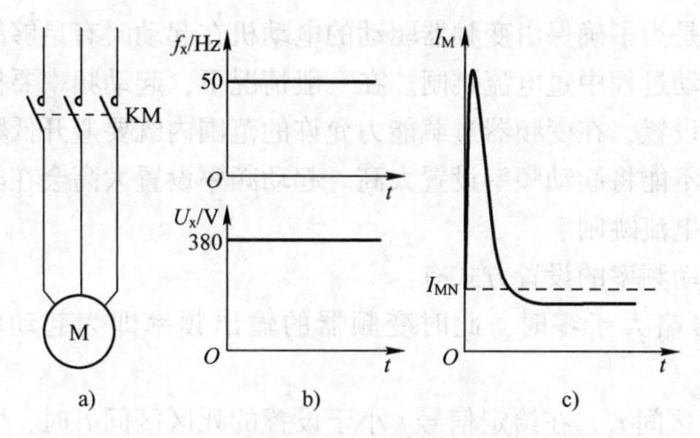

图 5-1　工频起动

a）电动机工频起动电路　b）电动机接通电源瞬间时的电源频率和电源电压　c）电动机工频起动电流

相对速度只有工频起动时的百分之一。

电动机的输入电压也从最低电压开始逐渐上升，如图 5-2b 的下部所示。

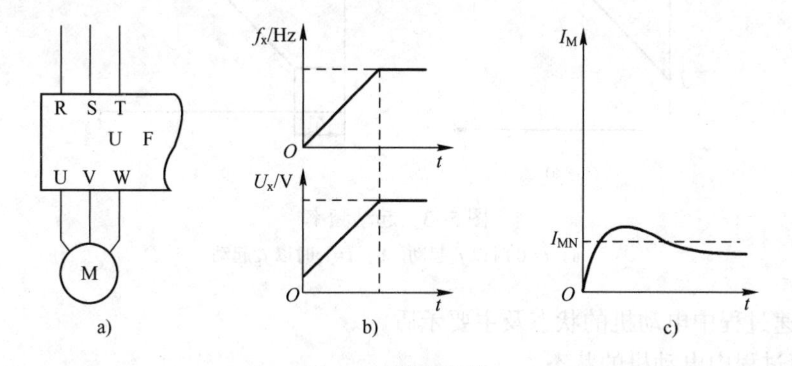

图 5-2　变频起动

a）起动电路　b）频率与电压　c）起动电流

电动机转子绕组与旋转磁场的相对速度很低，故起动瞬间的冲击电流很小。因电动机电源的频率逐渐增大，电压开始逐渐上升，如果在整个起动过程中，将同步转速 n_0 与转子转速 n_M 间的转差频率 Δn 限制在一定范围内，则起动电流也将限制在一定范围内，如图 5-2c 所示。这样减小了起动过程中的动态转矩，加速过程中将能保持平稳，减小了对生产机械的冲击。

（2）起动频率

电动机开始起动时，并不从变频器输出为零开始加速，而是直接从某一频率下开始加速。电动机在开始加速的瞬间，变频器的输出频率便是起动频率。起动频率是指变频器开始有电压输出时所对应的频率。在变频器的起动过程中，当变频器的输出频率还没达到起动频率设置值时，变频器就不会输出电压。通常为了确保电动机的起动转矩，可通过设置合适的起动频率来实现。变频调速系统设置起动频率是为了满足部分生产机械设备实际工作的需要，有些生产机械设备在静止状态下的静摩擦力较大，电动机难以从变频器输出为零开始起动，而是在设置的起动频率下起动。电动机在起动瞬间有一定的冲力，使生产机械设备较易起动起来。系统设置了起动频率，电动机可以在起动时很快建立起足够的磁通，使转子与定子间保持一定的空气隙等。

起动频率的设置是为了确保由变频器驱动的电动机在起动时有足够的起动转矩，避免电动机无法起动或在起动过程中过电流跳闸。在一般情况下，起动频率要根据变频器所驱动负载的特性及大小进行设置，在变频器过载能力允许的范围内既要避开低频欠励磁区域，保证足够的起动转矩，又不能将起动频率设置太高。起动频率设置太高会在电动机起动时造成较大的电流冲击甚至过电流跳闸。

变频调速系统起动频率的设置方式有：

① 当给定的信号略大于零时，此时变频器的输出频率即为起动频率 f_S，如图 5-3a 所示。

② 设置一个死区区间 t_1，在给定信号 t 小于设置的死区区间 t_1 时，变频器的输出频率为零；当给定信号 t 等于设置的死区区间 t_1 时，变频器输出与死区区间 t_1 对应的频率，如图 5-3b 所示。

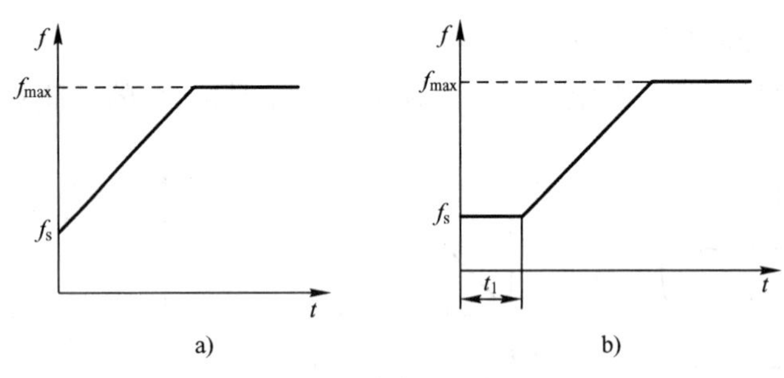

图 5-3　起动频率

a）$t=0$ 时以 f_S 起动　b）$t=t_1$ 时以 f_S 起动

（3）加速过程中电动机的状态及主要矛盾

1）加速过程中电动机的状态。

假设变频器的输出频率从 f_{X1} 上升至 f_{X2}，如图 5-4b 所示。图 5-4a 所示是电动机在频率为 f_{X1} 时稳定运行的状态，图 5-4c 所示是加速过程中电动机的状态。比较图 5-4a 和图 5-4c 可以看出：当频率 f_X 上升时，同步转速 n_0 随即也上升，但电动机转子的转速 n_M 因为有惯性而不能立即跟上。结果是转差率 Δn 增大了，导体内的感应电动势和感应电流也增大。

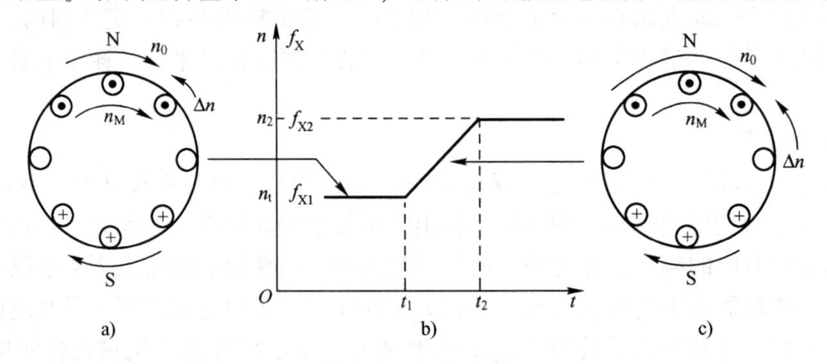

图 5-4　加速过程

a）加速前状态　b）加速过程　c）加速中状态

2）加速过程的主要矛盾。

加速过程中，必须处理好加速的快慢与拖动系统惯性之间的矛盾。一方面，在生产实践中，拖动系统的加速过程属于不进行生产的过渡过程，从提高生产率的角度出发，加速过程越短越好。另一方面，由于拖动系统存在惯性，频率上升得太快了，电动机转子的转速 n_M 将跟不上同步转速的上升，转差 Δn 增大，引起加速电流的增大，甚至可能超过一定限值而导致变频器跳闸。所以，加速过程必须解决好的主要问题是，在防止加速电流过大的前提下，尽可能地缩短加速过程。

2. 加速的功能设置

（1）加速时间

变频起动时，起动频率可以很低，加速时间可以自行给定，这样就能有效地解决起动电流大和机械冲击的问题。不同的变频器对加速时间的定义不完全一致，主要有以下两种。

定义 1：变频器的输出频率从 0 Hz 上升到基本频率所需要的时间。

定义 2：变频器的输出频率从 0 Hz 上升到最高频率所需要的时间。

在大多数情况下，最高频率和基本频率是一致的。

各种变频器都提供了在一定范围内可任意给定加速时间的功能，用户可根据拖动系统的情况自行给定一个加速时间。加速时间越长，起动电流就越小，起动也越平缓，但却延长了拖动系统的过渡过程，对于某些频繁起动的机械来说，将会降低生产效率。因此给定加速时间的基本原则是，在电动机的起动电流不超过允许值的前提下，尽量地缩短加速时间。由于影响加速过程的因素是拖动系统的惯性，故系统的惯性越大，加速难度就越大，加速时间就应该长一些。但在具体的操作过程中，由于计算非常复杂，因此可以将加速时间先设置得长一些，观察起动电流的大小，然后慢慢缩短加速时间。

（2）加速方式

加速过程中，变频器的输出频率随时间上升的关系曲线称为加速方式。不同的生产机械对加速过程的要求是不同的，根据各种负载的不同要求，变频器给出了各种不同的加速曲线（模式）供用户选择，常见的曲线形式有线性方式、S 形方式和半 S 形方式等，如图 5-5 所示。

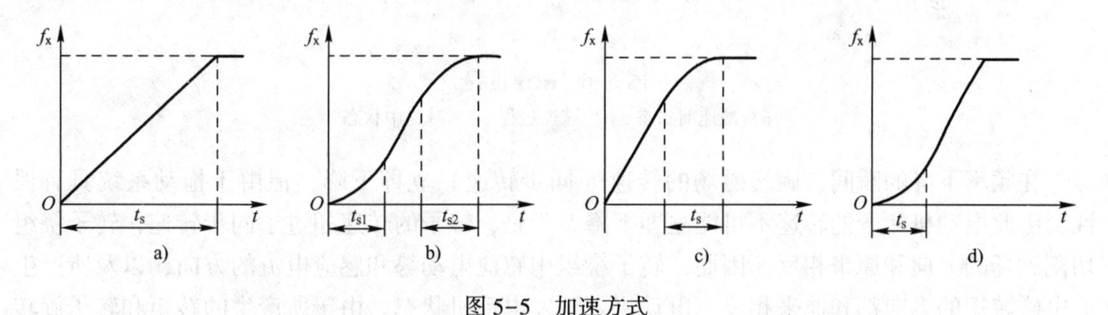

图 5-5 加速方式

a）线性方式 b）S 形方式 c）半 S 形方式之一 d）半 S 形方式之二

1）线性方式。

线性方式指在加速过程中，变频器的输出频率随时间成正比地上升，如图 5-5a 所示。大多数负载都可以选用线性方式。

2）S 形方式。

S 形方式指在加速的起始阶段和终了阶段，频率的上升较缓，中间阶段为线性加速，加速过程呈S形，如图5-5b所示。这种曲线适用于带式输送机一类的负载，这类负载往往满载起动，输送带上的物体静摩擦力较小，刚起动时加速较慢，以防止输送带上的物体滑倒，到尾段加速减慢也是这个原因。

3）半S形方式。

半S形方式指在加速的初始阶段或终了阶段，按线性方式加速；而在终了阶段或初始阶段，按S形方式加速，如图5-5c和图5-5d所示。对于风机和泵类负载，低速时负载较轻，加速过程可以快一些。随着转速的升高，其阻转矩迅速增加，加速过程应适当减慢。反映在图上就是，加速的前半段为线性方式，后半段为S形方式。而对于一些惯性较大的负载，加速初期的加速过程较慢，到加速的后期可适当加快其加速过程。反映在图上就是，加速的前半段为S形方式，后半段为线性方式。

5.1.2 MM440变频器的减速模式及参数设置

1. 基础定义

（1）变频调速系统的减速

1）减速过程中的电动机状态。

电动机从较高转速降至较低转速的过程称为减速过程，如图5-6所示。在变频调速系统中，是通过降低变频器的输出频率来实现减速的，如图5-6b所示。图中，电动机的转速从 n_1 下降至 n_2（变频器的输出频率从 f_{X1} 下降至 f_{X2}）的过程即为减速过程。

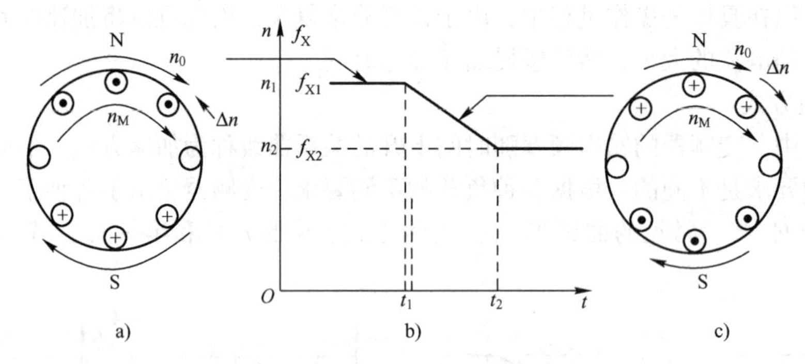

图5-6 减速过程

a）减速前状态 b）减速过程 c）减速中状态

在频率下降的瞬间，旋转磁场的转速（同步转速）立即下降，但由于拖动系统具有惯性，因此电动机转子的转速不可能立即下降。于是，转子的转速超过了同步转速，转子绕组切割磁场的方向和原来相反。因而，转子绕组中感应电动势和感应电流的方向，以及所产生的电磁转矩的方向都和原来相反，电动机处于发电动机状态。由于所产生的转矩和转子旋转的方向相反，能够促使电动机的转速迅速地降下来，故也称为再生制动状态。

2）泵升电压。

电动机在再生制动状态发出的电能，将通过与逆变管反并联的二极管VD7～VD12全波整流，然后反馈到直流电路，使直流电路的电压 U_D 升高，称为泵升电压。

3）多余能量的消耗。

如果直流电压 U_D 升得太高，将导致整流和逆变器件的损坏。所以，当 U_D 上升到一定限值时，必须通过能耗电路（制动电阻和制动单元）放电，把直流回路内多余的电能消耗掉。

（2）减速快慢的影响减速过程中的主要矛盾

1）减速程度快慢的影响。

如上述，频率下降时电动机处于再生制动状态。所以和频率下降速度有关的因素有：制动电流，就是电动机处于发电动机状态时向直流回路输送电流的大小；泵升电压大小将影响直流回路电压的上升幅度。

2）减速过程的主要矛盾

和加速过程相同，在生产实践中，拖动系统的减速过程也属于不进行生产的过渡过程，故减速过程应该越短越好。

同样，由于拖动系统存在着惯性的原因，频率下降得太快了，电动机转子的转速 n_M 将跟不上同步转速的下降，转差 Δn 增大，因此引起再生电流的增大和直流回路内泵升电压的升高，甚至可能超过一定限值而导致变频器因过电流或过电压而跳闸。

所以，减速过程必须解决好的主要问题是，在防止减速电流过大和直流电压过高的前提下，尽可能地缩短减速过程。在一般情况下，直流电压的升高是主要的因素。

2. 减速的功能设置

（1）减速时间

变频调速时，减速是通过逐步降低给定频率来实现的。在频率下降的过程中，电动机将处于再生制动状态。如果拖动系统的惯性较大，频率下降又很快，那么电动机将处于强烈的再生制动状态，从而产生过电流和过电压，使变频器跳闸。为避免上述情况的发生，可以在减速时间和减速方式上进行合理的选择。

不同变频器对减速时间的定义不完全一致，主要有以下两种。

定义 1：变频器的输出频率从基本频率下降到 0 Hz 所需要的时间。

定义 2：变频器的输出频率从最高频率下降到 0 Hz 所需要的时间。

在大多数情况下，最高频率和基本频率是一致的。

减速时间的给定方法和加速时间一样，其值的大小主要考虑系统的惯性。惯性越大，减速时间就越长。一般情况下，加/减速选择同样的时间。

（2）减速方式

减速方式设置和加速过程类似，也要根据负载情况而定，变频器的减速方式也分线性方式、S 形方式和半 S 形方式。

1）线性方式。

线性方式指变频器的输出频率随时间成正比地下降，如图 5-7a 所示。大多数负载都可以选用线性方式。

2）S 形方式。

S 形方式指在减速的起始阶段和终了阶段，频率的下降较慢，减速过程呈 S 形，如图 5-7b 所示。

3）半 S 形方式。

半 S 形方式指在减速的初始阶段或终了阶段，按线性方式减速；而在终了阶段或初始阶段，按 S 形方式减速，如图 5-7c 和图 5-7d 所示。

减速时，S 形曲线和半 S 形曲线的应用场合与加速时相同。

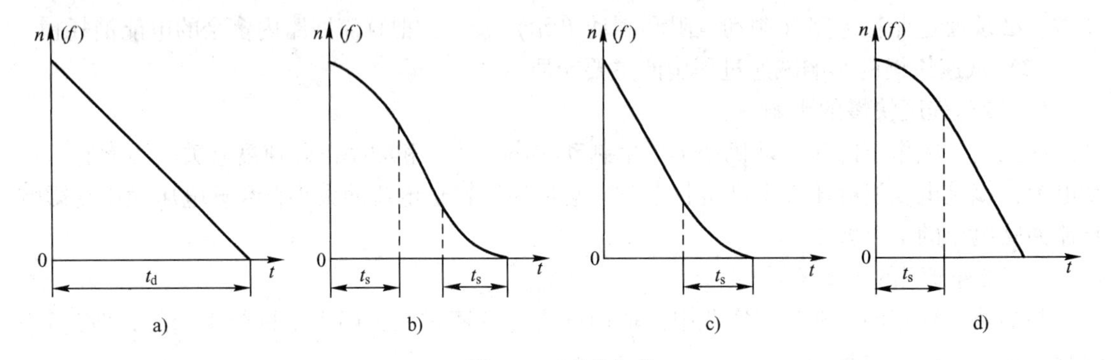

图 5-7　减速方式

a）线性方式　b）S 形方式　c）半 S 形方式之一　d）半 S 形方式之二

（3）MM440 变频器的加/减速控制的参数设置

1）按要求接线。

将变频器与电源、电动机按图 5-8 所示进行正确连接，检查电路正确无误后，合上主电源开关 QS。

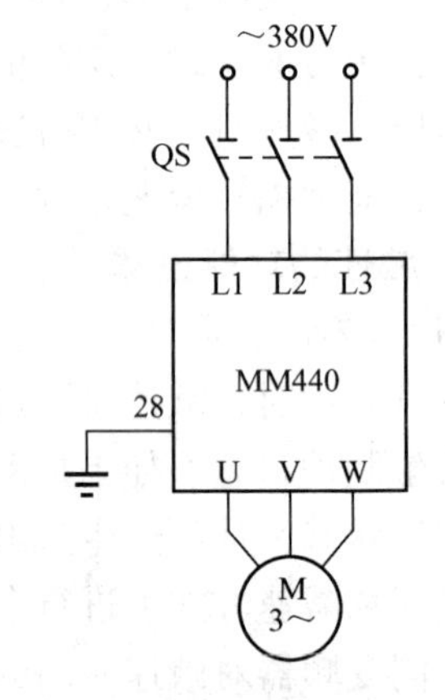

图 5-8　MM440 变频器的加/减速控制接线图

2）参数设置。

① 设定 P0010 = 30 和 P0970 = 1，按下 P 键，开始复位，复位过程大约 3 min，这样就可保证变频器的参数恢复到工厂默认值。

② 为了使电动机与变频器相匹配，需要设置电动机参数。电动机参数设置如表 5-1 所示。电动机参数设定完成后，设 P0010 = 0，变频器当前处于准备状态，可正常运行。

表 5-1　电动机参数设置

参 数 号	出 厂 值	设 置 值	说　明
P0003	1	1	设用户访问级为标准级
P0010	0	1	快速调试
P0100	0	0	功率以 kW 表示，频率为 50 Hz
P0304	400	380	电动机额定电压（V）
P0305	2. 35	0. 80	电动机额定电流（A）
P0307	0. 75	0. 11	电动机额定功率（kW）
P0310	50	50	电动机额定频率（Hz）
P0311	1395	1400	电动机额定转速（r/min）

③ 设置面板操作控制参数，如表 5-2 所示。

表 5-2　面板操作控制参数

参 数 号	出 厂 值	设 置 值	说　明
P0003	1	1	设定用户访问级为标准级
P0010	0	1	快速调试
P0100	0	0	功率以 kW 表示，频率为 50 Hz

（续）

参数号	出厂值	设置值	说明
P0304	230	380	电动机额定电压（V）
P0305	3.25	1.05	电动机额定电流（A）
P0307	0.75	0.37	电动机额定功率（kW）
P0310	50	50	电动机额定频率（Hz）
P0311	0	1400	电动机额定转速（r/min）

3）变频器运行操作。

视频 5-1　变频器的加、减速控制的参数设置

① 变频器起动：在变频器的前操作面板上按运行键，变频器将驱动电动机升速，并运行在由 P1040 所设定的 20 Hz 频率对应的 560 r/min 的转速上。

② 加减速运行：电动机的转速（运行频率）及旋转方向可直接通过按前操作面板上的增加键/减少键（▲/▼）来改变。

③ 电动机停车：在变频器的前操作面板上按停止键，则变频器将驱动电动机降速至零。

5.1.3　MM440 变频器的起动/制动方式

变频器的起动/制动方式是指变频器从停机状态到运行状态的起动方式、从运行状态到停机状态的制动方式，以及从某一运行频率到另一运行频率的加速或减速方式。

1. 升速特性

不同的生产机械加速过程的要求不同。根据各种负载的不同要求，变频器给出了各种不同的加速曲线（模式）供用户选择。常见的曲线形式有线性方式、S 形方式和半 S 形方式等，如图 5-9 所示。

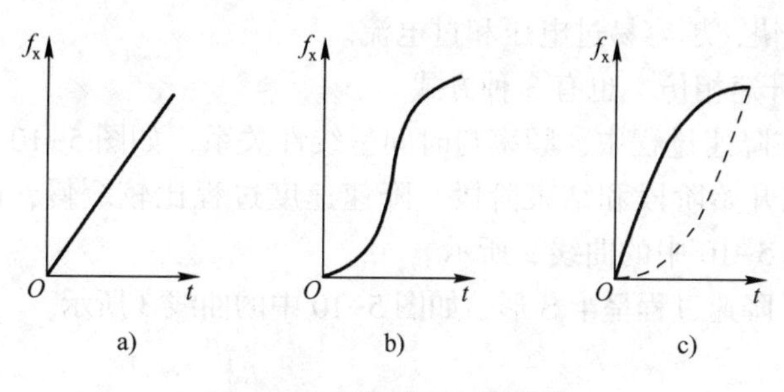

图 5-9　变频器的加速曲线

a）线性方式　b）S 形方式　c）半 S 形方式

1）线性方式。在加速过程中，频率与时间成线性方式，如图 5-9a 所示。如果没有特殊要求，一般的负载大都选用线性方式。

2）S 形方式。初始阶段加速较缓慢，中间阶段为线性加速，尾端加速逐渐为零，如图 5-9b 所示。这种曲线适用于带式输送机一类的负载。这类负载往往满载起动，输送带上的物体静摩擦力较小，刚起动时加速较慢，以防止输送带上的物体滑倒，到尾段加速减慢也是这个原因。

3）半 S 形方式。加速时，一半为 S 形方式，另一半为线性方式，如图 5-9c 所示。对于风机和泵类负载，低速时负载较轻，加速过程可以快一些。随着转速的升高，其阻转矩迅速增加，加速过程应适当减慢。反映在曲线上就是，加速的前半段为线性方式，后半段为S形方式。而对于一些惯性较大的负载，加速初期的加速过程较慢，到加速后期可适当加快其加速过程。反映在图上就是，加速的前半段为S形方式，后半段为线性方式。

2. 起动方式

变频器起动时，降低起动频率，自行给定加速时间，这样就能有效解决起动电流大和机械冲击的问题。

加速时间指工作频率从0 Hz上升至基本频率所需要的时间，各种变频器都提供了在一定范围内可任意给定加速时间的功能。用户可根据拖动系统的情况自行给定一个加速时间。加速时间越长，起动电流就越小，起动也就越平缓，但却延长了拖动系统的过渡过程，对于频繁起动的机械来说，将会降低生产效率。因此，给定加速时间的基本原则是，在电动机的起动电流不超过允许值的前提下，尽量地缩短加速时间。由于影响加速过程的因素是拖动系统的惯性，故系统的惯性越大，加速难度就越大，加速时间就应该长一些。但在具体的操作过程中，由于计算非常复杂，因此可以将加速时间先设置得长一些，观察起动电流的大小，然后慢慢缩短加速时间。

3. 降速特性

（1）降速过程的特点

降速过程与升速过程相仿，拖动系统的降速和停止过程是通过逐渐降低频率来实现的。这时，电动机将因同步转速低于转子转速而处于再生制动状态，并使直流电压升高。如果频率下降太快，也会使转差增大，这一方面会使再生电流增大，另一方面直流电压也可能升高至超过允许值的程度。

（2）可供选择的降速功能

1）降速时间。降速时间指给定频率从基本频率下降至0 Hz所需的时间。显然，降速时间越短，频率下降越快，越容易过电压和过电流。

2）降速方式和升速相仿，也有3种方式。

① 线性方式。在降速过程中，频率与时间呈线性关系，如图5-10中曲线1所示。

② S形方式。在开始阶段和结束阶段，降速速度过程比较缓慢，而在中间阶段，则按线性方式降速，如图5-10中的曲线2所示。

③ 半S形方式。降速过程呈半S形，如图5-10中的曲线3所示。

4. 制动方式

电动机停车方式由P0700～P0708设置。制动时有如下几种方式。

（1）由外接数字端子控制

将P0700设为2，将P0701设为1，即可由外接数字端子5（DIN1，低电平）控制电动机制动，由P1121设置斜坡下降时间。

（2）由BOP的OFF键控制

将P0700设为1，将P0700设为3，将OFF设为2，即按惯性自由停车。用BOP上的OFF（停

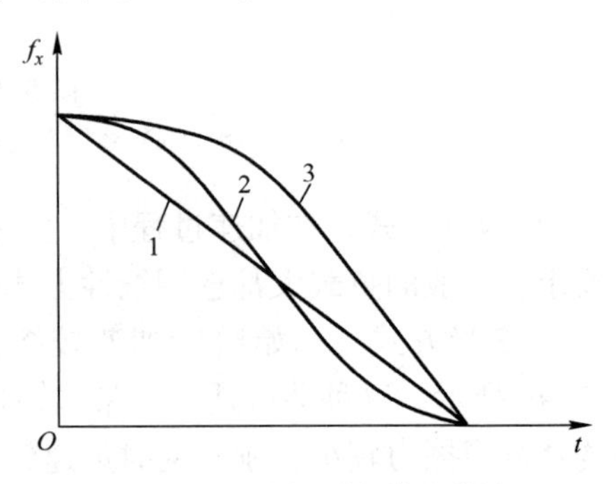

图5-10 变频器的降速曲线

1—线性方式 2—S形方式 3—半S形方式

车）键控制时，按下 OFF 键（持续 2 s）或按两次 OFF（停车）键即可。

（3）用 OFF3 命令使电动机快速地减速停车

将 P0701 设为 4，在设置了 OFF3 的情况下，为了起动电动机，二进制输入端必须闭合（高电平）。OFF3 为高电平，电动机才能起动起来并用 OFF1 或 OFF2 方式停车。如果 OFF3 为低电平，电动机不能起动。OFF3 可以同时具有直流制动、复合制动的功能。

（4）直流注入制动

变频调速系统降速过程中，电动机因为处于再生制动状态而迅速降速。但随着转速的下降，拖动系统的动能减小，电动机的再生能力和制动转矩也随之减小。所以，在惯性较大的拖动系统中，会出现低速时停不住的“爬行”现象。为了克服“爬行”现象，当拖动系统的转速下降到一定程度时，向电动机绕组中通入直流电流，以加大制动转矩，使拖动系统迅速停住。

在预置直流注入制动功能时，主要设定以下项目。

1）直流制动电压。即需要向电动机绕组施加的直流电压。拖动系统的惯性越大，直流制动电压的设定值也越大。

2）直流制动时间。即向电动机绕组施加直流电压的时间，可设定得比估计时间略长一些。

3）直流制动的起始频率。即变频调速系统由再生制动状态转为直流制动状态的起始频率。拖动系统的惯性越大，直流制动的起始频率的设定值也越大。

4）直流注入制动可以与 OFF1 和 OFF3 命令同时使用。向电动机注入直流电流时，电动机将快速停止，并在制动作用结束之前一直保持电动机轴静止不动。

“使能”直流注入制动可通过将参数 P0701～P0708 设置为 25 来实现，直流制动的持续时间可由参数 P1233 设置，直流制动电流可由参数 P1232 设置。直流制动的起始频率可由参数 P1234 设置。如果没有数字输入端设定为直流注入制动，而且 P1233≠0，那么直流制动将在每个 OFF1 命令之后起作用，制动作用的持续时间由 P1233 设定。

（5）复合制动

复合制动可以与 OFF1 和 OFF3 命令同时使用。为了进行复合制动，应在交流电流中加入直流分量。制动电流可由参数 P1236 设定。

（6）用外接制动电阻进行动力制动

用外接制动电阻（外形尺寸为 A～F 的 MM440 变频器采用内置的斩波器）进行制动时，按线性方式平滑、可控地降低电动机的速度，如图 5-11 所示。

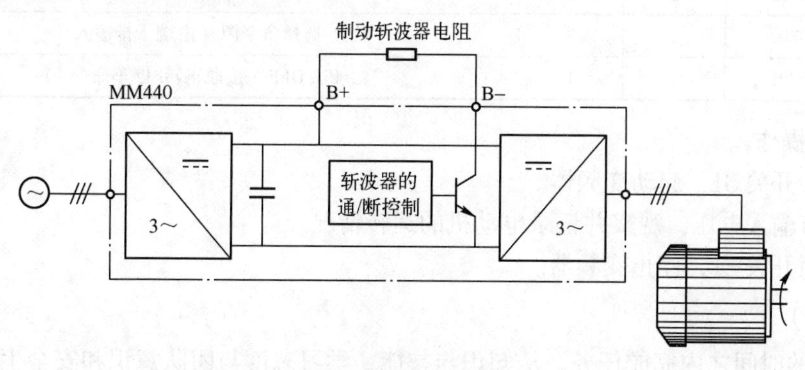

图 5-11　用外接制动电阻进行动力制动

【任务实施】

1. 所需工具、材料和设备

西门子 MM440 变频器一台，三相异步电动机一台，导线若干，开关和电位器各一个，《西门子 MM440 变频器使用手册》，通用电工工具一套。

2. 硬件接线

按照变频器外部接线图（如图 5-12 所示）完成变频器的接线，认真检查，确保正确无误。

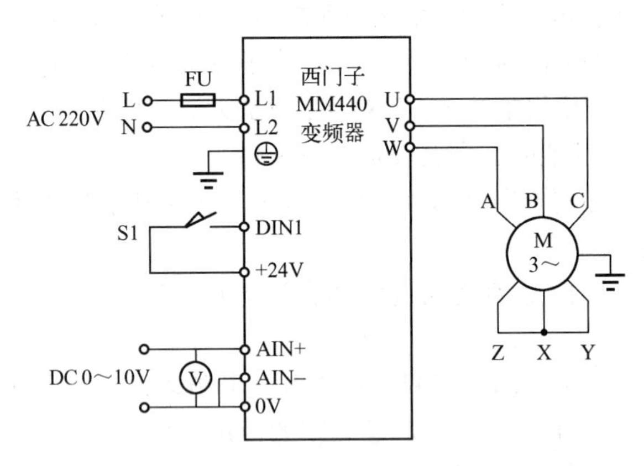

图 5-12　变频器外部接线图

3. 参数设置

打开电源开关，按照参数功能表正确设置变频器参数，如表 5-3 所示。

表 5-3　变频器参数功能表

序号	变频器参数	出厂值	设定值	功 能 说 明
1	P0304	230	380	电动机的额定电压（380 V）
2	P0305	3. 25	0. 35	电动机的额定电流（0. 35 A）
3	P0307	0. 75	0. 06	电动机的额定功率（60 W）
4	P0310	50. 00	50. 00	电动机的额定频率（50 Hz）
5	P0311	0	1430	电动机的额定转速（1430 r/min）
6	P1000	2	2	模拟输入
7	P0700	2	2	选择命令源（由端子排输入）
8	P0701	1	1	PN/OFF（接通正转/停车命令 1）

4. 运行操作

1）打开开关 S1，起动变频器。

2）调节输入电压，观察并记录电动机的运转情况。

3）关闭开关 S1，停止变频器。

【考核评价】

在规定的时间之内完成任务，从知识与技能、学习态度与团队意识和安全生产与职业操守 3 个方面进行综合考核评价，具体考核标准如表 5-4 所示。

表 5-4 考核评价表

考核内容	考核方式	评价标准与得分				
		标 准	分值	互评	教师评价	得分
知识与技能（70 分）	教师评价+互评	硬件接线是否规范、正确	20 分			
		变频器调试参数设置是否正确	30 分			
		变频器运行操作是否正确	20 分			
学习态度与团队意识（15 分）	教师评价	自主学习和组织协调能力	5 分			
		分析和解决问题的能力	5 分			
		互助和团队协作意识	5 分			
安全生产与职业操守（15 分）	教师评价+互评	安全操作、文明生产职业意识	5 分			
		诚实守信、创新进取精神	5 分			
		遵章守纪、产品质量意识	5 分			
总分						

【拓展知识】

5.1.4 G120 变频器的电动电位器（MOP）给定

变频器的 MOP 功能是通过变频器数字量端口的通断来控制变频器频率升降的，又称为 UP/DOWN（远程遥控设定）功能。大部分变频器是通过多功能输入端口进行数字量 MOP 给定的。

MOP 功能是通过频率上升（UP）和频率下降（DOWN）控制端子来实现的，通过“宏”指令的功能预置此两端子为 MOP 功能。将预置为 UP 功能的控制端子开关闭合，变频器的输出频率上升，断开时变频器以断开时的频率运转；将预置为 DOWN 功能的控制端子闭合时，变频器的输出频率下降，断开时变频器以断开时的频率运转，如图 5-13 所示。用 UP 和 DOWN 端子控制频率的升降要比用模拟输入端子控制稳定性好，因为该端子为数字量控制，不受干扰信号的影响。

实质上，MOP 功能就是通过数字量端口来实现面板操作上键盘给定（▲/▼键）的。

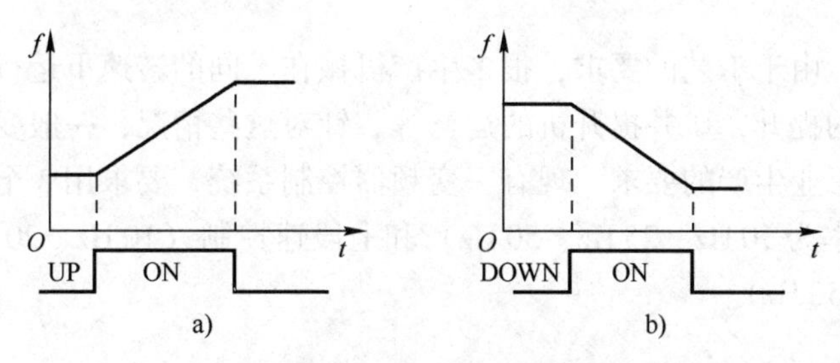

图 5-13 频率上升与频率下降控制曲线
a）频率上升 b）频率下降

下面举例介绍 G120C 变频器 MOP 给定的应用，现有一台 G120C 变频器，接线如图 5-14 所示。当接通按钮 SA1 时，使能变频器；当接通按钮 SB1 时，三相异步电动机升速运行，断开按钮 SB1 时，保持当前转速运行；当接通按钮 SB2 时，三相异步电动机降速运行，断开按钮 SB2 时，保持当前转速运行。已知电动机的功率为 0.75 kW，额定转速为 1440 r/min，额定电压为 380 V，额定电流为 2.05 A，额定频率为 50 Hz。

当接通按钮 SA1 时，DI0 端子与变频器的+24 V OUT（端子 9）连接，使能电动机；当接通按钮 SB1 时，DI1 端子与变频器的+24 V OUT（端子 9）连接，升速运行；当接通按钮 SB2 时，三相异步电动机降速运行。G120C 变频器参数如表 5-5 所示。

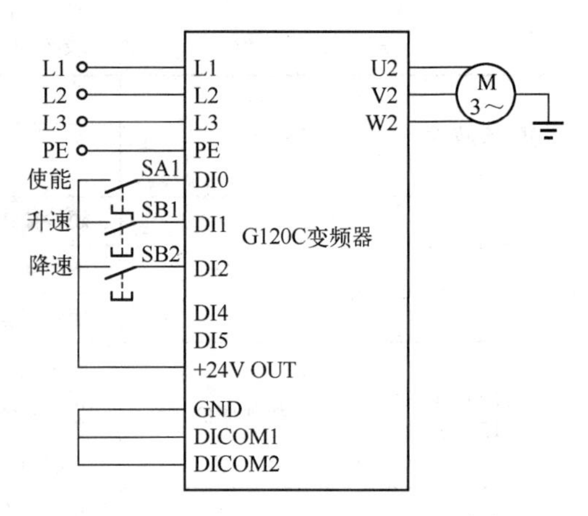

图 5-14　G120C 变频器 MOP 给定接线图

表 5-5　G120C 变频器参数

序号	变频器参数	设定值	单位	功能说明
1	P0003	3	—	权限级别
2	P0010	1/0	—	驱动调试参数筛选。先设置为 1，当把 p15 和电动机相关参数修改完成后，再设置为 0
3	P0015	9	—	驱动设备宏指令
4	P0304	380	V	电动机的额定电压
5	P0305	2.05	A	电动机的额定电流
6	P0307	0.75	kW	电动机的额定功率
7	P0310	50.00	Hz	电动机的额定频率
8	P0311	1440	r/min	电动机的额定转速
9	P1070	1050	—	电动电位器作为主设定值

任务 5.2　变频器实现电动机多段速控制

【任务描述】

在工业生产中，由于工艺的要求，很多生产机械在不同的转速下运行，如车床主轴的运动，高炉加料料斗的提升，矿井提升机的运行等。针对这些情况，一般变频器都有多段速度控制功能，以满足工业生产的要求。现有一变频器控制系统，要求用 3 个外端子分别实现三段速控制（运行频率为 10 Hz、25 Hz、50 Hz）和七段速控制（10 Hz、20 Hz、50 Hz、30 Hz、-10 Hz、-20 Hz、-50 Hz）。

【基础知识】

5.2.1　MM440 变频器多段速端子功能设定

多段速功能也称作固定频率，即在参数 P1000=3 的条件下，用数字量选择固定频率的组合实现电动机多段速运行。6 个数字输入端口，哪个作为电动机运行/停止控制，哪些作为多段频率控制，可由用户任意确定。一旦确定了某一数字输入端口的控制功能，其内部的参数设置值必须与端口的控制功能相对应。

MM440 变频器的多段速控制有以下 3 种实现方式。

1. 直接选择（P0701~P0706=15）

在这种操作方式下，一个数字输入选择一个固定频率，多个数字输入同时激活时，选定的频率是对应固定频率值的叠加，变频器的起动信号由面板给定或通过设置数字量输入端的正反转功能给定。

2. 直接选择+ON 命令（P0701~P0706=16）

在这种操作方式下，数字输入既能选择固定频率，又具备起动功能。

3. 二进制编码选择+ON 命令（P0701~P0704=17）

二进制编码选择+ON 命令只能使用数字输入端子 5、端子 6、端子 7、端子 8 控制，这 4 个端子的二进制组合最多可以选择 15 个固定频率，每一频段的频率分别由 P1001~P1015 参数设置，各个固定频率的数值选择如表 5-6 所示。在多频段控制中，电动机的转速方向是由 P1001~P1015 参数所设置的频率正负决定的。

表 5-6　固定频率的数值选择

频率设定	DIN4	DIN3	DIN2	DIN1
P1001	0	0	0	1
P1002	0	0	1	0
P1003	0	0	1	1
P1004	0	1	0	0
P1005	0	1	0	1
P1006	0	1	1	0
P1007	0	1	1	1
P1008	1	0	0	0
P1009	1	0	0	1
P1010	1	0	1	0
P1011	1	0	1	1
P1012	1	1	0	0
P1013	1	1	0	1
P1014	1	1	1	0
P1015	1	1	1	1

5.2.2　MM440 变频器三段速频率控制

如果要实现三段固定频率控制，需要 3 个数字输入端口，图 5-15 所示为三段固定频率控制接线图。

MM440 变频器的数字输入端口 7 设为电动机运行/停止控制端口，由 P0703 参数设置。数字输入端口 5 和 6 设为三段固定频率控制端口。由带锁按钮 SA1 和 SA2 组合成的不同状态控制 5 和 6 端口，实现三段固定频率控制。第一段频率设为 10 Hz，第二段频率设为 25 Hz，第三段频率设为 50 Hz，频率变化曲线如图 5-16 所示。三段式固定频率控制状态如表 5-7 所示。

表 5-7　三段式固定频率控制状态

固定频率	6 端口（SA2）	5 端口（SA1）	对应频率所设置的参数	频率/Hz	电动机转速/(r/min)
1	0	1	P1001	10	280
2	1	0	P1002	25	700
3	1	1	P1003	50	1400
OFF	0	0		0	0

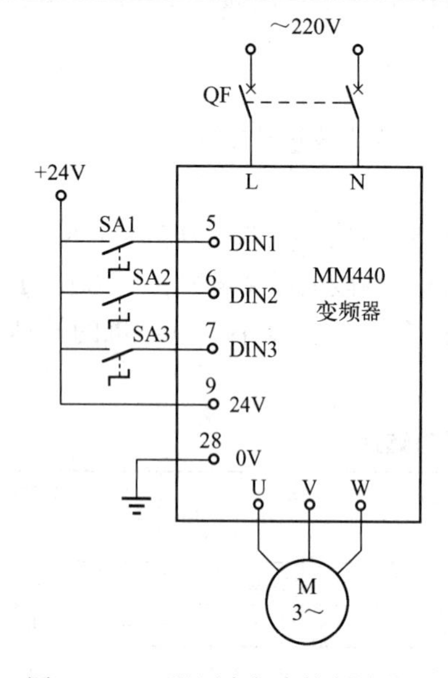

图 5-15　三段固定频率控制接线图

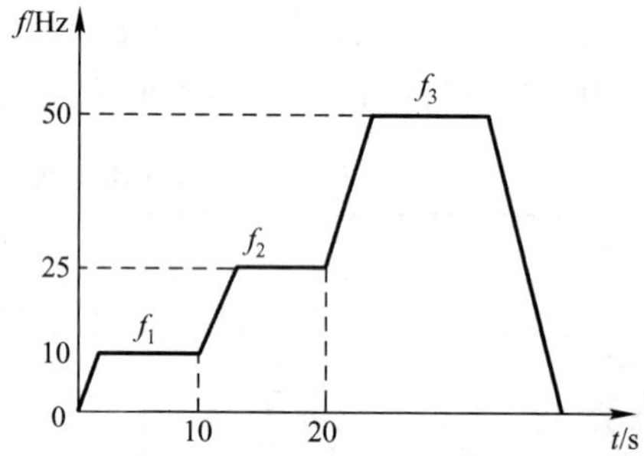

图 5-16　三段固定频率变化曲线

注意：当采用二进制编码选择+ON 命令时，MM440 默认 5 端口为二进制代码最低位，通过数字输入端口的二进制编码来对应各频段。

① 第一段频率为 10 Hz，由 P1001 设置。

② 第二段频率为 25 Hz，由 P1002 设置。

③ 第三段频率为 50 Hz，由 P1003 设置。

三段固定频率相关控制参数设置如表 5-8 所示。

表 5-8　三段固定频率相关控制参数设置

参数号	出厂值	设置值	说明
* P0701	1	17	选择固定频率（二进制编码+ON 命令）
* P0702	1	17	选择固定频率（二进制编码+ON 命令）
* P0703	1	1	ON 接通正转，OFF 停止
P1000	2	3	选择固定频率设定值
* P1001	0	10	设置固定频率 1（Hz）
* P1002	5	25	设置固定频率 2（Hz）
* P1003	10	50	设置固定频率 3（Hz）

注：* 号表示该参数根据用户需求可自行设置

如图 5-15 所示，合上 SA3，端口 7 为 ON，允许电动机运行，各频段控制如表 5-9 所示。

表 5-9　各频段控制

SA2 状态	SA1 状态	对 应 频 段	频 率 参 数
0	1	固定频率 1	P1001
1	0	固定频率 2	P1002
1	1	固定频率 3	P1003

① 第一频段控制。SA2、SA1 为 01，变频器工作在第一频段上，由参数 P1001 设定固定频率 10 Hz。

视频 5-2　变频器三段速频率控制

② 第二频段控制。SA2、SA1 为 10，变频器工作在第二频段上，由参数 P1002 设定固定频率 25 Hz。

③ 第三频段控制。SA2、SA1 为 11，变频器工作在第三频段上，由参数 P1003 设定固定频率 50 Hz。

④ 电动机反向运转。电动机反向运转时，只要将对应频段的频率值设定为负即可。

⑤ 电动机停机的两种方法。

a. 开关 SA2、SA1 为 00，数字输入端口 6、5 为低电平，电动机停止运行。

b. 电动机运行在任何频段时，断开 SA3，数字输入端口 7 为 OFF，电动机按照 OFF1 停止。

5.2.3　MM440 变频器七段速频率控制

利用 MM440 变频器控制实现电动机七段速频率运转，需要 4 个数字输入端口，图 5-17 为七段速固定频率控制接线图。其中，MM440 变频器的数字输入端口 8 设为电动机运行/停止控制端口，数字输入端口 5、6、7 设为七段速固定频率控制端口，由带锁按钮 SB1、SB2 和 SB3 按不同通断状态组合实现七段速固定频率控制。七段速速度设置如下。

第一段：输出频率为 10 Hz。

第二段：输出频率为 20 Hz。

第三段：输出频率为 50 Hz。

第四段：输出频率为 30 Hz。

第五段：输出频率为-10 Hz。

第六段：输出频率为-20 Hz。

第七段：输出频率为-50 Hz。

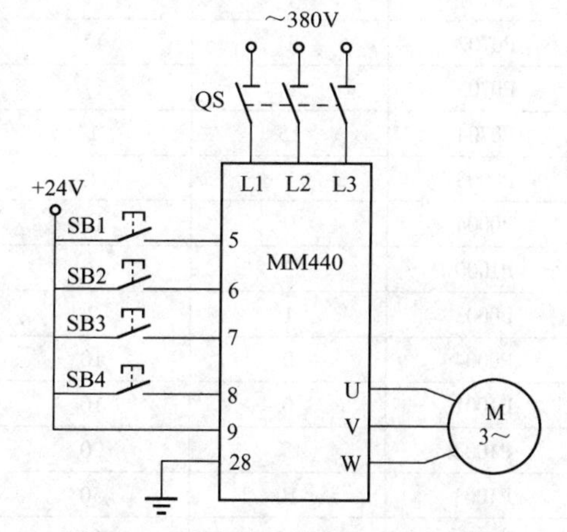

图 5-17　七段速固定频率控制接线图

七段速固定频率控制状态如表 5-10 所示。

表 5-10　七段速固定频率控制状态表

固定频率	7 端口（SB3）	6 端口（SB2）	5 端口（SB1）	对应频率所设置的参数	频率/Hz
1	0	0	1	P1001	10
2	0	1	0	P1002	20
3	0	1	1	P1003	50
4	1	0	0	P1004	30
5	1	0	1	P1005	-10
6	1	1	0	P1006	-20
7	1	1	1	P1007	-50
OFF	0	0	0		0

【任务实施】

1. 所需工具、材料和设备

西门子 MM440 变频器一台，三相异步电动机一台，开关和按钮若干，《西门子 MM440 变频器使用手册》，通用电工工具一套。

2. 硬件接线

根据任务要求，变频器需要七段速运行，因此，本任务用端子 5、6、7 实现七段速组合运行，端子 8 控制运行、停止。如图 5-17 所示，完成变频器的接线。

3. 变频器参数设置

1）恢复变频器工厂默认值。按下 P 键，变频器开始复位到工厂默认值。

2）设置电动机参数。设 P0010=0，变频器当前处于准备状态，可正常运行。

3）参照表 5-11 设置变频器七段速固定频率控制参数。

表 5-11　七段速固定频率控制参数表

参　数　号	出　厂　值	设　置　值	说　　明
P0003	1	1	设用户访问级为标准级
P0004	0	7	命令和二进制 I/O
P0700	2	2	命令源选择由端子排输入
P0003	1	2	设用户访问级为扩展级
P0004	0	7	命令和二进制 I/O
P0701	1	17	选择固定频率
P0702	1	17	选择固定频率
P0703	9	17	选择固定频率
P0704	15	1	ON 为接通正转，OFF 为停止
P0003	1	1	设用户访问级为标准级
P0004	0	10	设定值通道和斜坡函数发生器
P1000	2	3	选择固定频率设定值
P0003	1	2	设用户访问级为扩展级
P0004	0	10	设定值通道和斜坡函数发生器
P1001	0	10	选择固定频率 1（Hz）
P1002	5	20	选择固定频率 2（Hz）
P1003	10	50	选择固定频率 3（Hz）
P1004	15	30	选择固定频率 4（Hz）
P1005	20	-10	选择固定频率 5（Hz）
P1006	25	-20	选择固定频率 6（Hz）
P1007	30	-50	选择固定频率 7（Hz）

4. 电动机的七段速运行控制

当按下带锁按钮 SB4 时，数字输入端口“8”为“ON”，允许电动机运行。

1）第一频段控制。当 SB1 按钮接通，SB2 和 SB3 按钮断开时，变频器数字输入端口“5”为“ON”，端口“6”“7”为“OFF”，变频器工作在 P1001 参数所设定的频率为 10 Hz 的第一频段上，电动机运行在 10 Hz 所对应的转速上。

2）第二频段控制。当 SB2 按钮接通，SB1 和 SB3 按钮断开时，变频器数字输入端口

“6”为“ON”，端口“5”“7”为“OFF”，变频器工作在P1002参数所设定的频率为20 Hz的第二频段上，电动机运行在20 Hz所对应的转速上。

3）第三频段控制。当SB1、SB2按钮接通，SB3按钮断开时，变频器数字输入端口“5”“6”为“ON”，端口“7”为“OFF”，变频器工作在P1003参数所设定的频率为50 Hz的第三频段上，电动机运行在50 Hz所对应的转速上。

4）第四频段控制。当SB3按钮接通，SB1和SB2按钮断开时，变频器数字输入端口“7”为“ON”，端口“5”“6”为“OFF”，变频器工作在P1004参数所设定的频率为30 Hz的第四频段上，电动机运行在30 Hz所对应的转速上。

5）第五频段控制。当SB1、SB3按钮接通，SB2按钮断开时，变频器数字输入端口“5”“7”为“ON”，端口“6”为“OFF”，变频器工作在P1005参数所设定的频率为-10 Hz的第五频段上，电动机反向运行在由-10 Hz所对应的转速上。

6）第六频段控制。当SB2、SB3按钮接通，SB1按钮断开时，变频器数字输入端口“6”“7”为“ON”，端口“5”为“OFF”，变频器工作在P1006参数所设定的频率为-20 Hz的第六频段上，电动机反向运行在-20 Hz所对应的转速上。

7）第七频段控制。当SB1、SB2和SB3按钮同时接通时，变频器数字输入端口“5”“6”和“7”均为“ON”，变频器工作在P1007参数所设定的频率为-50 Hz的第七频段上，电动机反向运行在-50 Hz所对应的转速上。

8）电动机停车。当SB1、SB2和SB3按钮都断开时，变频器数字输入端口“5”“6”和“7”均为“OFF”，电动机停止运行；或在变频器正常运行的任何频段，将SB4断开，使数字输入端口“8”为“OFF”，电动机也能停止运行。

【考核评价】

在规定的时间之内完成任务，从知识与技能、学习态度与团队意识和安全生产与职业操守3个方面进行综合考核评价，具体考核标准如表5-12所示。

表5-12　考核评价表

考核内容	考核方式	评价标准与得分				
		标准	分值	互评	教师评价	得分
知识与技能（70分）	教师评价+互评	硬件接线是否规范、正确	20分			
		变频器调试参数设置是否正确	30分			
		变频器七段速固定频率控制的运行结果是否正确	20分			
学习态度与团队意识（15分）	教师评价	自主学习和组织协调能力	5分			
		分析和解决问题的能力	5分			
		互助和团队协作意识	5分			
安全生产与职业操守（15分）	教师评价+互评	安全操作、文明生产职业意识	5分			
		诚实守信、创新进取精神	5分			
		遵章守纪、产品质量意识	5分			
总分						

【拓展知识】

5.2.4　G120 变频器多段速设置

G120 变频器有两种固定设定值模式：直接选择模式和二进制选择模式。这两种模式均在参数 P1000=3 的条件下，用开关量端子选择固定设定值的组合，实现电动机多段速运行。

1. 直接选择模式

一个数字量输入选择一个固定设定值。多个数字输入量同时激活时，选定的设定值是对应固定设定值的叠加，G120 变频器最多可以设置 4 个数字输入信号，要采用直接选择模式，需要设置 P1016=1。直接选择模式下的相关参数设置如表 5-13 所示。

表 5-13　直接选择模式下的相关参数设置

参　数　号	含　　义	参　数　号	含　　义
P1020	固定设定值 1 的选择信号	P1001	固定设定值 1
P1021	固定设定值 2 的选择信号	P1002	固定设定值 2
P1022	固定设定值 3 的选择信号	P1003	固定设定值 3
P1023	固定设定值 4 的选择信号	P1004	固定设定值 4

下面通过一个应用示例来介绍直接选择模式的参数设置。例如要通过 DI2 和 DI3 选择两个固定转速，分别为 300 r/min 和 2000 r/min，DI0 为起动信号，当 DI2 和 DI3 同时选择时，电动机将以 2300 r/min 旋转，则相关参数设置如表 5-14 所示。

表 5-14　直接选择模式示例参数表

参　数　号	参　数　值	说　　明
P0840	722. 0	将 DIN0 作为起动信号，r0722. 0 为 DI0 状态的参数
P1016	1	固定转速模式采用直接选择模式
P1020	722. 2	将 DIN2 作为固定设定值 1 的选择信号，r0722. 2 为 DI2 状态的参数
P1021	722. 3	将 DIN3 作为固定设定值 3 的选择信号，r0722. 3 为 DI3 状态的参数
P1001	300	定义固定设定值 1，单位为 r/min
P1002	200	定义固定设定值 2，单位为 r/min
P1070	1024	固定设定值作为主设定值

2. 二进制选择模式

G120 变频器的 4 个数字输入可以通过二进制编码方式选择固定设定值，使用这种方法最多可以选择 15 个固定频率，每一频段的频率分别由 P1001～P1015 参数设置，要采用二进制选择模式，需要设置 P1016=2。例如要通过 DI1、DI2、DI3 和 DI4 选择固定转速，DI0 为起动信号，则示例的参数设置如表 5-15 所示。

表 5-15　二进制选择模式示例参数表

参　数　号	参数值	说　　明
P0840	722. 0	将 DIN0 作为起动信号，r0722. 0 为 DI0 状态的参数
P1016	2	固定转速模式采用二进制选择方式
P1020	722. 1	将 DIN2 作为固定设定值 1 的选择信号，r0722. 1 为 DI1 状态的参数
P1021	722. 2	将 DIN3 作为固定设定值 2 的选择信号，r0722. 2 为 DI2 状态的参数

（续）

参 数 号	参数值	说 明
P1022	722.3	将 DIN2 作为固定设定值 3 的选择信号，r0722.3 为 DI3 状态的参数
P1023	722.4	将 DIN3 作为固定设定值 4 的选择信号，r0722.4 为 DI4 状态的参数
P1001～P1015		定义固定设定值 1～15，单位为 r/min
P1070	1024	固定设定值作为主设定值

3. 多段速给定的应用示例

现有一台 G120C 变频器控制三相异步电动机运行，接线原理图如图 5-18 所示。当接通按钮 SA1 时，电动机以 150 r/min 正转；当接通按钮 SA1 和 SA2 时，电动机以 300 r/min 正转。已知电动机的功率为 0.75 kW，额定转速为 1440 r/min，额定电压为 380 V，额定电流为 2.05 A，额定频率为 50 Hz。

多段频率给定时，当接通按钮 SA1 时，DI0 端子与变频器的+24 V OUT（端子 9）连接，电动机以参数 P1001 设定的固定转速 1 运行；当接通按钮 SA1 和 SA2 时，DI0 和 DI1 端子与变频器的+24 V OUT（端子 9）连接时电动机以一个速度运行，速度值=P1001 设定的固定转速 1+P1002 设定的固定转速 2。变频器参数如表 5-16 所示。

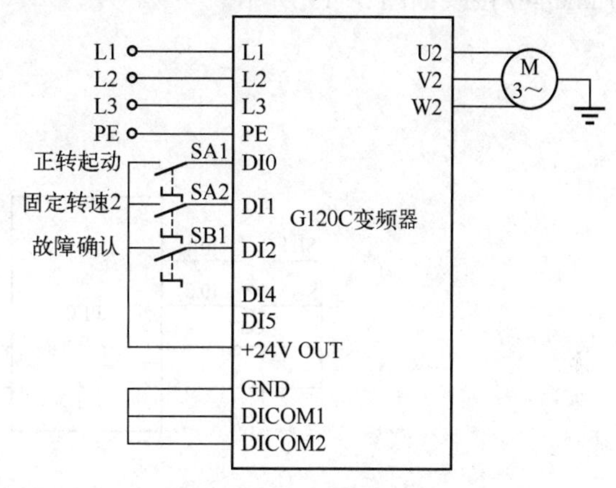

图 5-18 接线原理图

表 5-16 变频器参数

序号	变频器参数	设定值	单位	功 能 说 明
1	P0003	3	—	权限级别
2	P0010	1/0	—	驱动调试参数筛选。先设置为 1，当把 P0015 和电动机相关参数修改完成后，再设置为 0
3	P0015	2	—	驱动设备宏指令
4	P0304	380	V	电动机的额定电压
5	P0305	2.05	A	电动机的额定电流
6	P0307	0.75	kW	电动机的额定功率
7	P0310	50.00	Hz	电动机的额定频率
8	P0311	1440	r/min	电动机的额定转速
9	P1001	150	r/min	固定转速 1
10	P1002	150	r/min	固定转速 2
11	P1070	1024	—	固定设定值作为主设定值

任务 5.3 变频器与 PLC 联机多段速控制

【任务描述】

通过 S7-200 系列 PLC 和 MM440 变频器联机，实现电动机三段速频率运转控制。按下起动按钮 SB1，电动机起动并运行在第一段，频率为 10 Hz，对应电动机转速为 560 r/min；延时 20 s 后，电动机反向运行在第二段，频率为 30 Hz，对应电动机转速为 1680 r/min；再延时 20 s 后，电动机正向运行在第三段，频率为 50 Hz，对应电动机转速为 2800 r/min。按下停车按钮 SB2，电动机停止运行。

【基础知识】

5.3.1 PLC 与 MM440 变频器联机控制电路及调试

通过 S7-200 系列 PLC 和 MM440 变频器联机，按控制要求完成对电动机的控制。PLC 与 MM440 接线如图 5-19 所示。

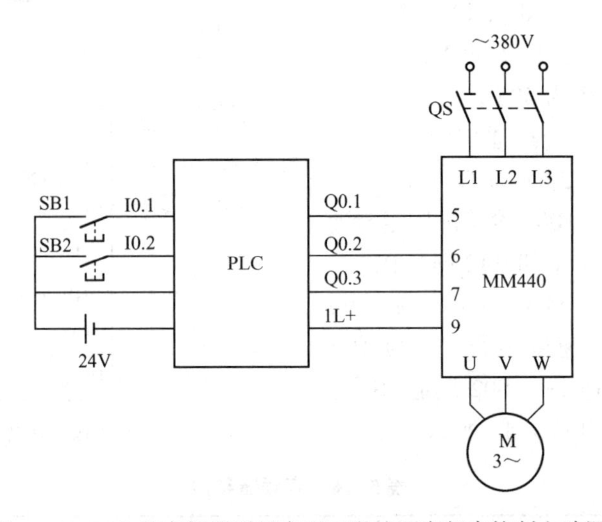

图 5-19 PLC 和变频器联机实现三段速固定频率控制电路图

MM440 变频器数字输入端口 DIN1、DIN2 通过 P0701、P0702 参数设为三段速固定频率控制端，每一个频段的频率可分别由 P1001、P1002 和 P1003 参数设置。变频器数字输入端口 DIN3 设为电动机的运行、停止控制端，可由 P0703 参数设置。根据控制要求，确定 PLC 的输入/输出，并给这些输入/输出分配地址。S7-200 系列 PLC 输入/输出分配如表 5-17 所示。

表 5-17 S7-200 系列 PLC 输入/输出分配

输入			输出	
外接元件	地址	功能	地址	功能
SB1	I0.1	起动按钮	Q0.1	固定频率设置，DIN1
SB2	I0.2	停止按钮	Q0.2	固定频率设置，DIN2
			Q0.3	电动机运行/停止，DIN3

5.3.2 MM440 变频器的多段速控制参数设置

多段速控制参数设置如表 5-18 所示。

表 5-18　变频器的多段速控制参数设置

参 数 号	出 厂 值	设 置 值	说　明
P0003	1	1	设用户访问级为标准级
P0004	0	7	命令和数字 I/O
P0700	2	2	命令源选择由端子排输入
P0003	1	2	设用户访问级为扩展级
P0004	0	7	命令和数字 I/O
P0701	1	17	选择固定频率
P0702	1	17	选择固定频率
P0703	1	1	ON 为接通正转，OFF 为停止
P0003	1	1	设用户访问级为标准级
P0004	0	10	设定值通道和斜坡函数发生器
P1000	2	3	选择固定频率设定值
P0003	1	2	设用户访问级为扩展级
P0004	0	10	设定值通道和斜坡函数发生器
P1001	0	10	设定固定频率 1（Hz）
P1002	5	-30	设定固定频率 2（Hz）
P1003	10	50	设定固定频率 3（Hz）

【任务实施】

1. 所需工具、材料和设备

西门子 MM440 变频器一台，西门子 S7-226 系列 PLC 一台，计算机一台，三相异步电动机一台，开关、按钮和导线若干，《西门子 MM440 变频器使用手册》等。

2. 硬件接线

根据任务要求，PLC 和 MM440 变频器联机实现电动机三段速频率运转控制，变频器数字输入端子 5、6 实现三段速组合运行，端子 7 控制电动机的运行和停止。PLC 的输入继电器 I0.1 和 I0.2 分别连接起动和停止按钮。如图 5-19 所示，完成 PLC 与 MM440 的接线。

3. PLC 程序设计

根据控制要求，编写相应的 PLC 程序。在本任务中，将图 5-20 所示的程序下载到 PLC 中。

4. 变频器参数设置

1）恢复变频器工厂默认值。按下 P 键，变频器开始复位到出厂默认值。

2）设置电动机参数。设 P0010=0，变频器当前处于准备状态，可正常运行。

3）参照表 5-18 设置变频器三段速固定频率控制参数。

5. 运行操作

1）当按下自锁按钮 SB1 时，PLC 输入继电器 I0.1 得电，其常开触点闭合，Q0.1 和 Q0.3 得电，其常开触点闭合实现自锁，输出继电器 Q0.1 得电，电动机在发出正转信号延时 20 s 后，电动机正向运行在由 P1001 所设置的 10 Hz 频率对应的转速上，同时接通定时器 T37 并开始延时，当延时时间达到 20 s 时，定时器 T37 输出逻辑“1”。

2）T37 常开触点闭合，Q0.2 得电，Q0.1 复位，Q0.2 常开触点闭合实现自锁，电动机在发出反转信号延时 20 s 后，电动机反向运行在由 P1002 所设置的 30 Hz 频率对应的转速上，同时接通定时器 T38 并开始延时，当延时时间达到 20 s 时，定时器 T38 输出逻辑“1”。

视频 5-3　PLC 与变频器联机三段速频率控制

3）T38 常开触点闭合，Q0.1、Q0.2 得电，电动机在发出反转信

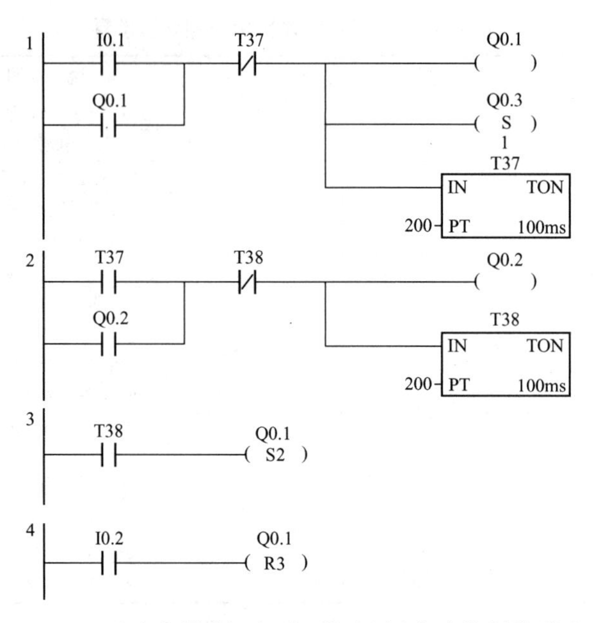

图 5-20　PLC 和变频器联机实现三段速固定频率控制梯形图程序

号延时 20 s 后，电动机正向运行在由 P1003 所设置的 50 Hz 频率对应的转速上。

4）当按下 SB2 时，Q0. 1～Q0. 3 全复位，电动机停止。

【考核评价】

在规定的时间之内完成任务，从知识与技能、学习态度与团队意识和安全生产与职业操守 3 个方面进行综合考核评价，具体考核标准如表 5-19 所示。

表 5-19　考核评价表

考核内容	考核方式	评价标准与得分				
		标　　准	分值	互评	教师评价	得分
知识与技能（70 分）	教师评价+互评	硬件接线是否规范、正确	20 分			
		PLC 程序编写是否正确	20 分			
		变频器调试参数设置是否正确	20 分			
		运行操作过程是否正确	10 分			
学习态度与团队意识（15 分）	教师评价	自主学习和组织协调能力	5 分			
		分析和解决问题的能力	5 分			
		互助和团队协作意识	5 分			
安全生产与职业操守（15 分）	教师评价+互评	安全操作、文明生产职业意识	5 分			
		诚实守信、创新进取精神	5 分			
		遵章守纪、产品质量意识	5 分			
总分						

【拓展知识】

5.3.3　G120 变频器与 PLC 联机多段速控制

用一台西门子 S7-1200 PLC 控制 G120C 变频器。当按下按钮 SB1 时，三相异步电动机以 180 r/min 正转；当按下按钮 SB2 时，三相异步电动机以 360 r/min 正转；当按下按钮 SB3 时，三相异步电动机以 540 r/min 反转。已知电动机的功率为 0.75 kW，额定转速为 1440 r/min，额定电压为 380 V，额定电流为 2.05 A，额定频率为 50 Hz。

1. 硬件接线

西门子的 S7-1200 PLC 为 PNP 型输出，G120C 变频器默认为 PNP 型输入，因此电平是可以兼容的。由于 Q0.0（或者其他输出点输出时）输出 24 V 信号，又因为 PLC 与变频器有共同的 0 V，所以当 Q0.0（或者其他输出点输出时）输出时，就等同于 DI0（或者其他数字输入）与变频器的端子 9（+24 V OUT）联通。另外应注意，PLC 为晶体管输出时，其 3M（0 V）必须与变频器的 GND（数字地）短接。否则 PLC 的输出不能形成回路，硬件接线如图 5-21 所示。

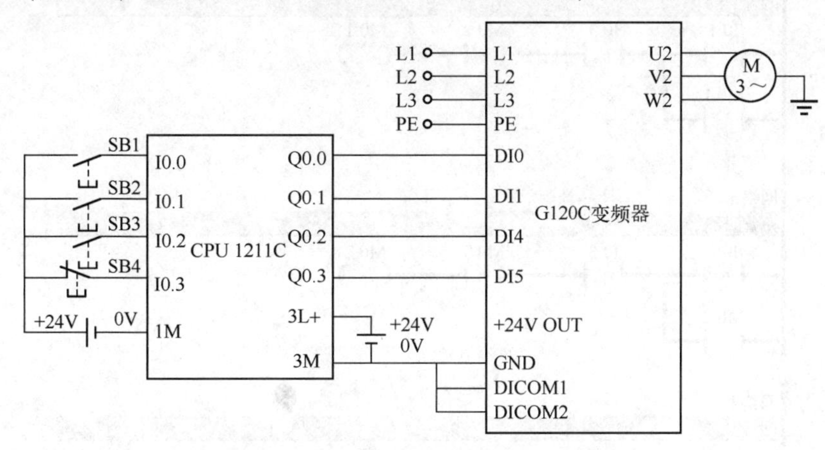

图 5-21　原理图（PLC 为 PNP 型晶体管输出）

2. G120 变频器参数设置

当 Q0.0 和 Q0.2 为 1 时，电动机以 180 r/min 的转速运行，速度值为参数 P1003 设定的固定转速 3。当 Q0.0 和 Q0.3 同时为 1 时，电动机以 360 r/min 的转速正转运行，速度值为参数 P1004 设定的固定转速 4。当 Q0.1、Q0.2 和 Q0.3 同时为 1 时，电动机以 540 r/min 的转速反转运行，速度值为参数 P1003 设定的固定转速 3 和 P1004 设定的固定转速 4 之和。变频器的参数设置如表 5-20 所示。

表 5-20　变频器参数设置

序号	变频器参数	设定值	单位	功能说明
1	P0003	3	—	权限级别
2	P0010	1/0	—	驱动调试参数筛选。先设置为 1，把 P0015 和电动机相关参数修改完成后，再设置为 0
3	P0015	1	—	驱动设备宏指令
4	P0304	380	V	电动机的额定电压
5	P0305	2.05	A	电动机的额定电流
6	P0307	0.75	kW	电动机的额定功率
7	P0310	50.00	Hz	电动机的额定频率
8	P0311	1440	r/min	电动机的额定转速
9	P1003	180	r/min	固定转速 3
10	P1004	360	r/min	固定转速 4
11	P1070	1024	—	固定设定值作为主设定值

3. PLC 程序编写

PLC 梯形图程序如图 5-22 所示。

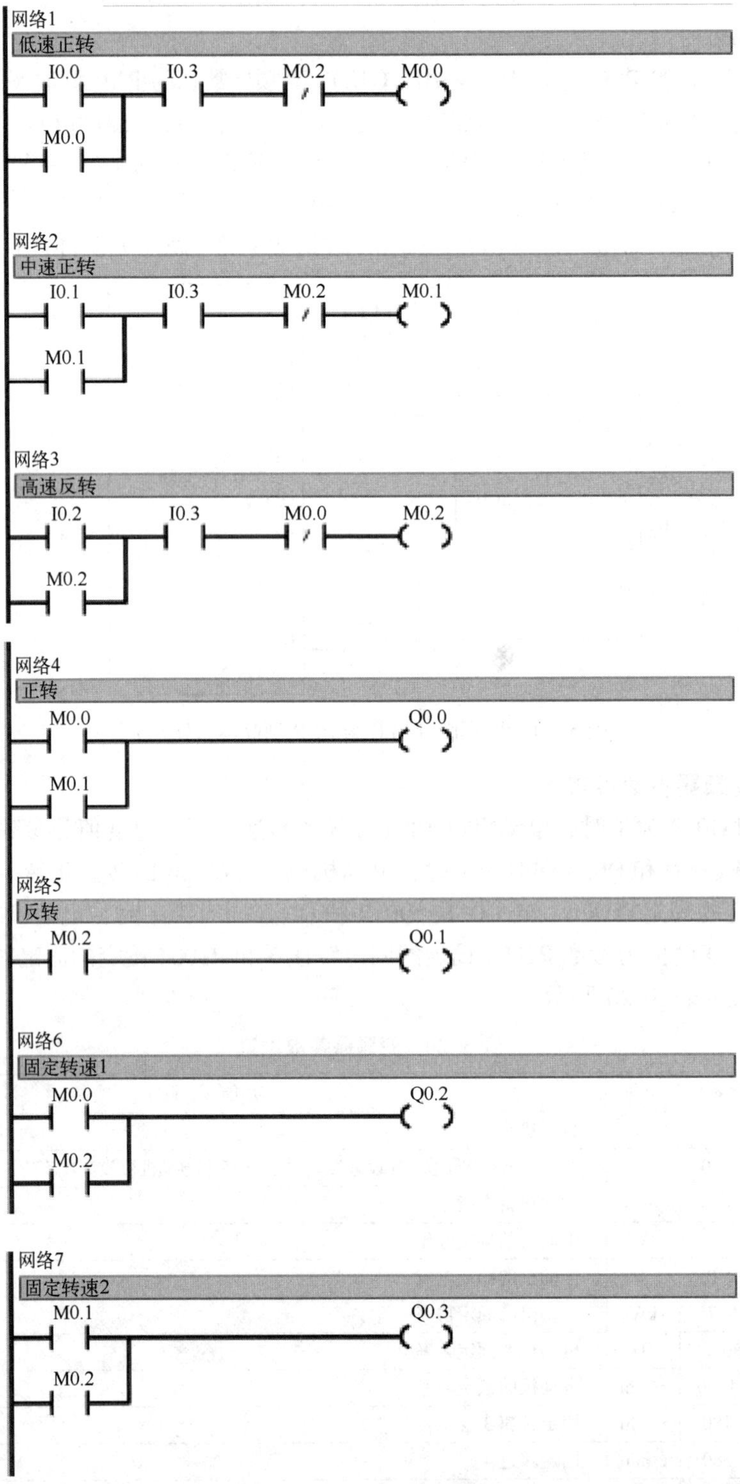

网络1
低速正转
I0.0 I0.3 M0.2 M0.0
M0.0

网络2
中速正转
I0.1 I0.3 M0.2 M0.1
M0.1

网络3
高速反转
I0.2 I0.3 M0.0 M0.2
M0.2

网络4
正转
M0.0 Q0.0
M0.1

网络5
反转
M0.2 Q0.1

网络6
固定转速1
M0.0 Q0.2
M0.2

网络7
固定转速2
M0.1 Q0.3
M0.2

图 5-22 PLC 梯形图程序

任务 5.4　变频器实现电动机恒速控制

【任务描述】

在生产实际中，要求拖动系统的运行速度平稳，但负载在运行中不可避免地会受到一些不可预见的干扰，系统的运行速度将失去平衡，出现振荡，与设定值存在偏差。对该偏差值，经过变频器的 P、I、D 调节，可以迅速、准确地消除，恢复到给定值。

【基础知识】

5.4.1　MM440 变频器 PID 控制系统的构成

1. PID 的闭环控制

PID 控制就是比例（P）、积分（I）、微分（D）控制，PID 控制属于闭环控制，是使控制系统的被控制量在各种情况下都能够迅速而准确地无限接近控制目标的一种手段。PID 控制是指将被控量的检测信号（即由传感器测得的实际值）反馈到变频器，并与被控量的目标信号相比较，以判断是否已经达到预定的控制目标。如果尚未达到，则根据两者的差值进行调整，直至达到预定的控制目标为止。通过变频器实现 PID 控制有两种情况：一是变频器内置的 PID 控制功能，给定信号通过变频器的端子输入，反馈信号也反馈给变频器的控制端，在变频器内部进行 PID 调节以改变输出频率；二是外部的 PID 调节器将给定量与反馈量比较后输出给变频器，加到控制端子作为控制信号，现在大多数变频器都已经配置了 PID 控制功能。

图 5-23 所示为基本 PID 控制框图，r 为目标信号，y 为反馈信号，变频器输出频率 f_i 的大小由合成信号 x 决定。一方面，反馈信号 y 应无限接近目标信号 r，即 x 趋近于 0；另一方面，变频器的输出频率 f_i 又是由 x 的结果来决定的。

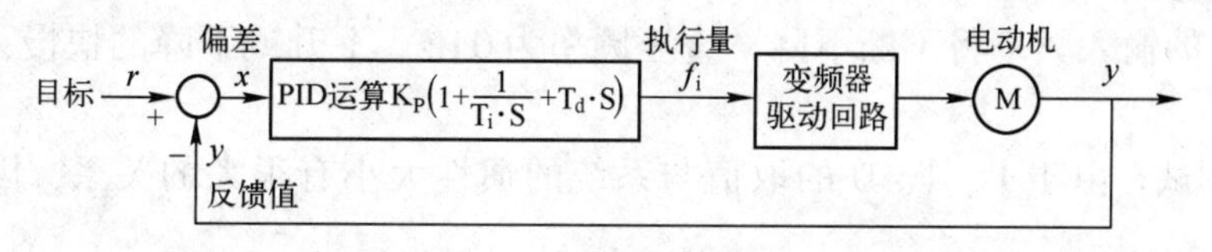

图 5-23　基本 PID 控制框图

图中，K_P 为比例增益，对执行量的瞬间变化有很大影响；T_i 为积分时间常数，该时间越小，达到的目标值就越快，但也容易引起振荡，积分作用一般使输出响应滞后；T_d 为微分时间常数，该时间越大，反馈的微小变化就越会引起较大的响应，微分作用一般使输出响应超前。

2. PID 调节功能的预置

（1）预置 PID 调节功能

预置的内容决定变频器的 PID 调节功能是否有效。当变频器完全按 P、I、D 调节的规律运行时，其工作特点是：

1）变频器的输出频率（f_i）只根据反馈信号（y）与目标信号（r）比较的结果进行调整，所以频率的大小与被控量之间并无对应关系。

2）变频器的加、减速过程将完全取决于P、I、D数据所决定的动态响应过程，而原来预置的“加速时间”和“减速时间”将不再起作用。

3）变频器的输出频率（f_i）始终处于调整状态，因此其显示的频率常不稳定。

（2）目标值的给定

1）键盘给定法。

由于目标信号是一个百分数，所以可由键盘直接给定。

2）电位器给定法。

目标信号从变频器的频率给定端输入。但这时由于变频器已经预置为PID运行方式，所以在通过调节电位器来调节目标值时，显示屏上显示的仍是百分数。

3）变量目标值给定法。

在生产过程中，有时要求目标值能够根据具体情况进行适当调整。例如对中央空调的循环冷却水泵进行变频调速时，其目标值是变化的。

（3）P、I、D参数的调试

1）逻辑关系的预置。

在自动控制系统中，电动机的转速与被控量的变化趋势有时是相反的，称为负反馈。在空气压缩机的恒压控制中，压力越高，要求电动机的转速越低。

若电动机的转速与被控量的变化趋势是相同的，则称为正反馈。例如在空调机中，温度越高，要求电动机的转速也越高。用户应根据具体情况进行预置，下面的调试过程都是以负反馈（正逻辑）为例的。

2）比例增益与积分时间的调试。

① 手动模拟调试。在系统运行之前，可以先用手动模拟的方法对PID功能进行初步调试。首先将目标值预置到实际需要的数值，然后将一个手控的电压或电流信号接至变频器的反馈信号输入端。缓慢地调节目标信号，正常的情况是：当目标信号超过反馈信号时，变频器的输入频率将不断地上升，直至最高频率；反之，当反馈信号超过目标信号时，变频器的输入频率将不断下降，直至频率为0Hz。上升或下降的快慢，反映了积分时间的大小。

② 系统调试。由于P、I、D的取值与系统的惯性大小有很大的关系，因此很难一次调定。

首先将微分功能D调为0。在许多要求不高的控制系统中，微分功能D可以不用，在初次调试时，P可按中间偏大值来预置；然后保持变频器的出厂设定值不变，使系统运行起来，观察其工作情况：如果在压力下降或上升后难以恢复，说明反应太慢，则应加大比例增益K_P；在增大K_P后，虽然反应快了，但却容易在目标值附近波动，说明应加大积分时间，直至基本不振荡为止。

总之，在反应太慢时，应调大K_P，或减小积分时间；在发生振荡时，应调小K_P或加大积分时间。在有些反应速度较高的系统中，可考虑添加微分功能D。

3）外接PID调节功能的P、I、D控制。

在变频器本身没有PID调节功能的情况下，有必要配用外接的PID调节器。

5.4.2 MM440 变频器 PID 参数设置

1. PID 闭环控制具体参数

PID 闭环控制主要用于某些被控量的控制，如压力、温度、速度等。具体参数如图 5-24 所示。

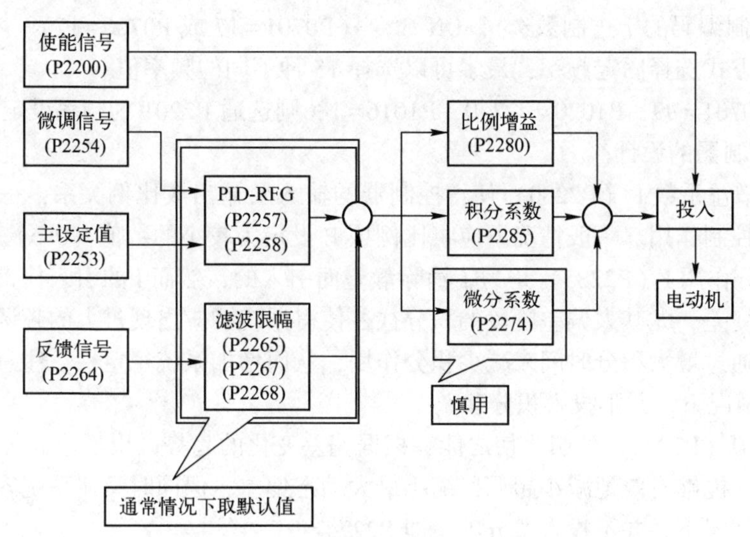

图 5-24 PID 闭环控制参数设置

2. PID 设定值信号源（P2253）

在 MM440 系列变频器中，主设定值的给定主要通过以下几种方式：

1）模拟输入；

2）固定 PID 设定值；

3）已激活的 PID 设定值。

MM440 变频器 PID 给定源设定如表 5-21 所示。

表 5-21 MM440 变频器 PID 给定源设定

PID 给定源	设 定 值	功 能 解 释	说 明
P2253	225	BOP 面板	通过改变 P2240 来改变目标值
	775.0	模拟通道 1	通过模拟量大小来改变目标值
	755.1	模拟通道 2	

3. 反馈通道的设定（P2264）

通过各种传感器、编码器采集的信号或者变频器的模拟输出信号，均可以作为闭环系统的反馈信号，反馈通道的设定与主设定值相同。

MM440 变频器 PID 反馈源设定如表 5-22 所示。

表 5-22 MM440 变频器 PID 反馈源设定

PID 反馈源	设 定 值	功 能 解 释	说 明
P2264	755.0	模拟通道 1	当模拟量波动较大时，可适当加大滤波时间，确保系统稳定
	755.1	模拟通道 2	

4. PID 固定频率的设定

（1）直接选择（P0701 = 15 或 P0702 = 15）

在这种方式下，一个数字输入选择一个固定 PID 频率。

（2）直接选择+ON 命令（P0701 = 16 或 P0702 = 16）

每个数字输入在选择一个固定频率的同时，还带有运行命令。

（3）二进制编码的十进制数选择+ON 命令（P0701 = 17 或 P0706 = 17）

使用这种方式选择固定频率，最多可以选择 15 种不同的频率值。

（4）令 P0701 = 99，P1020 = 722.0，P1016 = 1，则选通 P2201 的频率设定值

5. PID 控制器的设计

PID 比例增益系数 P（P2280）使得控制器的输入及输出成比例关系，一一对应，一有偏差立即产生控制作用。一般情况下应将比例项 P 设定为较小的数值（0.5）。

PID 的积分作用 I（P2285）是为了消除静差而引入的，然而 I 的引入使得响应的快速性下降，稳定性变差，尤其大偏差阶段的积分往往使得系统响应出现过大的超调，调节时间变长，因此可以通过增大积分时间来减少积分作用，从而增加系统稳定性。注意，在积分时间 P2285 为零的情况下，并不投入积分项。

微分作用 D（P2274）的引入使之能够根据偏差变化的趋势做出反应，加快了对偏差变化的反应速度，能够有效地减小超调，缩小最大动态偏差，但同时又使系统容易受高频干扰的影响。通常情况下，并不投入微分项，即 P2274 = 0。

6. PID 控制器类型的选择（P2263）

（1）P2263 = 0

对反馈信号进行微分的控制器，即微分先行控制器，可避免大幅度改变给定值所引起的振荡现象。

（2）P2263 = 1

对误差信号进行微分的控制器。

【任务实施】

1. 相关知识

MM440 变频器内部有 PID 调节器。利用 MM440 变频器可以很方便地构成 PID 闭环控制，MM440 变频器 PID 控制原理简图如图 5-25 所示。

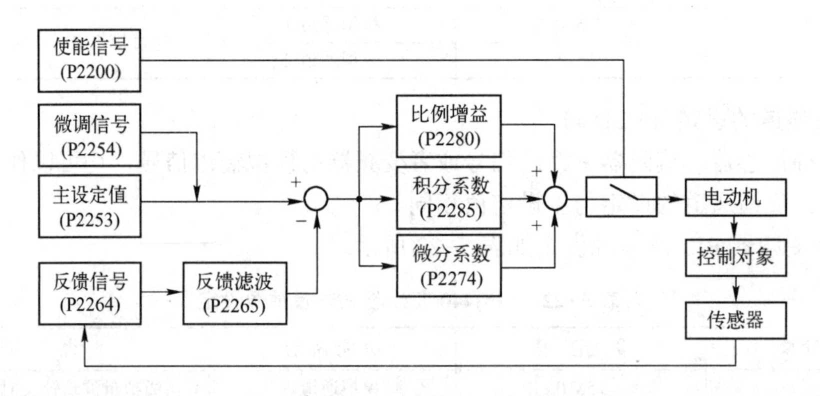

图 5-25　MM440 变频器 PID 控制原理简图

2. 按要求接线

图 5-26 为面板上设定目标值时的 PID 控制端子接线图，模拟输入端 DIP SW2 接入反馈信号（0~20 mA），数字输入端 DIN1 接入了带锁按钮 SB1 来控制变频器的起/停，给定目标值由 BOP 面板（▲▼）键设定。

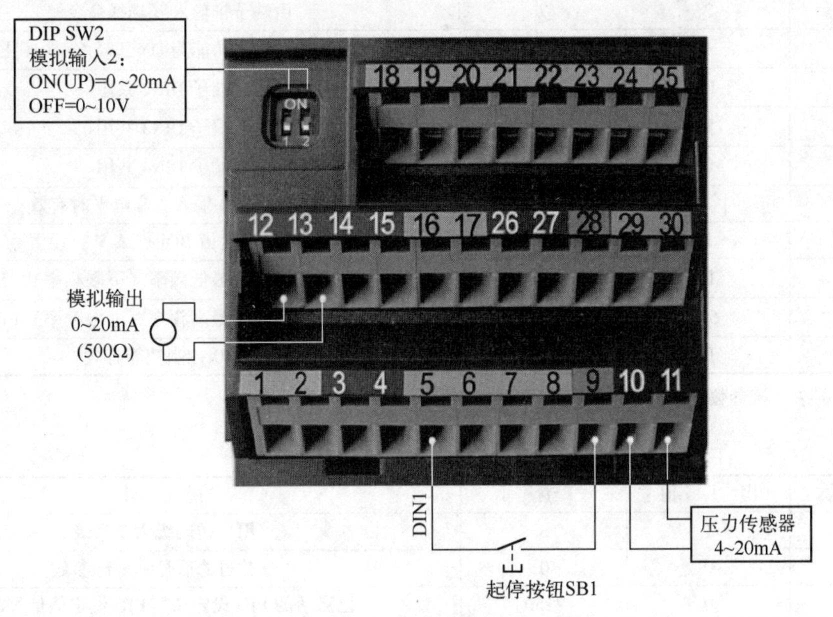

图 5-26 PID 控制端子接线图

3. 参数设置

1）参数复位。恢复变频器出厂默认值，设定 P0010=30 和 P0970=1，按下 P 键，开始复位，复位过程大约为 3 s，这样就保证了变频器的参数恢复到出厂默认值。

2）设置电动机参数，如表 5-23 所示。电动机参数设置完成后，设 P0010=0，变频器当前处于准备状态，可正常运行。

表 5-23 设置电动机参数

参数号	出厂值	设置值	说明
P0003	1	1	设用户访问级为标准级
P0010	0	1	快速调试
P0100	0	0	功率用 kW 表示，频率为 50 Hz
P0304	400	380	电动机额定电压（V）
P0305	1.90	0.80	电动机额定电流（A）
P0307	0.75	0.11	电动机额定功率（kW）
P0310	50	50	电动机额定频率（Hz）
P0311	1395	1400	电动机额定转速（r/min）

3）设置控制参数，如表 5-24 所示。

4）设置目标参数，如表 5-25 所示。

当 P2232=0，表示允许 PID-MOP 反向设定值时，可以用面板 BOP 键盘上的（▲▼）键设定 P2240 值为负值。

表 5-24　设置控制参数

参　数　号	出　厂　值	设　置　值	说　　明
P0003	1	2	用户访问级为扩展级
P0004	0	0	参数过滤后显示全部参数
P0700	2	2	由端子排输入（选择命令源）
* P0701	1	1	端子 DIN1 功能为 ON 正转/OFF 停止
* P0702	12	0	端子 DIN2 共用
* P0703	9	0	端子 DIN3 共用
* P0704	0	0	端子 DIN4 共用
P0725	1	1	端子 DIN 输入为高电平时有效
P1000	2	1	频率设定由 BOP（▲▼）设置
* P1080	0	20	电动机运行的最低频率（下限频率）（Hz）
* P1082	50	50	电动机运行的最高频率（上限频率）（Hz）
P2200	0	1	PID 控制功能有效

表中加 * 号表示该参数根据用户实际需求可以自行设定。

表 5-25　设置目标参数

参　数　号	出　厂　值	设　置　值	说　　明
P0003	1	3	用户访问级为专家级
P0004	0	0	参数过滤后显示全部参数
P2253	0	2250	已激活的 PID 设定值（PID 设定值信号源）
* P2240	10	60	由面板 BOP（▲▼）设定的目标值（%）
* P2254	0	0	无 PID 的微调信号源
* P2255	100	100	PID 设定值的增益系数
* P2256	100	0	PID 微调信号增益系数
* P2257	1	1	PID 设定值斜坡上升时间
* P2258	1	1	PID 设定值斜坡下降时间
* P2261	0	0	PID 设定值无滤波

表中加 * 号表示该参数根据用户实际需求可以自行设定。

5）设置反馈参数，如表 5-26 所示。

表 5-26　设置反馈参数

参　数　号	出　厂　值	设　置　值	说　　明
P0003	1	3	用户访问级为专家级
P0004	0	0	参数过滤后显示全部参数
P2264	755.0	755.1	PID 反馈信号由 AIN2+(即模拟输入 2）设定
* P2265	0	0	PID 反馈信号无滤波
* P2267	100	100	PID 反馈信号的上限值（%）
* P2268	0	0	PID 反馈信号的下限值（%）
* P2269	100	100	PID 反馈信号的增益（%）
* P2270	0	0	不用 PID 反馈器的数学模型
* P2271	0	0	PID 传感器的反馈形式为正常

表中加 * 号表示该参数根据用户实际需求可以自行设定。

6）设置 PID 参数，如表 5-27 所示。

表 5-27　设置 PID 参数

参数号	出厂值	设置值	说明
P0003	1	3	用户访问级为专家级
P0004	0	0	参数过滤后显示全部参数
* P2280	3	25	PID 比例增益系数
* P2285	0	5	PID 积分时间
* P2291	100	100	PID 输出上限（%）
* P2292	0	0	PID 输出下限（%）
* P2293	1	1	PID 限幅的斜坡上升/下降时间（S）

表中加 * 号表示该参数根据用户实际需求可以自行设定。

【考核评价】

在规定的时间之内完成任务，从知识与技能、学习态度与团队意识和安全生产与职业操守 3 个方面进行综合考核评价，具体考核标准如表 5-28 所示。

表 5-28　考核评价表

考核内容	考核方式	评价标准与得分				
		标准	分值	互评	教师评价	得分
知识与技能（70 分）	教师评价+互评	硬件接线是否规范、正确	20 分			
		变频器调试参数设置是否正确	30 分			
		运行操作过程是否正确	10 分			
学习态度与团队意识（15 分）	教师评价	自主学习和组织协调能力	5 分			
		分析和解决问题的能力	5 分			
		互助和团队协作意识	5 分			
安全生产与职业操守（15 分）	教师评价+互评	安全操作、文明生产职业意识	5 分			
		诚实守信、创新进取精神	5 分			
		遵章守纪、产品质量意识	5 分			
总分						

【拓展知识】

5.4.3　G120 变频器 PID 参数设置

1. G120 变频器的 PID 控制原理

闭环 PID 控制又称作工艺控制器，可以实现所有类型的简单过程控制，如压力控制、液位控制、流量控制等。G120 变频器的 PID 控制模型如图 5-27 所示。PID 控制功能可使控制系统的被控量迅速而准确地接近目标值，它实时地将传感器反馈回来的信号与被控量的目标信号相比较，如果有偏差，则通过 PID 控制器使偏差趋于 0，从而大幅提高控制精度，其中测速元件通常采用光电编码器。

2. G120 变频器 PID 主要参数设置

G120 变频器的 PID 主要参数包括设定通道、反馈通道、比例、积分和微分参数，主要参数的设置如表 5-29 所示。

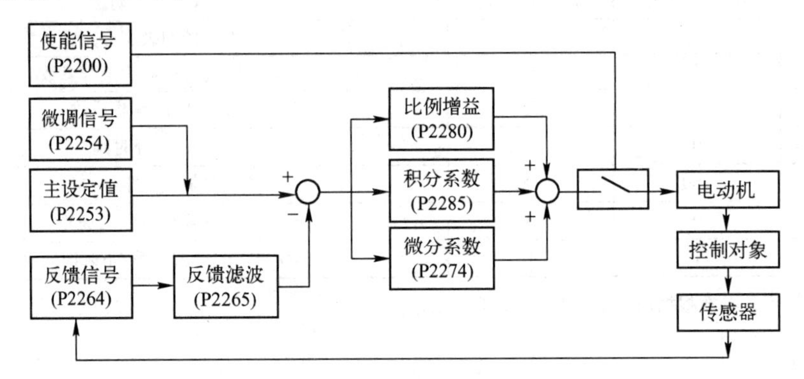

图 5-27　G120 变频器 PID 控制模型

表 5-29　设置 PID 主要参数

序号	参数	说　明
1	P2200	使能 PID 功能。 0：不使能 1：使能
2	P2253	PID 设定值，如设定压力值
3	P2264	PID 反馈值，即测量值，如测量的压力值
4	P2280	PID 比例增益，无单位
5	P2285	PID 积分时间，如 10 s
6	P2274	PID 微分时间，如 10 s
7	P2251	设置工艺控制器输出的应用模式，P2200>0，P2251=0 或 1 才生效。 0：工艺控制器作为转速主设定值 1：工艺控制器作为转速附加设定值

3. 应用示例

PID 控制在工业控制中很常用，如恒压供水、恒压供气和张力控制等。下面以 PID 在恒压供水中的应用为例做简单介绍：压力由系统内置电位器给定，模拟量通道 2 接入压力反馈信号，具体参数设置如表 5-30 所示。

其中，参数 P2900 为用户压力值的百分比，基准为反馈通道 100%对应的压力值，需要自行计算；比例增益与积分时间设置需要根据现场情况综合调整，比例越大，积分越小，系统响应越快，稳定性越差；对于恒压供水工艺，一般不采用微分设置，通常设置为 0。

表 5-30　恒压供水示例的参数设置

参数号	参数值	说　明
P0700	2	控制命令源于端子
P0840	722.0	将 DIN0 端子作为起动信号，r0722.0 为 DI0 状态的参数
P2200	1	使能 PID
P2253	2900	PID 设定值来源于固定设定值

（续）

参数号	参数值	说　明
P2900	X	为用户压力设定值的百分比
P2264	755.1	PID 反馈源于模拟通道 2
P2280	0.5	比例增益设置（根据现场工艺情况调整）
P2285	15	积分时间设置（根据现场工艺情况调整）
P2274	0	微分时间设置（通常微分需要关闭）

【项目小结】

本项目主要介绍了通过西门子 MM440 变频器实现电动机的速度控制，基本操作包括工/变频切换、加/减速控制、多段速运行、PID 控制操作等。通过本单元的学习，学生能够对变频器的功能参数进行合理的预置，并能够自行设计通过变频器实现电动机的加/减速控制、多段速运行、PID 控制电路。

思考与练习

一、简答题

1. 何为起动频率？其设置有什么作用？

2. 何为加速方式？其常见的形式有哪几种？

3. 有一车床用变频器控制主轴电动机转动，要求用操作面板进行频率和运行控制。已知电动机功率为 22 kW，额定电压为 380 V，功率因数为 0.85，效率为 0.95，转速范围为 200～1450 r/min，请设定功能参数。

二、综合题

项目训练：利用 MM440 变频器实现电动机三段速频率运转。其中，DIN3 端口设为电动机起停控制，DIN1 和 DIN2 端口设为三段速频率输入选择，三段速度设置如下。

第一段：输出频率为 15 Hz；电动机转速为 840 r/min。

第二段：输出频率为 35 Hz；电动机转速为 1960 r/min。

第三段：输出频率为 50 Hz；电动机转速为 2800 r/min。

接线电路如图 5-28 所示，试完成电动机和变频器参数设置。

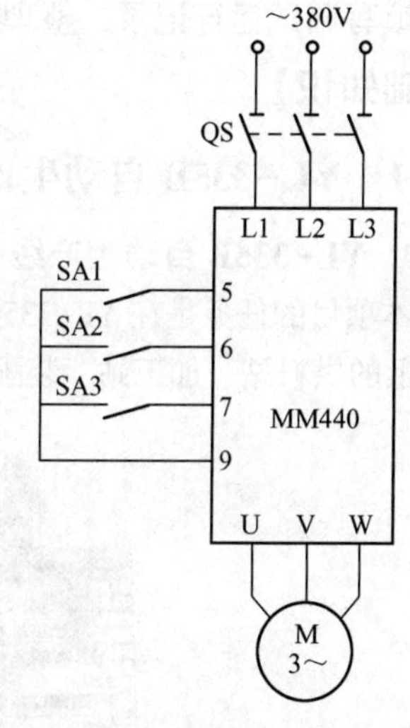

图 5-28　电动机三段速频率运转接线电路

项目 6　综合应用实例

学习目标

- 了解伺服技术在机电控制系统中的具体应用；
- 了解变频器在机电控制系统中的具体应用；
- 掌握典型机电伺服系统的构建、运行与调试。

任务 6.1　自动生产线物料输送站的伺服控制

【任务描述】

YL-335B 自动生产线输送站在整个系统中担任着主站的角色，它接收来自触摸屏的系统主令信号，读取网络上各从站的状态信息，加以综合处理后，向各从站发送控制要求，协调整个系统的工作。其主要功能是驱动抓取机械手装置精确定位到指定单元的物料台，在物料台上抓取工件，把抓到的工件输送到指定地点后放下。

本任务的主要内容是对输送站中驱动抓取机械手装置沿直线导轨做往复运动的动力源进行驱动电路设计、参数设置，并能在提供的程序辅助下进行联机调试，实现规定的控制要求，填写调试运行记录，整理相关文件并进行检查评价。

【基础知识】

6.1.1　YL-335B 自动生产线输送站组成及控制要求

1. YL-335B 自动生产线

本项目的任务是在 YL-335B 型自动生产线装备上进行的，该设备由安装在铝合金导轨式实训台上的供料站、加工站、装配站、输送站和分拣站 5 个单元组成。其俯视图如图 6-1 所示。

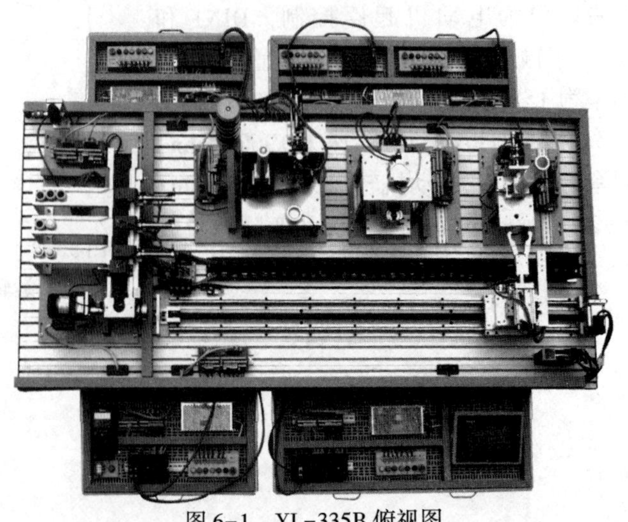

图 6-1　YL-335B 俯视图

各个单元的基本功能如下。

（1）供料站

动画 6-1　YL-335B 自动生产线的组成

供料站是 YL-335B 中的起始单元，在整个系统中起着向系统中的其他单元提供原料的作用。具体的功能是：按照需要将放置在料仓中的待加工工件（原料）自动地推出到物料台上，以便输送站的机械手将其抓取，机械手抓取后输送到其他单元上。图 6-2 所示为供料站的实物全貌。

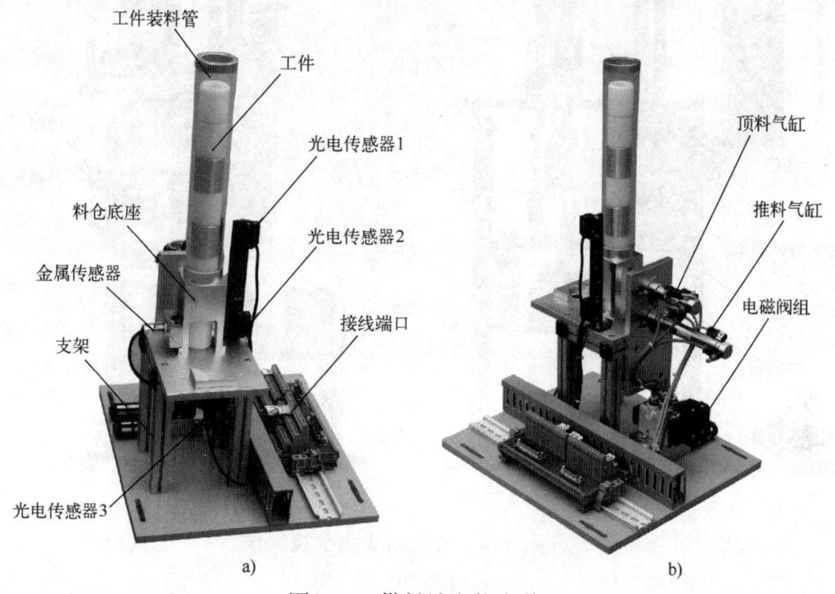

图 6-2　供料站实物全貌

a）正视图　b）侧视图

（2）加工站

加工站负责把物料台上的工件（工件由输送站的抓取机械手装置送来）送到冲压机构下面，完成一次冲压加工动作，然后送回到物料台上，等待输送单元的抓取机械手装置取出。图 6-3 所示为加工站的实物全貌。

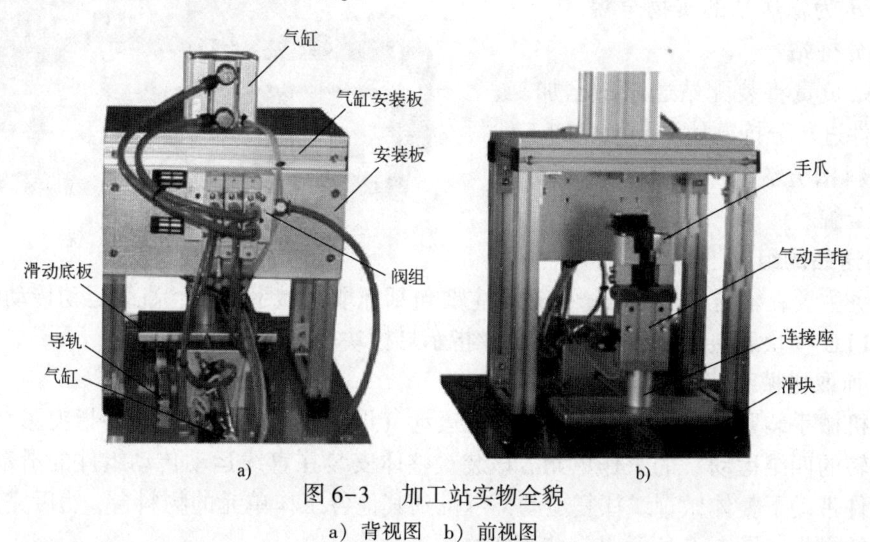

图 6-3　加工站实物全貌

a）背视图　b）前视图

(3) 装配站

装配站负责将料仓内的黑色或白色小圆柱工件嵌入已加工工件中的装配过程。图 6-4 所示为装配站实物全貌。

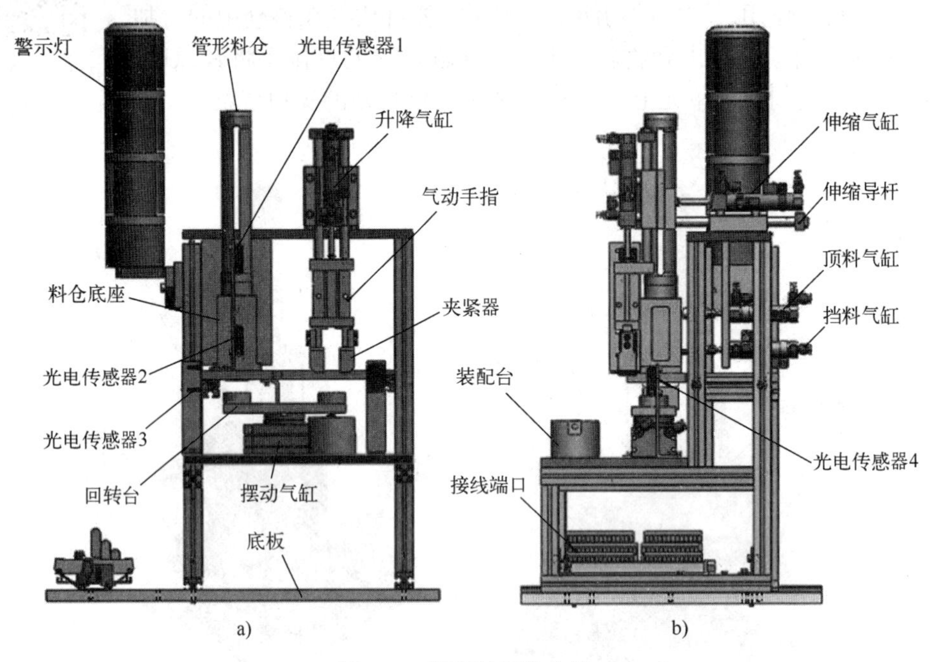

图 6-4　装配站实物全貌

a）前视图　b）背视图

(4) 输送站

输送站通过机械手装置到指定单元的物料台上抓取工件，把抓取到的工件输送到指定位置，实现传送工件的功能。图 6-5 所示为输送站的实物全貌。

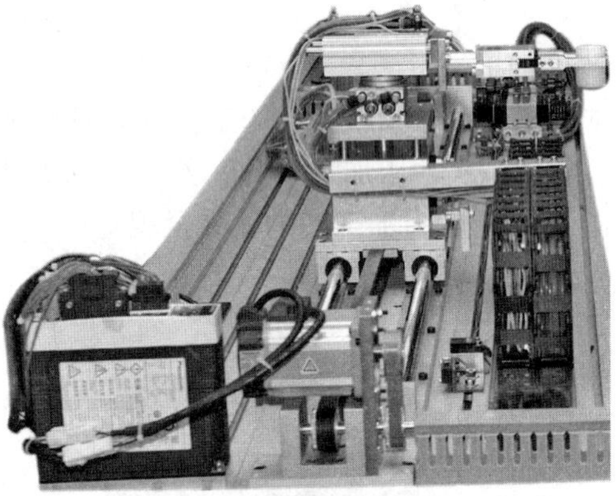

图 6-5　输送站实物全貌

(5) 分拣站

分拣站负责将装配站送来的已加工、装配的工件进行分拣，使不同颜色的工件从不同的料槽分流。图 6-6 所示为分拣站的实物全貌。

2. 输送站的组成

本任务主要在输送站上完成。输送站主要包括抓取机械手装置、直线运动传动组件、拖链装置、PLC 模块和接线端口，以及按钮/指示灯模块等部件。

(1) 抓取机械手装置

抓取机械手装置是一个能实现三自由度运动（即升降、伸缩、气动手指夹紧/松开和沿垂直轴旋转的四维运动）的工作单元。该装置整体安装在直线运动传动组件的滑动溜板上，在传动组件带动下整体做直线往复运动，定位到其他各工作单元的物料台，然后完成抓取和放下工件的操作。图 6-7 所示是该装置实物图。

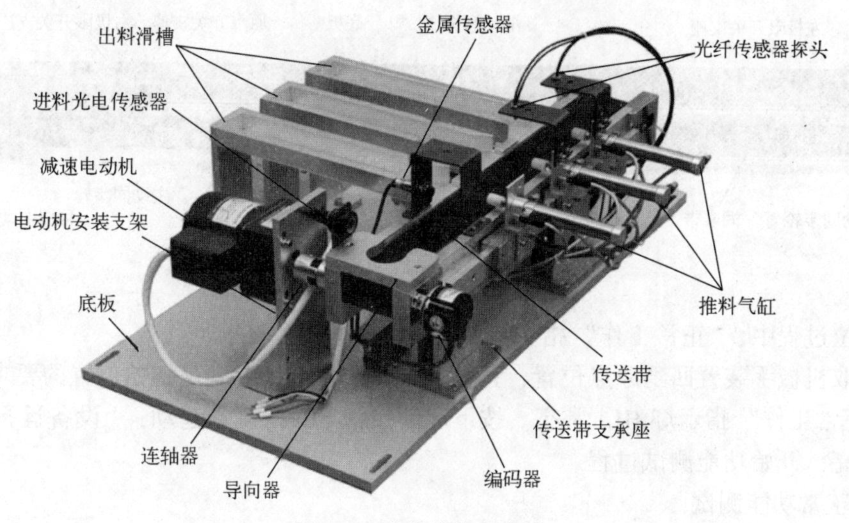

图 6-6　分拣站实物全貌

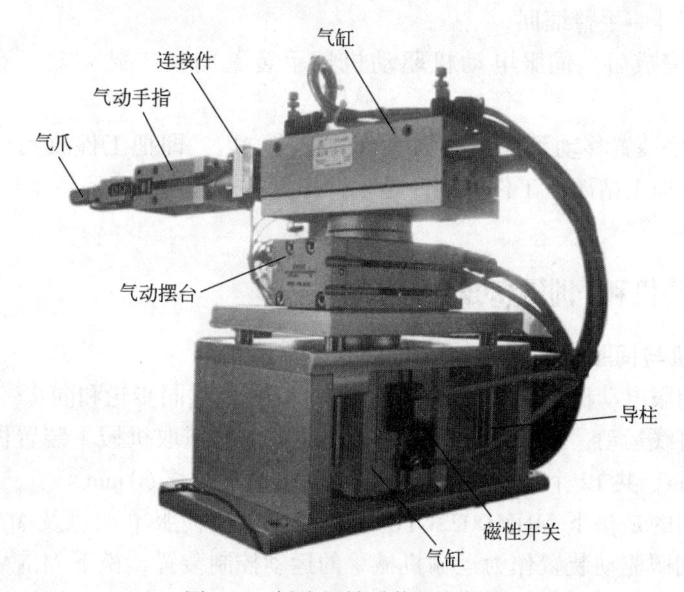

图 6-7　抓取机械手装置实物图

（2）直线运动传动组件

直线运动传动组件用于拖动抓取机械手装置做往复直线运动，从而完成精确定位的功能。直线运动传动组件由直线导轨底板、伺服电动机与伺服放大器、同步轮、同步带、直线导轨、滑动溜板、拖链和原点接近开关、左/右极限开关等组成，组件的俯视图如图 6-8 所示。

3. 输送站控制要求

输送站单站运行的目标是测试设备传送工件的功能。这里要求其他各工作单元已经就位，并且在供料单元的出料台上放置了工件。具体控制要求如下。

（1）复位功能测试

输送单元在通电后，按下复位按钮 SB1，执行复位操作，使抓取机械手装置回到原点位

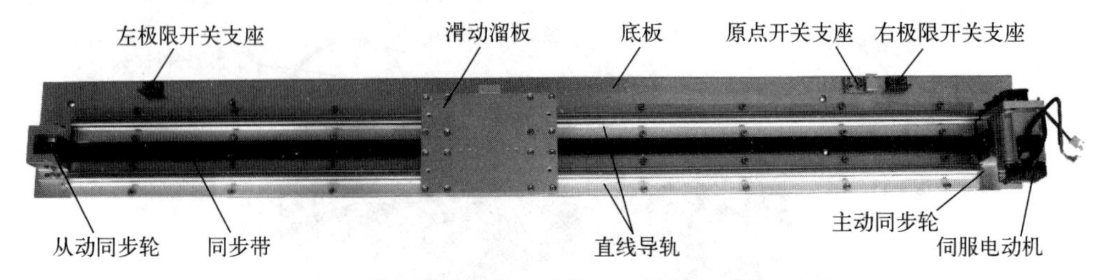

图 6-8　直线运动传动组件俯视图

置。在复位过程中，“正常工作”指示灯 HL1 以 1 Hz 的频率闪烁。

当抓取机械手装置回到原点位置，且输送单元的各个气缸满足初始位置的要求后，复位完成，“正常工作”指示灯 HL1 常亮。按下起动按钮 SB2，设备起动，“设备运行”指示灯 HL2 也常亮，开始功能测试过程。

（2）正常功能测试

1）抓取机械手装置从供料站出料台抓取工件，抓取的顺序是手臂伸出→手爪夹紧以抓取工件→提升台上升→手臂缩回。

2）抓取动作完成后，伺服电动机驱动机械手装置向加工站移动，移动速度不小于 300 mm/s。

3）抓取机械手装置移动到加工站物料台的正前方后，即把工件放到加工站物料台上。抓取机械手装置在加工站放下工件的顺序是手臂伸出→提升台下降→手爪松开以放下工件→手臂缩回。

6.1.2　伺服电动机和伺服驱动器参数设置

1. 伺服电动机与伺服放大器

输送站中，伺服电动机由伺服电动机放大器驱动，通过同步轮和同步带带动滑动溜板沿直线导轨做往复直线运动，从而带动固定在滑动溜板上的抓取机械手装置做往复直线运动。同步轮齿距为 5 mm，共 12 个齿，即旋转一周搬运机械手位移 60 mm。

本输送站选用的是松下 MHMD022G1U 永磁同步交流伺服电动机及 MADHT1507E 全数字交流永磁同步伺服驱动装置作为运输机械手的运动控制装置。松下 MINAS A4 系列 AC 伺服电动机驱动器，电动机编码器反馈脉冲为 2500pulse/rev。在默认情况下，驱动器反馈脉冲电子齿轮比的分-倍频值为 4 倍频。

伺服电动机 MHMD022G1U 的含义：MHMD 表示电动机类型为大惯量，02 表示电动机的额定功率为 200 W，2 表示电压规格为 200 V，G 表示编码器为增量式编码器，脉冲数为 20 位，分辨率为 1048576，输出信号线数为 5 根线。伺服电动机结构如图 6-9 所示。

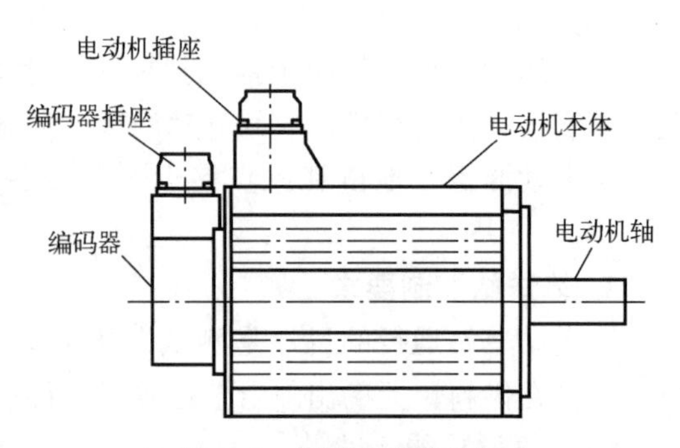

图 6-9　伺服电动机结构

MADHT1507E 的含义：MADH 表示松下 A5 系列 A 驱动器，T1 表示最大额定电流为 10 A，5 表示电源电压规格为单相/三相 200 V，07 表示电流监测器额定电流为 7.5 A。伺服驱动器面板如图 6-10 所示。

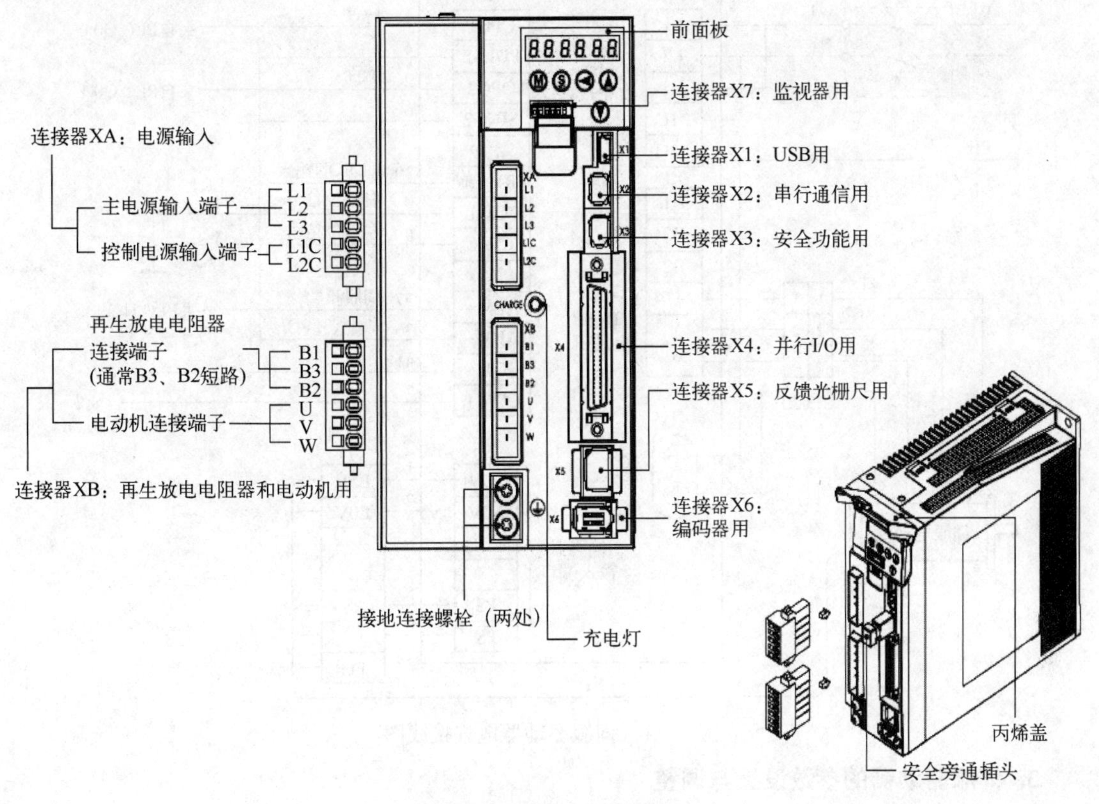

图 6-10 伺服驱动器面板

2. 接线

MADHT1507E 伺服驱动器面板上有多个接线端口。

XA：电源输入接口，220 V 电源连接到 L1、L3 主电源端子，同时连接到控制电源端子 L1C、L2C 上。

XB：电动机接口和外置再生放电电阻器接口。U、V、W 端子用于连接电动机。必须注意，电源电压务必按照驱动器铭牌上的指示，电动机接线端子（U、V、W）不可以接地或短路，交流伺服电动机的旋转方向不像感应电动机那样可以通过交换三相相序来改变，必须保证驱动器上的 U、V、W、E 接线端子与电动机主回路接线端子按规定的次序一一对应，否则可能造成驱动器的损坏。必须确保电动机的接线端子和驱动器的接地端子以及滤波器的接地端子可靠地连接到同一个接地点上。机身也必须接地。B1、B3、B2 端子是外接放电电阻，YL-335B 没有使用外接放电电阻。

X6：连接电动机编码器信号的接口，连接电缆应选用带有屏蔽层的双绞电缆，屏蔽层应接到电动机侧的接地端子上，并且应确保将编码器电缆屏蔽层连接到插头的外壳（FG）上。

X4：I/O 控制信号端口，其部分引脚信号定义与选择的控制模式有关。YL-335B 输送站中，伺服电动机用于定位控制，选用位置控制模式。所采用的是简化接线方式，如图 6-11 所示。

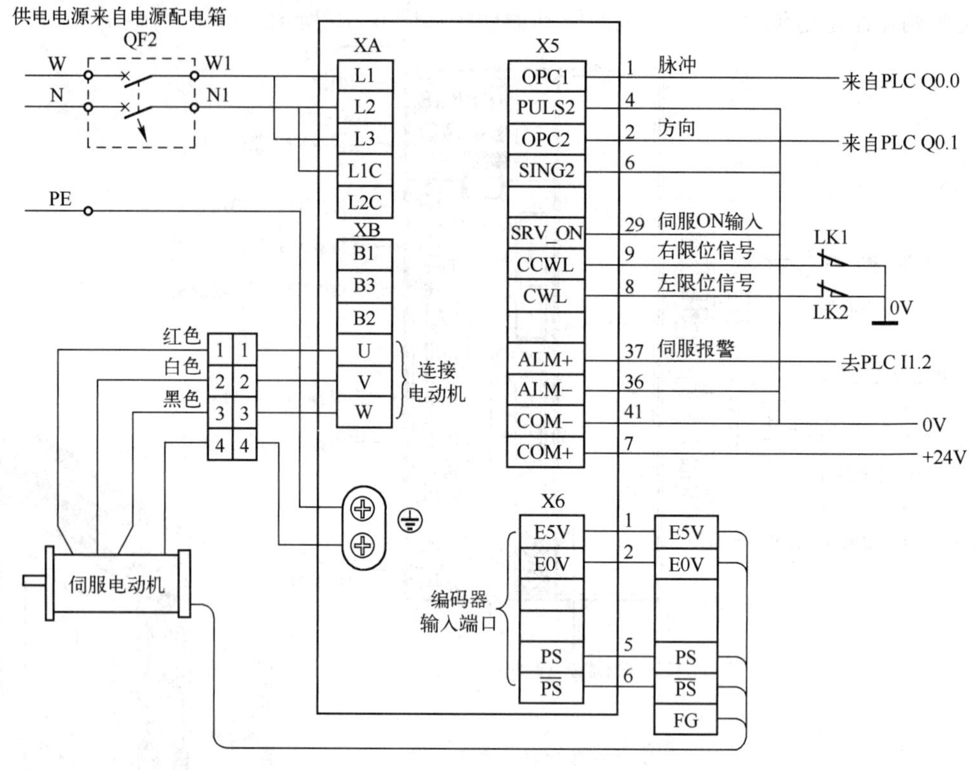

图 6-11　伺服驱动器电气接线图

3. 伺服驱动器的参数设置与调整

松下的伺服驱动器有 7 种控制运行方式，即位置控制、速度控制、转矩控制、位置/速度控制、位置/转矩控制、速度/转矩控制、全闭环控制。位置控制方式就是输入脉冲串来使电动机定位运行，电动机转速与脉冲串频率相关，电动机转动的角度与脉冲个数相关；速度控制方式有两种，一是通过输入直流-10 ~10 V 的指令电压调速，二是选用驱动器内设置的内部速度来调速；转矩控制方式是通过输入直流-10~10 V 的指令电压调节电动机的输出转矩，在这种方式下运行必须要进行速度限制，速度限制的方式有设置驱动器内的参数和输入模拟量电压限速两种。

（1）参数设置方式

MADHT1507E 伺服驱动器的参数为 Pr000~Pr639，共 218 个，可以在驱动器的面板上进行设置，各个按键的说明如表 6-1 所示。

表 6-1　伺服驱动器面板按键的说明

按键说明	激活条件	功　能
MODE	在模式显示时有效	在以下 4 种模式之间切换： 1）监视器模式 2）参数设定模式 3）EEPROM 写入模式 4）辅助功能模式
SET	一直有效	用来在模式显示和执行显示之间切换

（续）

按键说明	激活条件	功能
▲ ▼	仅对小数点闪烁的那一位数据位有效	改变个模式里的显示内容、更改参数、选择参数或执行选中的操作
◀		把小数点移动到更高位数处

（2）面板操作

1）参数设置。先按 SET 键，再按 MODE 键，当出现 Pr00 后，按向上、向下或向左的方向键选择通用参数的项目，按 SET 键进入。然后按向上、向下或向左的方向键调整参数，调整完后，长按 S 键确认参数返回。

2）参数保存。按 M 键，当出现 EE-SET 后，按 SET 键确认，出现 EEP-，然后按向上键 3 s，出现“FINISH”或“reset”，然后重新上电即可保存。

4. 伺服驱动器的主要参数

在 YL-335B 上，伺服驱动装置工作于位置控制模式，S7-226 PLC 的 Q0.0 输出脉冲作为伺服驱动器的位置指令，脉冲的数量决定伺服电动机的旋转位移，即机械手的直线位移，脉冲的频率决定了伺服电动机的旋转速度，即机械手的运动速度，S7-226 PLC 的 Q0.1 输出脉冲作为伺服驱动器的方向指令。对于控制要求较为简单的情况，伺服驱动器可采用自动增益调整模式。根据上述要求，伺服驱动器参数设置如表 6-2 所示。

表 6-2　伺服驱动器参数设置

序号	参数		设置值	功能
1	Pr5.28	LED 初始状态	1	显示电动机转速
2	Pr0.01	控制模式	0	位置控制（相关代码 P）
3	Pr5.04	驱动禁止输入设定	2	当左或右（POT 或 NOT）限位动作，会发生 Err38 行程限位禁止输入信号出错报警。此参数值必须在控制电源断电重启之后才能修改、写入
4	Pr0.04	惯量比	250	
5	Pr0.02	实时自动增益设置	1	实时自动调整为标准模式，运行时负载惯量的变化情况很小。
6	Pr0.03	实时自动增益的机械刚性选择	13	此参数值设得越大，响应越快。
7	Pr0.06	指令脉冲旋转方向设置	1	
8	Pr0.07	指令脉冲输入方式	3	
9	Pr0.08	电动机每旋转一转的脉冲数	6000	

注：其他参数的说明及设置请参看松下 NINAS A5 系列伺服电动机、驱动器使用说明书。

【任务实施】

1. 电气线路设计及连接

输送站所需的 I/O 点较多。其中，输入信号包括来自按钮/指示灯模块的按钮、开关等主令信号，各构件的传感器信号等；输出信号包括抓取机械手装置中各电磁阀的控制信号，以及伺服电动机驱动器的脉冲信号和驱动方向信号。此外还需要考虑在需要时输出信号到按钮/指示灯模块的指示灯，以显示本站或系统的工作状态。由于需要输出驱动伺服电动机的高速脉冲，因此 PLC 应采用晶体管输出型。基于上述考虑，选用西门子 S7-226 DC/DC/DC 型 PLC，共 24 点输入、16 点晶体管输出，设计出的电路接线图如图 6-12 所示。

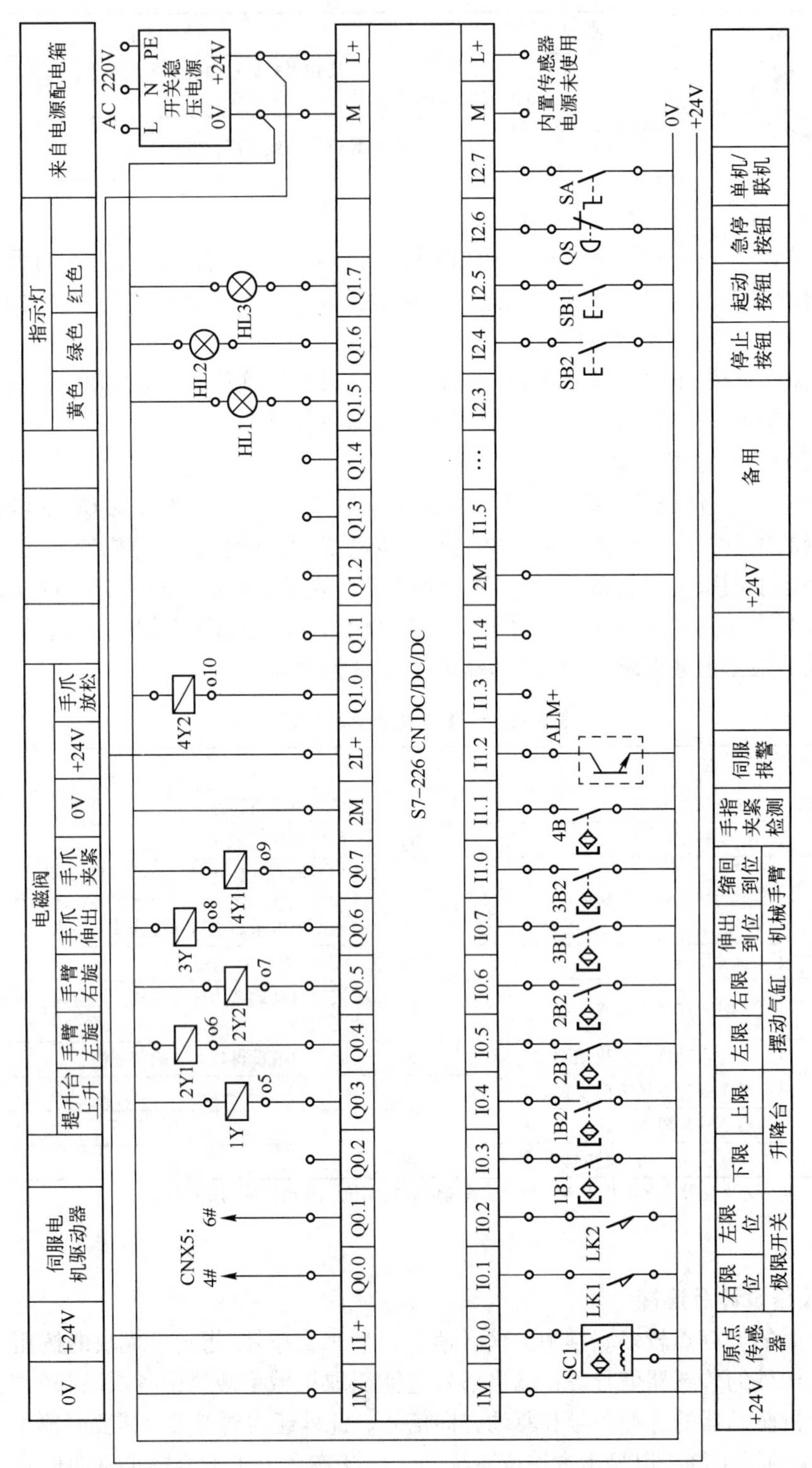

图 6-12　输送站电路接线图

根据所设计的伺服驱动器电气接线图（图6-11）及输送站电路接线图（图6-12）进行电路连接，并检查连接是否正确可靠。

2. 伺服驱动器参数设置

完成系统的电气接线后，接下来需对伺服电动机驱动器进行参数设置，按表 6-2 所示进行参数设置。

3. 输入程序

输送站的程序功能包括上电后复位、传送功能测试、紧急停止处理和状态指示等。输送站程序控制的关键是伺服电动机的定位控制，在编写程序时，应预先规划好各段的包络中的脉冲量，然后借助位置控制向导组态 PTO（高速脉冲串输出）来实现伺服电动机的位置控制。具体在知识拓展部分进行介绍。

4. 运行调试

输送站运行的目标是测试设备传送工件的功能。要求其他各工作单元已经就位，并且在供料单元的出料台上放置了工件。具体测试要求如下。

（1）复位功能测试

输送单元在通电后，按下复位按钮 SB1，执行复位操作，使抓取机械手装置回到原点位置。在复位过程中，“正常工作”指示灯 HL1 以 1 Hz 的频率闪烁。

当抓取机械手装置回到原点位置，且输送单元各个气缸满足初始位置的要求后，复位完成，“正常工作”指示灯 HL1 常亮。按下起动按钮 SB2，设备起动，“设备运行”指示灯 HL2 也常亮，开始功能测试过程。

（2）正常功能测试

1）抓取机械手装置从供料站出料台抓取工件，抓取的顺序是：手臂伸出→手爪夹紧以抓取工件→提升台上升→手臂缩回。

2）抓取动作完成后，伺服电动机驱动机械手装置向加工站移动，移动速度不小于300 mm/s。

3）机械手装置移动到加工站物料台的正前方后，即把工件放到加工站物料台上。抓取机械手装置在加工站放下工件的顺序是：手臂伸出→提升台下降→手爪松开以放下工件→手臂缩回。

4）放下工件动作完成的 2 s 后，抓取机械手装置执行抓取加工站工件的操作。抓取的顺序与供料站抓取工件的顺序相同。

5）抓取动作完成后，伺服电动机驱动机械手装置移动到装配站物料台的正前方，然后把工件放到装配站物料台上。其动作顺序与加工站放下工件的顺序相同。

6）放下工件动作完成的 2 s 后，抓取机械手装置执行抓取装配站工件的操作。抓取的顺序与供料站抓取工件的顺序相同。

7）机械手手臂缩回后，摆台逆时针旋转 90°，伺服电动机驱动机械手装置从装配站向分拣站运送工件，到达分拣站传送带上方入料口后把工件放下。动作顺序与加工站放下工件的顺序相同。

8）放下工件动作完成后，机械手手臂缩回，然后执行返回原点的操作。伺服电动机驱动机械手装置以 400 mm/s 的速度返回，返回 900 mm 后，摆台顺时针旋转 90°，然后以 100 mm/s 的速度低速返回原点停止。

当抓取机械手装置返回原点后，一个测试周期结束。当供料单元的出料台上放置了工件时，再按一次起动按钮 SB2，开始新一轮的测试。

(3) 非正常运行的功能测试

若在工作过程中按下急停按钮 QS，则系统立即停止运行。在急停复位后，应从急停前的断点开始继续运行。但是若急停按钮按下时，输送站机械手装置正在向某一目标点移动，则急停复位后，输送站机械手装置应首先返回原点位置，然后向原目标点运动。

在急停状态，绿色指示灯 HL2 以 1 Hz 的频率闪烁，直到急停复位后恢复正常运行时，HL2 恢复常亮。

【考核评价】

在规定的时间之内完成任务，从知识与技能、学习态度与团队意识和安全生产与职业操守 3 个方面进行综合考核评价，具体考核标准如表 6-3 所示。

表 6-3　考核评价表

考核内容	考核方式	评价标准与得分				
		标　　准	分值	互评	教师评价	得分
知识与技能（70 分）	教师评价+互评	电路安装是否正确，接线是否规范	20 分			
		伺服电动机参数设置是否正确	30 分			
		程序运行调试是否完全满足调试要求	20 分			
学习态度与团队意识（15 分）	教师评价	自主学习和组织协调能力	5 分			
		分析和解决问题的能力	5 分			
		互助和团队协作意识	5 分			
安全生产与职业操守（15 分）	教师评价+互评	安全操作、文明生产职业意识	5 分			
		诚实守信、创新进取精神	5 分			
		遵章守纪、产品质量意识	5 分			
总分						

【拓展知识】

6.1.3　伺服电动机的定位控制编程

S7-200 PLC 有两个内置 PTO/PWM 发生器，用于建立高速脉冲串输出（PTO）或脉宽调节（PWM）信号波形。

为了简化用户应用程序中位控功能的使用，STEP 7-Micro/WIN 提供的位控向导可以帮助用户在很短的时间内全部完成 PWM、PTO 或位控模块的组态。向导可以生成位置指令，用户可以用这些指令在其应用程序中为速度和位置提供动态控制。

1. 开环位控中用于伺服电动机的基本参数

借助位控向导组态 PTO 输出时，需要用户提供以下基本参数信息。

(1) 最大速度（MAX_SPEED）和起动/停止速度（SS_SPEED）

最大速度（MAX_SPEED）和起动/停止速度（SS_SPEED）示意图如图 6-13 所示。

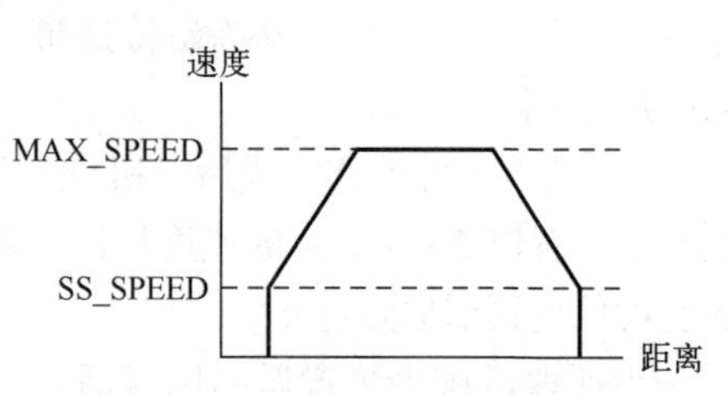

图 6-13　最大速度和起动/停止速度示意图

MAX_SPEED 是允许的操作速度的最大值，它应在电动机力矩能力的范围内。驱动负载所需的力矩由摩擦力、惯性以及加/减速时间决定。

SS_SPEED 的数值应满足电动机在低速时驱动负载的能力。如果 SS_SPEED 的数值过低，电动机和负载在运动的开始和结束时可能会摇摆或颤动。如果 SS_SPEED 的数值过高，电动机会在起动时丢失脉冲，并且负载在试图停止时会使电动机超速。通常，SS_SPEED 值是 MAX_SPEED 值的 5%~15%。

（2）加速时间（ACCEL_TIME）和减速时间（DECEL_TIME）

加速时间（ACCEL_TIME）和减速时间（DECEL_TIME）示意图如图 6-14 所示。

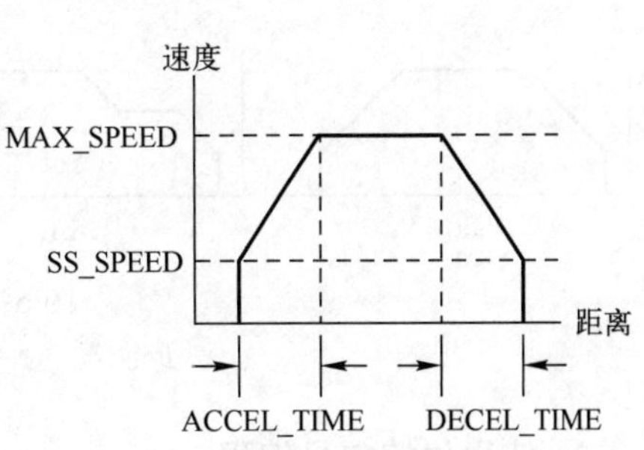

图 6-14　加速时间和减速时间示意图

ACCEL_TIME：电动机从 SS_SPEED 速度加速到 MAX_SPEED 速度所需的时间。

DECEL_TIME：电动机从 MAX_SPEED 速度减速到 SS_SPEE D 速度所需的时间。

加速时间和减速时间的设定是以毫秒为单位的，默认设置都是 1000 ms。通常，电动机可在小于 1000 ms 的时间内工作。

电动机的加速和失速时间通常要经过测试来确定。开始时，应输入一个较大的值，逐渐减少这个时间值直至电动机开始失速，从而优化应用中的这些设置。

（3）包络

包络是一个预先定义的移动描述，它包括一个或多个速度，影响着从起点到终点的移动。一个包络由多段组成，每段包含一个达到目标速度的加/减速过程和以目标速度匀速运行的一串固定数量的脉冲。

位控向导提供移动包络定义界面，应用程序所需的每一个移动包络均可在这里定义。PTO 支持最大 100 个包络。

定义一个包络，除了要为包络定义一个符号名之外，还要为包络选择操作模式以及为包络的各步定义参数指标。

1）选择包络的操作模式。

PTO 支持相对位置和单速连续转动两种模式，如图 6-15 所示。相对位置模式是指运动的终点位置是从起点侧开始计算的脉冲数量来确定的。单速连续转动则不需要提供终点位置，PTO 一直持续输出脉冲，直至有其他命令发出，例如到达原点要求停发脉冲。

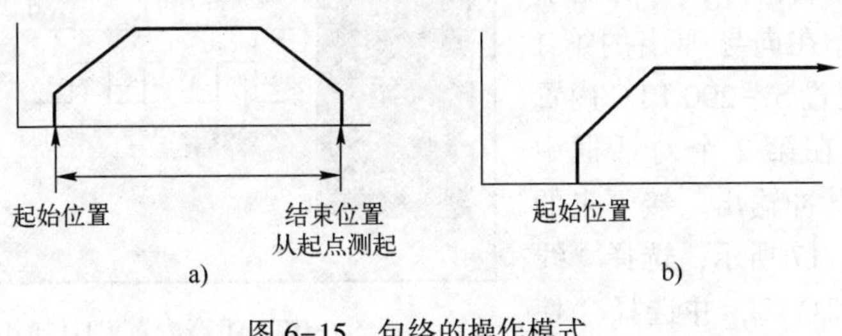

图 6-15　包络的操作模式
a）相对位置　b）单速连续转动

2）包络中的步。

一个步指工件运动的一个固定距离，包括加速和减速时间内的距离。PTO 的每一包络最大允许 29 个步。

每一步都包括目标速度和结束位置或脉冲数目等几个参数指标。图 6-16 所示为一步、两步、三步和四步包络。注意，一步包络只有一个常速段，两步包络有两个常速段，以此类推。步的数目与包络中常速段的数目一致。

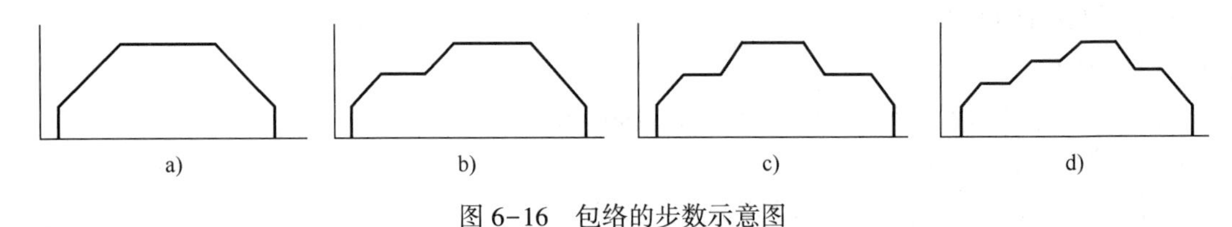

图 6-16　包络的步数示意图

a）一步包络　b）两步包络 c）　三步包络　d）四步包络

2. 使用位控向导编程

STEP 7 V4.0 软件的位控向导能自动处理 PTO 的单段管线和多段管线、脉宽调制、SM 位置配置和包络表创建。

下面介绍使用位控向导编程的方法和步骤。表 6-4 是实现伺服电动机运行所需的运动包络。

表 6-4　实现伺服电动机运行所需的运动包络

运动包络	站　　点	位移脉冲量/pule	目标速度/(pule/s)	移动方向
0	供料站→加工站	85600	6000	
1	加工站→装配站	52000	6000	
2	装配站→分解站	42700	6000	
3	分拣站→高速回零前	168000	57000	DIR
4	低速回零	单速返回	20000	DIR

使用位控向导编程的步骤如下。

（1）S7-200 PLC 组态内置 PTO 操作

在 STEP 7 V4.0 软件命令菜单中选择工具→位置控制向导，即开始引导位置控制配置。在向导弹出的第 1 个对话框中选择配置 S7-200 PLC 内置 PTO/PWM 操作。在第 2 个对话框中选择“Q0.0”做脉冲输出。接下来的第 3 个界面如图 6-17 所示，选择“线性脉冲串输出（PTO)”，并选择“使用高速计数器 HSC0（模式 12）自动计数线性 PTO 生成的脉冲。此功能将在内部完成，无需外部接线。”复选框。单击“下一

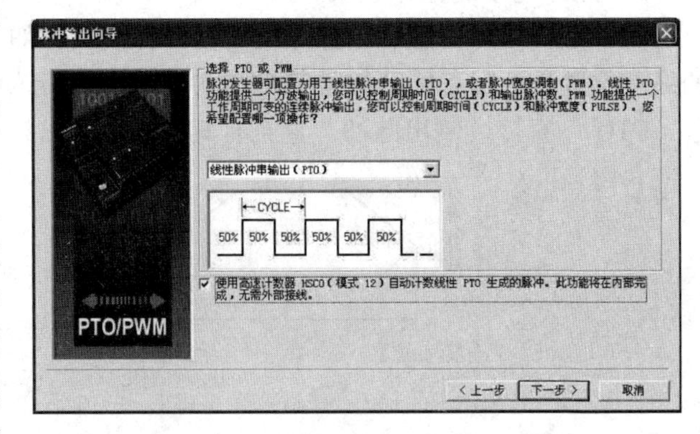

图 6-17　组态内置 PTO 操作选择界面

步”按钮就开始了组态内置 PTO 操作。

（2）设定伺服电动机速度参数

在接下来的两个界面中，按照提示在对应的编辑框中设定电动机速度参数，主要有最高电动机速度（MAX_SPEED）和电动机起动/停止速度（SS_SPEED），以及加速时间（ACCEL_TIME）和减速时间（DECEL_TIME）。

例如，输入最高电动机速度“90000”，把电动机起动/停止速度设定为“600”，将加速时间（ACCEL_TIME）和减速时间（DECEL_TIME）分别设置为 1000 ms 和 200 ms。至此完成为位控向导提供基本信息的工作。单击“下一步”按钮，开始配置运动包络界面。

（3）配置运动包络

图 6-18 所示是配置运动包络的界面。该界面要求设定操作模式、步的目标速度、结束位置等步的指标，以及定义这一包络的符号名。

在操作模式选项中选择“相对位置”控制，设置包络 0 中数据的目标速度为 60000 脉冲/s，设置结束位置为 85600 脉冲，单击“绘制包络”按钮，进入第 0 个包络的设置界面，如图 6-19 所示。注意，这个包络只有一步。包络的符号名按默认定义（Profile0_0）。这样，第 0 个包络的设置，即从供料站→加工站的运动包络设置就完成了。

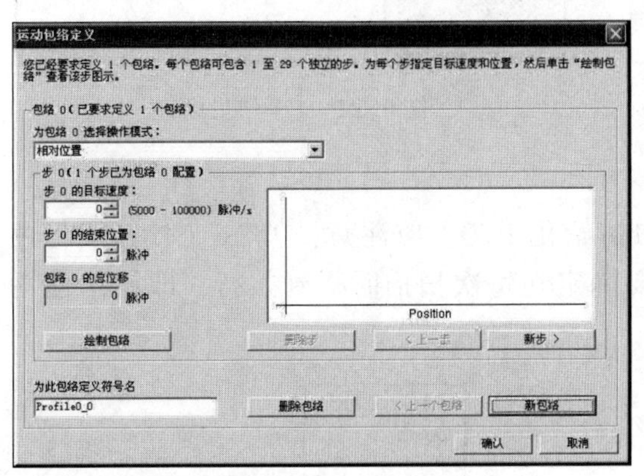

图 6-18　配置运动包络界面

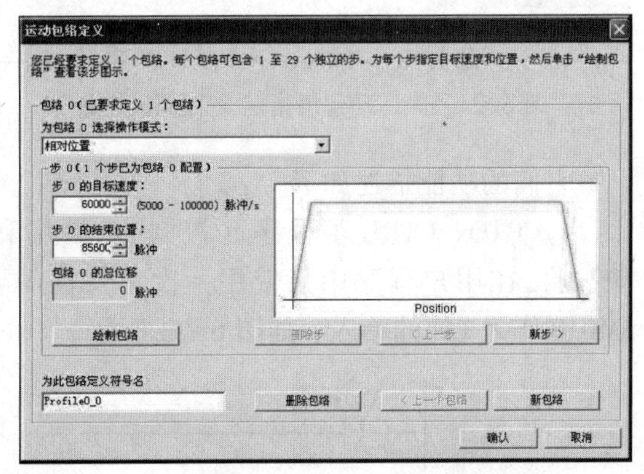

图 6-19　设置第 0 个包络的界面

按上述方法将表 6-4 中 1～3 包络的位置数据输入包络中去。第 4 个包络是低速回零，是单速连续运行模式。选择这种操作模式后，出现图 6-20 所示的界面，设置目标速度为 20000 脉冲/s。界面中还有一个“编一个子程序（PTOx_ADV）用于为此包络启动 STOP（停止）操作”复选框，是指当停止信号输入时再向运动方向按设定的脉冲数走完停止，在本系统不使用。

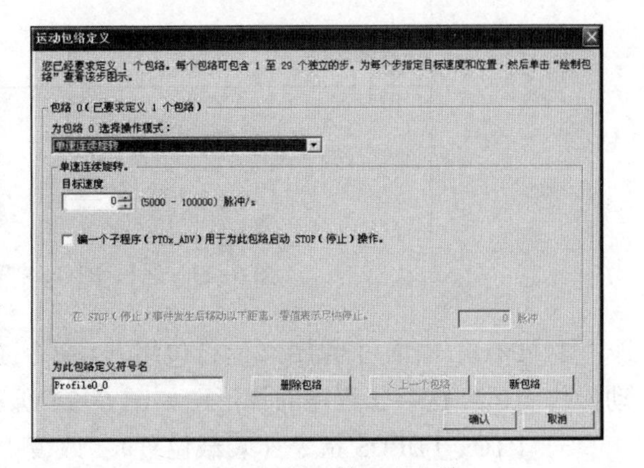

图 6-20　设置第 4 个包络

（4）生成运动包络

配置完运动包络运动参数之后，单击“确认”按钮，向导会要求为运动包络指定 V 存储区地址（建议地址为 VB75～VB300），可默认这一建议，也可自行输入一个合适的地址。图 6-21 所示是指定 V 存储区首地址为 VB400 时的界面，向导会自动计算地址的范围。单击“下一步”按钮，在出现的界面上单击“完成”按钮。

3. 使用位控向导生成的项目组件

运动包络组态完成后，向导会为所选的配置生成 4 个项目组件（子程序），分别是 PTOx_CTRL 子程序（控制）、PTOx_RUN 子程序（运行包络），PTOx_LDPOS 指令（装载位置）和 PTOx_MAN 子程序（手动模式），如图 6-22 所示。一个由向导产生的子程序就可以在程序中调用。

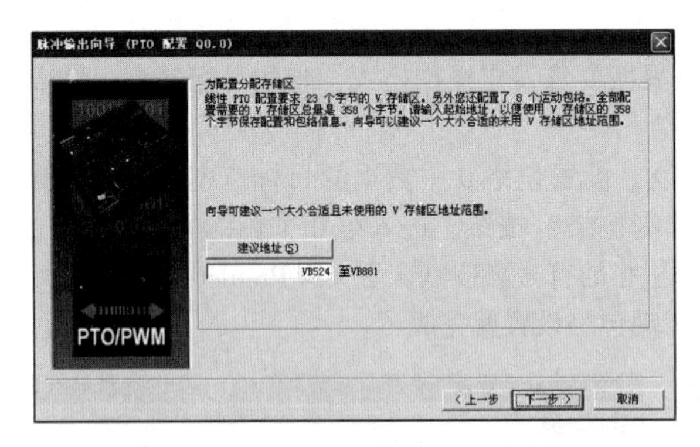

图 6-21　为运动包络指定 V 存储区地址

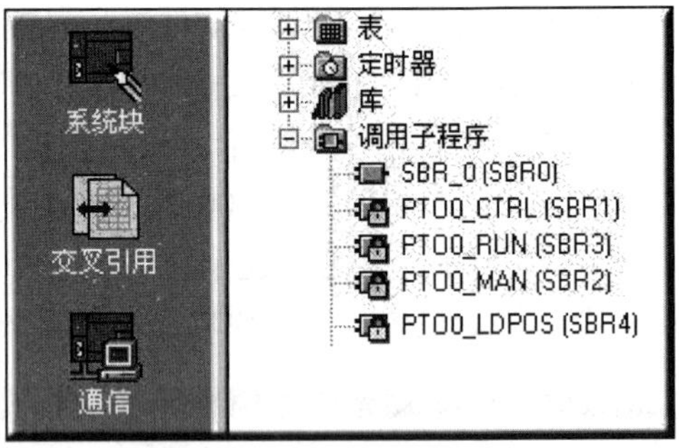

系统块
交叉引用
通信
表
定时器
库
调用子程序
SBR_0 (SBR0)
PTO0_CTRL (SBR1)
PTO0_RUN (SBR3)
PTO0_MAN (SBR2)
PTO0_LDPOS (SBR4)

图 6-22　4 个项目组件

它们的功能描述如下。

1）PTOx_CTRL 子程序（控制）：启用和初始化 PTO。应注意，PTOx_CTRL 子程序（控制）在用户程序中只使用一次，并且需要确定在每次扫描时得到执行，即始终使用 SM0.0 作为 EN 的输入，如图 6-23 所示。

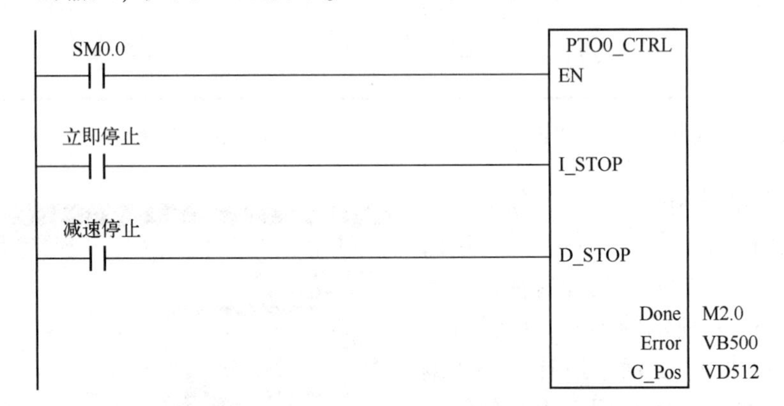

图 6-23　运行 PTOx_CTRL 子程序的梯形图

2）PTOx_RUN 子程序（运行包络）：命令 PLC 执行存储于配置/包络表的指定包络运动操作。运行这一子程序的梯形图如图 6-24 所示。

3）PTOx_LDPOS 指令（装载位置）：改变 PTO 脉冲计数器的 C_Pos 值为一个新值。可用该指令为任何一个运动命令建立一个新的零位置。图 6-25 所示是一个使用 PTO0_LDPOS 指令实现返回原点完成后清零功能的梯形图。

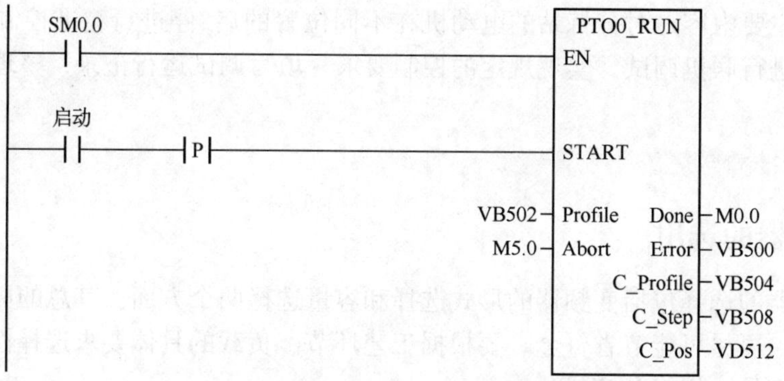

图 6-24　运行 PTOx_RUN 子程序的梯形图

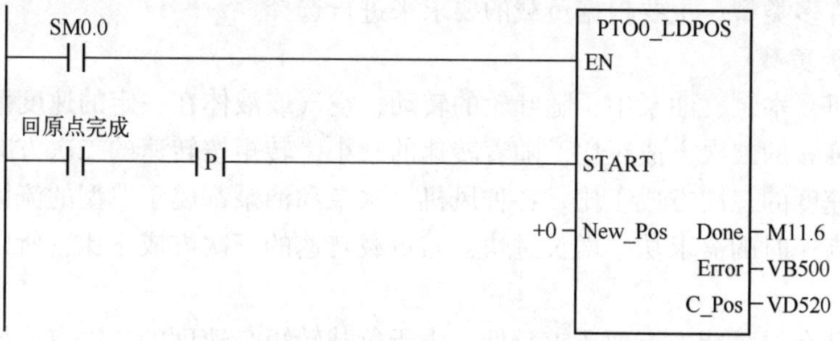

图 6-25　用 PTO0_LDPOS 指令实现返回原点后清零的梯形图

4）PTOx_MAN 子程序（手动模式）：将 PTO 输出置于手动模式。运行这一子程序允许电动机起动、停止和按不同的速度运行。但当 PTOx_MAN 子程序已启用时，除 PTOX-CTRL 外，其他 PTO 子程序都无法执行。运行这一子程序的梯形图如图 6-26 所示。

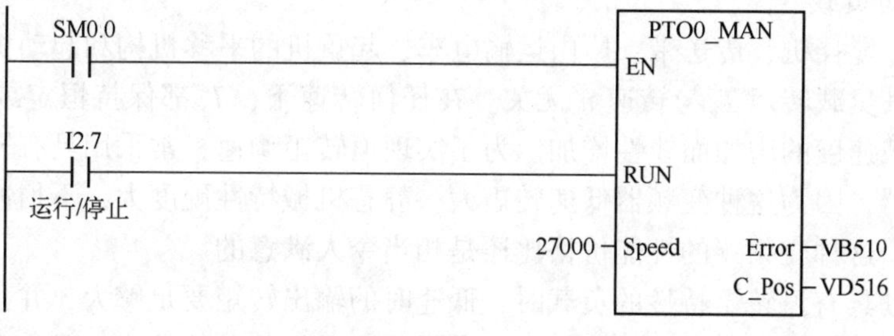

图 6-26　运行 PTOx_MAN 子程序的梯形图

由上述 4 个子程序的梯形图可以看出，为了调用这些子程序，编程时应预置一个数据存储区。存储子程序执行时间参数、存储区所存储的信息，可根据程序的需要调用。

任务 6.2　自动生产线分拣站的变频控制

【任务描述】

YL-335B 自动生产线分拣站是将上一工作站（装配站）送来的工件进行分拣，将白色塑料件推到 1 号槽里，将黑色塑料件推到 2 号槽里，将金属工件推到 3 号槽里。

本任务的主要内容是对分拣站的电动机在不同位置的启/停进行精准控制，并能在提供的程序辅助下进行联机调试，实现规定的控制要求，填写调试运行记录，整理相关文件并进行检查评价。

【基础知识】

6.2.1 变频器的选用

通用变频器的选择包括变频器的形式选择和容量选择两个方面，其总的原则是首先保证满足工艺要求，再尽可能节省资金。要根据工艺环节、负载的具体要求选择性价比相对较高的类型、品牌型号、规格及容量。

1. 变频器类型的选择

变频器有许多类型，主要根据负载的要求来进行选择。

（1）流体类负载

在各种风机、水泵、油泵中，随叶轮的转动，空气或液体在一定的速度范围内所产生的阻力大致与速度 n 的二次方成正比。随着转速的减小，转矩按转速的二次方减小。这种负载所需的功率与速度的三次方成正比。各种风机、水泵和油泵都属于典型的流体类负载。由于流体类负载在高速时的需求功率增长过快，与负载转速的三次方成正比，所以不应使这类负载超工频运行。

流体类负载在过载能力方面要求较低，由于负载转矩与速度的二次方成反比，所以低速运行时负载较轻（罗茨风机除外）。又因为这类负载对转速精度没有什么要求，故选型时通常以价格为主，应选择普通功能型变频器，只要变频器容量等于电动机容量即可（空气压缩机、深水泵、泥沙泵、快速变化的音乐喷泉需加大变频器容量），目前已有为此类负载配套的专用变频器可供选用。

（2）恒转矩负载

如挤压机、搅拌机、传送带、厂内运输电车、起重机的平移机构和起动机构等，都属于恒转矩负载，其负载转矩 T_L 与转速 n 无关。在任何转速下，T_L 都保持恒定或基本恒定，负载功率随着负载速度的增加而线性增加。为了实现恒转矩调速，常采用具有转矩控制功能的高功能型变频器，因为这种变频器低速转矩大，静态机械特性硬度大，不怕冲击负载。从目前市场情况看，这种变频器的性能价格比还是相当令人满意的。

变频器拖动具有恒转矩特性的负载时，低速时的输出转矩要足够大，并且要有足够的过载能力。如果需要在低速下稳速运行，应考虑标准电动机的散热能力，避免电动机的温升过高。而对不均性负载（其特性是负载有时轻，有时重），应按照重负载的情况来选择变频器容量，如轧钢机械、粉碎机械、搅拌机等。

如离心机、冲床、水泥厂的旋转窑等，此类负载惯性很大，因此起动时可能会振荡，电动机减速时有能量回馈。应该选用容量稍大的变频器来加快起动，避免振荡，并需配有制动单元消除回馈电能。

（3）恒功率负载

恒功率负载的特点是转矩 T_L 与转速 n 大体成反比，但其乘积（即功率）却近似不变。金属切削机床的主轴和轧机、造纸机、薄膜生产线中的卷取机、开卷机等，都属于恒功率负载。负载的恒功率性质是就一定的速度变化范围而言的，当速度很低时，受机械强度的限制，负载转矩 T_L不可能无限增大，在低速下转变为恒转矩性质。负载的恒功率区和恒转矩区对传动方案的选择有很大影响。

如果电动机的恒转矩和恒功率调速的范围与负载的恒转矩和恒功率范围相一致，即所谓匹配的情况下，电动机容量和变频器的容量均最小。但是，如果负载要求的恒功率范围很宽，要维持低速下的恒功率关系，对变频调速而言，电动机和变频器的容量不得不增大，控制装置的成本就会加大。所以，在可能的情况下，应尽量采用折中的方案，适当地缩小恒功率范围（以满足生产工艺为前提）。此时可减小电动机和变频器的容量，降低成本。

对于恒功率负载，电动机的容量选择与传动比的大小有很大关系，应在电动机的最高频率不超过两倍额定频率及不影响电动机正常工作的前提下，适当增加电动机和负载的传动比，以减小电动机的容量。变频器的容量与电动机的容量相当或稍大。

2. 变频器品牌和型号的选择

变频器是变频调速系统的核心设备，它的品质对于系统的可靠性影响很大。选择品牌时，品质，尤其是与可靠性相关的品质，是选择时的重要考虑方面。作为电力电子设备，变频器的故障发生率存在两头高、中间低的现象。即调试期及使用初期的故障率较高，之后有一个维持时间比较长的低故障率的稳定期，到其寿命末期故障率又会提高。

对于品牌选择，本企业以及本行业的使用经验，加上生产厂家的市场口碑，通常是最重要的选择依据。此外，根据产品的平均无故障时间来挑选品牌时，经验和口碑仍然是主要因素。根据使用经验，品质较好的变频器平均使用寿命都在 10 年以上，而各种应用的平均日运行时间在 8 h 左右。因此，一台品质良好的变频器平均预期寿命应该达到 30000 h 以上。

在同一品牌中选择具体型号时，则主要依据已经确定的变频调速方案、负载类型以及应用所需要的一些附加功能等决定。调速方案若确定了采用成组驱动方式，则应选择有单独逆变器供货的型号；若确定采用矢量控制式或者直接转矩控制，则需要选择相应的变频器；若确定外部控制系统采用 PLC 系统并且用通信方式连接，则变频器的通信能力及采用的通信协议应该纳入考虑范围。

负载类型对于变频器的过载能力选择是重要的依据。二次方转矩负载可以选择 125%左右过载能力的变频器，恒转矩负载则应该选择过载能力不低于 150%的变频器。专门为二次方转矩负载设计的变频器价格较低，对于风机、泵类应用应该作为首选型号。

一些控制功能不是所有变频器都具备的，如转矩补偿功能、短时停电后自动恢复运行功能、起动时的速度自动搜索功能、共振频率回避功能、转矩给定控制功能等。在选择型号时，需要对应用所必需的功能进行核定。确定型号时的选择原则有时候也会影响品牌的选择。如果应用所需要的功能或者控制方式在某品牌的各型号变频器上都不具备，则应该考虑更换品牌。

3. 变频器规格的选择

（1）按照标称功率选择

一般而言，按照标称功率选择只适合在不清楚电动机额定电流时使用（比如在电动机型号还没有最后确定的情况下）。作为估算依据，在应用恒转矩负载时，一般放大一级估算。例如，90 kW 电动机可以选择 110 kW 变频器。在按照过载能力选择时，可以放大一倍来估算。例如，90 kW 电动机可选择 185 kW 变频器。

对于二次方转矩负载（如风机负载），一般可以直接将标称功率作为最终选择依据，并且不必放大。例如，75 kW 风机电动机可以选择 75 kW 的变频器。

（2）按照电动机额定电流选择

对于多数使用恒转矩负载设计的项目，可以按照以下公式选择变频器规格：

$$I_{evf} \geqslant K_1 I_{ed} \tag{6-1}$$

式中 I_{evf}——变频器额定电流；

I_{ed}——电动机额定电流；

K_1——电流裕量系数。

根据应用情况，电流裕量系数 K_1 可取 1.05~1.15，一般情况可取最小值。另外，如果起动、停止频繁，则应该考虑取最大值，这是因为起动过程以及有制动电路的停止过程，其电流会短时超过额定电流，频繁起动、停止则相当于增加了负载率。

例如，某 110 kW 电动机的额定电流为 212 A，取裕量系数为 1.05，按照式（6-1）计算，得变频器额定电流大于或等于 222.6 A，可选择某型号 110 kW 变频器，其额定电流为 224 A。

这里的裕量系数主要是为了防止电动机的功率选择偏低，但实际运行时经常超过负载而设置的。在变频器内部设定电动机额定电流时，不应该考虑裕量系数，否则变频器对电动机的保护就不那么有效了。例如，在上面的例子中，在变频器上设定额定电流时应该是 212 A，而不是 222.6 A。多数情况下，按照式（6-1）计算的结果，变频器的功率与电动机功率都是匹配的，不需要放大。因此，在选择变频器时动辄把功率放大一级是没有道理的，会造成不必要的浪费。

（3）按照电动机稳态运行电流进行选择

这种方式适用于改造工程，对于原来电动机已经处于“大马拉小车”的情况，可以选择功率比较合适的变频器以节省投资。

$$I_{evf} \geqslant K_2 I_d \tag{6-2}$$

式中 K_2——裕量系数，考虑到测量误差，K_2 的范围为 1.1~1.2，在频繁起动及停止时应该取最大值；

I_d——电动机实测运行电流，指的是稳态运行电流，不包括起动、停止和负载突变时的动态电流，实测时应该针对不同工况做多次测量，取其中的最大值。

按照式（6-2）计算时，变频器的标称功率可能小于电动机额定功率。由于降低变频器容量不仅会降低稳定运行时的功率，也会降低最大过载转矩，降低太多时可能导致起动困难，所以按照式（6-2）计算以后，实际选择时，恒转矩负载的变频器标称功率不应小于电动机额定功率的 65%。如果对起动时间有要求，则通常不应该降低变频器功率。

例如，某风机电动机额定功率为 160 kW，额定电流为 289 A，实测稳定运行电流在 112~148 A 变化，起动时间没有特殊要求。取 I_d = 148 A，K_2 = 1.1，按照式（6-2）计算，变频器额定电流应不小于 162.8 A，可选择某型号 90 kW 变频器，额定电流为 180 A。但 90/160 = 56.25%，因此，实际选择型号为 110 kW 变频器，110/160 = 68.75% 符合要求。

当变频器选择小于电动机功率时，不能按照电动机额定电流进行保护，这时可不更改变频器内的电动机额定电流，直接使用默认值，变频器将会把电动机当作标称功率电动机进行保护。如上面例子中，变频器会把那台电动机当作 110 kW 电动机保护。

（4）按照转矩过载能力选择

变频器的电流过载能力通常比电动机的转矩过载能力低，因此，按照常规配备变频器时，电动机转矩过载能力不能充分发挥作用。在稳定过载转矩作用下，变频器能够持续加速到全速运行，平均加速度并不低于直接起动的情况，因此，一般应用中没有什么问题。在大转动惯量情况下，同样电磁转矩的加速度较低，如果要求较快加速，则需要加大电磁转矩；在正常的转动惯量情况下，电动机从零加速到全速的时间通常需要2~5 s，如果应用要求加速时间更短，也需要加大电磁转矩；对于转矩波动型或者冲击转矩负载，瞬间转矩可能达到额定转矩的两倍以上，为防止保护动作，也需要加大最大电磁转矩。这些情况下充分发挥电动机的转矩过载能力是有必要的，应该按照下式选择变频器：

$$I_{\mathrm{evf}} \geqslant K_3 \frac{\lambda_{\mathrm{d}} I_{\mathrm{ed}}}{\lambda_{\mathrm{vf}}} \tag{6-3}$$

式中 λ_{d}——电动机转矩过载倍数；

λ_{vf}——变频器电流短时过载倍数；

K_3——电流/转矩系数。

电动机转矩过载倍数 λ_{d} 可以从样本查得；变频器电流持续1 min的过载倍数为150%，最大瞬间过载电流倍数为200%，因此，可用的短时过载倍数 λ_{vf} 一般按照1.6~1.7选取；由于磁通衰减和转子功率因数降低，最大转矩时的电流过载倍数要大于转矩过载倍数，因此电流/转矩系数 K_3 应该大于1，可选择1.1~1.5。对于矢量控制和直接转矩，磁通基本不会衰减，这时电动机实际转矩过载能力大于样本值，因此电流/转矩系数也应该同样选择。

例如，某轧钢机飞剪机构，在空刃位置时要求低速运行以提高定位精度，进入剪切位置前则要求快速加速到线速度与刚才速度同步，因此需要按照转矩过载能力选择变频器，飞剪电动机为160 kW，额定电流为296 A，转矩过载倍数 λ_{d} 为2.8。

取电流/转矩系数 K_3 为1.15，变频器短时过载倍数 λ_{vf} 为1.7，用式（6-3）计算的变频器额定电流应小于560 A，选择某型号300 kW变频器，额定电流为605 A。

综上所述，根据实际工程情况，以适当的方法选择变频器规格很重要。对于选择结果，多数情况下，变频器标称功率与电动机功率匹配，少数情况需要放大一级，个别情况需要放大2~3级甚至一倍以上。有的时候，变频器标称功率则可小于电动机功率。所以，笼统地认为放大一级功率来选择变频器是错误的，多数情况会造成投资浪费，个别情况下又不能满足应用需要。

4. 变频器容量的选择

变频器的容量可从3个方面表示：额定输出电流（A）、输出容量（kV·A）、电动机适用功率（kW）。其中，额定输出电流为变频器可以连续输出的最大交流电流有效值。输出容量取决于额定输出电流与额定输出电压的三相视在功率。适用电动机功率是以2、4极的标准电动机为对象的，表示在额定输出电流以内可以驱动的电动机功率。6极以上的电动机和变极电动机等特殊电动机的额定电流比标准电动机大，不能根据电动机的适用功率选择变频器容量。因此，用标准2、4极电动机拖动的连续恒定负载，变频器的容量可根据电动机的适用功率选择；对于用6极以上和变极电动机拖动的负载、变动负载，变频器的容量应按运行过程中出现的最大工作电流来选择。

（1）变频器容量选择规则

采用变频器对异步电动机进行调速时，在异步电动机确定后，通常根据异步电动机的额定电流来选择变频器，或者根据异步电动机实际运行中的电流值（最大值）来选择变频器。

1）连续运行的场合。

由于变频器供给电动机的电流是脉动电流，其脉动值比工频供电时的电流要大，因此，应将变频器的容量留有适当的裕量，通常应使变频器的额定输出电流≥1.05~1.1 倍电动机的额定电流（铭牌值）（或电动机实际运行中的最大电流）。

2）短时间加/减速的场合。

变频器的最大输出转矩是由变频器的最大输出电流决定的。一般情况下，对于短时间的加/减速而言，变频器允许达到额定输出电流的 130%~150%（视变频器容量有别）。在短时间加/减速时的输出转矩也可以增大；反之，当只需要较小的加/减速转矩时，也可降低选择变频器的容量。由于电流的脉动原因，此时应将变频器的最大输出电流降低 10%再进行选定。

3）频繁加/减速运转场合。

频繁加/减速运转时，可根据加速、恒速、减速等各种运行状态下变频器的电流值来确定变频器额定输出电流 I_{INV}。

$$I_{INV}=[(I_1t_1+I_2t_2+\cdots+I_nt_n)/(t_1+t_2+\cdots t_n)]K_0 \tag{6-4}$$

式中 I_1，I_2，…，I_n——各运行状态下的平均电流（A）；

t_1，t_2，…，t_n——各运行状态下的时间（s）；

K_0——安全系数（频繁运行时取 1.2，一般运行时取 1.1）。

4）电流变化不规则的场合。

运行中，如果电动机电流不规则变化，那么此时不易获得运行特性曲线。这时，可使电动机在输出最大转矩时的电流限制在变频器的额定输出电流内进行选定。

5）电动机直接起动场合。

通常，三相异步电动机直接用工频起动时，起动电流为其额定电流的 5~7 倍，直接起动时可按下式选取变频器：

$$I_{INV}\geqslant I_K/K_g \tag{6-5}$$

式中 I_K——在额定电压、额定频率下电动机起动时的堵转电流（A）；

K_g——变频器的允许过载倍数，$K_g=1.3\sim1.5$。

6）一台变频器驱动多台电动机。

在这种情况下，上述 1）~5）仍适用，但应考虑以下几点：

① 在电动机总功率相等的情况下，由多台小功率电动机组成的一组电动机的效率比台数少但电动机功率较大的一组低。因此，两者电流总值并不等，可根据各电动机的电流总值来选择变频器。

② 在整定软起动、软停止时，一定要按起动最慢的那台电动机进行整定。

③ 若有一部分电动机直接起动，则可按下式进行计算：

$$I_{INV}\geqslant[N_2I_K+(N_1-N_2)I_N/K_g] \tag{6-6}$$

式中 N_1——电动机总台数；

N_2——直接起动的电动机台数；

I_K——电动机直接起动时的堵转电流（A）；

I_N——电动机额定电流（A）；

K_g——变频器允许过载倍数（1.3~1.5）；

I_{INV}——变频器额定输出电流（A）。

多台电动机依次进行直接起动，到最后一台时，起动条件最不利。

（2）容量选择的注意事项

1）并联追加投入起动。

用一台变频器使多台电动机并联运行时，如果所有电动机同时起动加速，可按如前所述的内容选择容量。但是对于少部分电动机开始起动后再追加投入其他电动机起动的场合，变频器的电压、频率已经上升，追加投入的电动机将产生大的起动电流。因此，变频器容量与同时起动时相比需要大些。

2）大过载容量。

根据负载的种类往往需要过载容量大的变频器。通用变频器过载容量通常多为125%、60 s或150%、60 s，超过此过载容量时必须增大变频器的容量。

3）轻载电动机。

电动机的实际负载比电动机的额定输出功率小时，则认为可选择与实际负载相称的变频器容量。对于通用变频器，即使实际负载较小，使用比按电动机额定功率选择的变频器容量小的变频器也不理想。

4）输出电压。

变频器的输出电压按电动机的额定电压选定。在我国，低压电动机多数为380 V，可选用400 V系列变频器。应当注意，变频器的工作电压是按 U/f 曲线变化的。变频器规格表中给出的输出电压是变频器的可能最大输出电压，即基频下的输出电压。

5）输出频率。

变频器的最高输出频率，因机种不同而有很大不同，有50 Hz、60 Hz、120 Hz、240 Hz或更高。50 Hz、60 Hz的变频器是以在额定速度以下范围内进行调速运转为目的的，大容量通用变频器几乎都属于此类。最高输出频率超过工频的变频器多为小容量变频器。在50 Hz/60 Hz以上区域，输出电压不变，为恒功率特性，要注意在高速区转矩的减小。

考虑到以上各点，根据变频器使用目的所确定的最高输出频率来选择变频器。变频器内部产生的热量大，考虑到散热的经济性，除小容量变频器外几乎都是开启式结构，采用风扇进行强制冷却。变频器设置场所在室外或周围环境恶劣时，最好装在独立盘上，采用具有冷却热交换装置的全封闭式结构。

6.2.2 变频器外围设备的选择

变频器的运行离不开外围设备，选用外围设备通常是为了提高变频器的某些性能、对变频器和电动机进行保护以及减小变频器对其他设备的影响等。变频器的外围设备连接如图6-27所示，在实际应用中，图6-27所示的

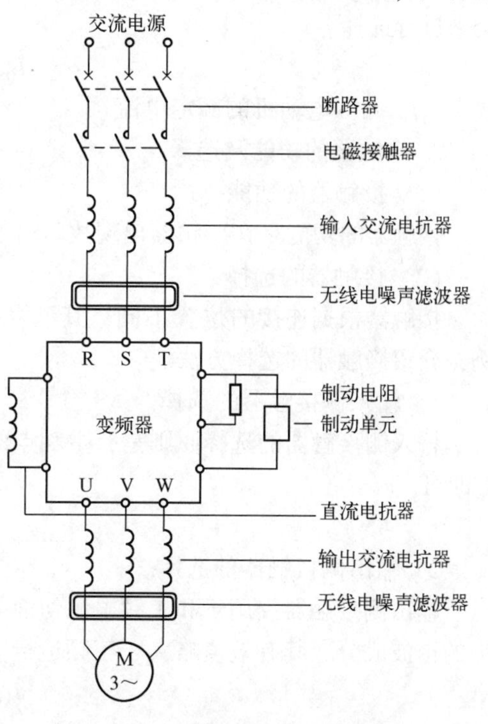

图6-27 变频器外围设备连接

电器并不一定全部连接，有的电器通常都是选购件。

1. 断路器的功能及选择

（1）断路器的主要功能

断路器俗称空气开关，主要功能如下。

1）隔离作用。

与变频器进行维修时，或长时间不用时，将其切断，使变频器与电源隔离，确保安全。

2）保护作用。

低压断路器具有过电流及欠电压等保护功能，当变频器的输入侧发生短路或电源电压过低等故障时，可迅速进行保护。

由于变频器有比较完善的过电流和过载保护功能，且断路器也具有过电流保护功能，故进线侧可不接熔断器。

（2）断路器的选择

因为低压断路器具有过电流保护功能，因此为了避免不必要的误动作，选用时应充分考虑电路是否有正常过电流。在变频器单独控制电路中，属于正常过电流的情况有：

1）变频器刚接通瞬间，对电容器的充电电流可高达额定电流的 2~3 倍。

2）变频器的进线电流是脉冲电流，其峰值经常可能超过额定电流。

一般变频器允许的过载能力为额定电流的 150%，运行 1 min，所以为了避免误动作，低压断路器的额定电流 I_{QN}应为：

$$I_{QN} \geqslant (1.3-1.4) I_N \tag{6-7}$$

式中　I_N——变频器的额定电流。

在电动机要求实现工频和变频的切换控制电路中，断路器应按电动机在工频下的起动电流来进行选择。

$$I_{QN} \geqslant 2.5 I_{MN} \tag{6-8}$$

式中　I_{MN}——电动机的额定电流。

2. 接触器的功能及选择

（1）接触器的功能

接触器的功能是在变频器出现故障时切断主电源，并防止掉电及故障后的再起动。

（2）接触器的选择

接触器根据连接的位置不同，其型号的选择也不尽相同，下面以图 6-27 所示电路为例，介绍接触器的选择方法。

1）输入侧接触器的选择。

输入侧接触器的选择原则是，主触点的额定电流 I_{KN} 只需大于或等于变频器的额定电流 I_N即可。

$$I_{KN} \geqslant I_N \tag{6-9}$$

2）输出侧接触器的选择。

输出侧接触器仅用于和工频电源切换等特殊情况下，一般不用。因为输出电流中含有较强的谐波成分，其有效值略大于工频运行时的有效值，故主触点的额定电流 I_{KN}满足下式。

$$I_{KN} \geqslant 1.1 I_{MN} \tag{6-10}$$

式中　I_{MN}——电动机的额定电流。

3）工频接触器的选择。

工频接触器的选择应考虑到电动机在工频下的起动情况，其触点电流通常可按电动机的额定电流再加大一个档次来选择。

3. 电抗器的选择

（1）输入交流电抗器

输入交流电抗器可抑制变频器输入电流的高次谐波，明显改善功率因数。输入交流电抗器为选购件，在以下情况下应考虑接入交流电抗器：

① 变频器所用之处的电源容量与变频器容量之比为 10:1 以上。

② 同一电源上接有晶闸管变流器负载或在电源端带有开关控制调整功率因数的电容器。

③ 三相电源电压的不平衡度较大（≥3%）。

④ 变频器的输入电流中含有许多高次谐波成分，这些高次谐波电流都是无功电流，使变频调速系统的功率因数降低到 0.75 以下。

⑤ 变频器的功率大于 30 kW。

接入的交流电抗器应满足以下要求：电抗器自身分布电容小；自身的谐振点要避开抑制频率范围；保证工频压降在 2%以下，功耗要小。

常用的交流电抗器的规格如表 6-5 所示。

表 6-5　常用交流电抗器的规格

电动机容量/kW	30	37	45	55	75	90	110	132	160	200	220
变频器容量/kW	30	37	45	55	75	90	110	132	160	200	220
电感量/mH	0.32	0.26	0.21	0.18	0.13	0.11	0.09	0.08	0.06	0.05	0.05

（2）直流电抗器

直流电抗器可将功率因数提高至 0.9 以上。由于其体积较小，因此许多变频器已将直流电抗器直接装在变频器内。

直流电抗器除了提高功率因数外，还可削弱在电源刚接通瞬间的冲击电流。如果同时配用交流电抗器和直流电抗器，则可将变频调速系统的功率因数提高至 0.95 以上。常用直流电抗器的规格如表 6-6 所示。

表 6-6　常用直流电抗器的规格

电动机容量/kW	30	37~55	75~90	110~132	160~200	220	280
允许电流/A	75	150	220	280	370	560	740
电感量/mH	0.6	0.3	0.2	0.14	0.11	0.07	0.055

（3）输出交流电抗器

输出交流电抗器用于抑制变频器的辐射干扰和感应干扰，还可以抑制电动机的振动。输出交流电抗器是选购件，当变频器干扰严重或电动机振动时，可考虑接入。输出交流电抗器的选择与输入交流电抗器相同。

4. 无线电噪声滤波器的选择

变频器的输入和输出电流中都含有很多高次谐波成分。这些高次谐波电流除了增加输入侧的无功功率、降低功率因数（主要是频率较低的谐波电流）外，频率较高的谐波电流还将以各种方式把自己的能量传播出去，形成对其他设备的干扰，严重的甚至还可能使某些设备无法正常工作。

滤波器用来削弱这些较高频率的谐波电流，以防止变频器对其他设备的干扰。滤波器主要由滤波电抗器和电容器组成。图 6-28a 所示为输入侧滤波器；图 6-28b 所示为输出侧滤波器。应注意的是：变频器输出侧的滤波器中，其电容器能接在电动机测，且应串入电阻，以防止逆变器因电容器的充/放电而受冲击。

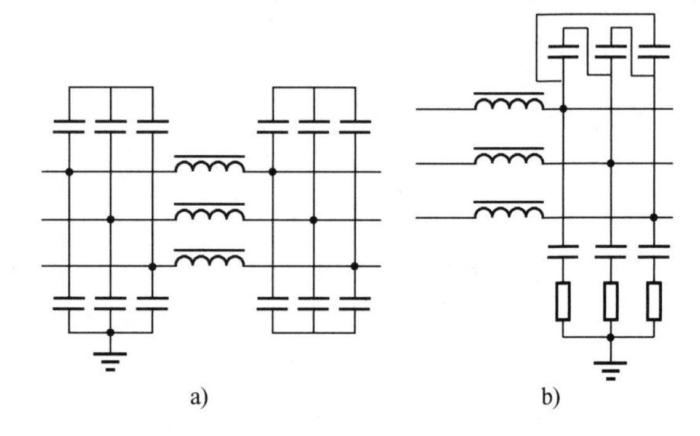

图 6-28 无线电噪声滤波器
a）输入侧滤波器 b）输出侧滤波器

在对防止无线电干扰要求较高及要求符合 CE、UL、CSA[⊖] 标准的使用场合，或在变频器周围有抗干扰能力不足的设备等情况下，均应使用该滤波器。安装时应注意接线尽量缩短，滤波器应尽量靠近变频器。

5. 制动电阻及制动单元的选择

制动电阻及制动单元的功能是当电动机因频率下降或重物下降（如起重机械）而处于再生制动状态时，避免在直流回路中产生超高的泵生电压。

（1）制动电阻 R_B 的选择

1）制动电阻 R_B 的大小。

$$\frac{U_{DH}}{2I_{MN}} \leqslant R_B \leqslant \frac{U_{DH}}{I_{MN}} \tag{6-11}$$

式中 U_{DH}——直流回路电压的允许上限值（V），$U_{DH} \approx 600\,V$。

2）电阻的功率 P_B。

$$P_B = \frac{U_{DH}^2}{\gamma R_B} \tag{6-12}$$

式中 γ——修正系数。

常用制动电阻的阻值与容量的参考值如表 6-7 所示。

表 6-7 常用制动电阻的阻值与容量的参考值

电动机容量/kW	电阻值/Ω	电阻功率/kW	电动机容量/kW	电阻值/Ω	电阻功率/kW
0.40	1000	0.14	11.0	60	2.50
0.75	750	0.18	15.0	50	4.00
1.50	350	0.40	18.5	40	4.00
2.20	250	0.55	22.0	30	5.00
3.70	150	0.90	30.0	24	8.00
5.50	110	1.30	37	20.0	8
8.50	75	1.80	45	16.0	12

⊖ CE 是欧盟认证，UL 是美国安规认证，CSA 是加拿大安规认证。

（续）

电动机容量/kW	电阻值/Ω	电阻功率/kW	电动机容量/kW	电阻值/Ω	电阻功率/kW
55	1306	12	160	5.0	33
75	10.0	20	200	4.0	40
90	10.0	20	220	3.5	45
110	8.0	27	280	2.7	64
132	8.0	27	315	2.7	64

由于制动电阻的容量不易准确掌握，如果容量偏小，则极易烧坏，所以，制动电阻箱内应附加热电器。

（2）制动单元的选择

一般情况下，只需根据变频器的容量进行配置。

6.2.3 YL-335B 自动生产线分拣站的构成及控制要求

分拣站是 YL-335B 自动生产线中的最末单元，主要负责对上一单元送来的已加工、装配的工件进行分拣，具有使不同颜色的工件从不同的料槽分流的功能。当输送站送来工件放到传送带上并被入料口光电传感器检测到时，即起动变频器，工件开始送入分拣区进行分拣。

1. 分拣站的组成

分拣站主要由传送和分拣机构、传动带驱动机构、变频器模块、电磁阀组、接线端口、PLC 模块、按钮/指示灯模块及底板等结构组成。分拣站的实物全貌如图 6-6 所示。

（1）传送和分拣机构

传送和分拣机构主要由传送带、出料滑槽、推料（分拣）气缸、漫射式光电传感器、光纤传感器、磁感应接近式传感器组成。该机构可传送已经加工、装配好的工件，被光纤传感器检测后进行分拣。

传送带可把机械手输送过来的加工好的工件进行传输，输送至分拣区。导向器是用纠偏机械手输送过来的工件。两条物料槽分别用于存放加工好的黑色、白色工件或金属工件。

（2）传动带驱动机构

传动带驱动机构主要由电动机支架、电动机、联轴器等组成，如图 6-29 所示。

三相异步电动机是传动机构的主要部分，用于拖动传送带从而输送物料。电动机转速的快慢由变频器来控制，其作用是拖动传送带从而输送物料。电动机支架用于固定电动机。联轴器由于把电动机的轴和输送带主动轮的轴联接起来，从而组成一个传动机构。

2. 分拣站的控制要求

分拣的工作原理：当输送站送来工件放到传送带上并被入料口漫射式光电传感器检测到时，将信号传输给 PLC，通过 PLC 的程序起动变频器，电动机运转驱动传送带工作，把工件带进分拣区。通过安装在支架侧面的电感传感器进行金属壳件的检测，通过安装在顶端的光纤传感器进行黑白芯的检测。具体控制要求如下：

1）为了在分拣时准确推出工件，要求使用旋转编码器进行定位检测，并且工件材料和

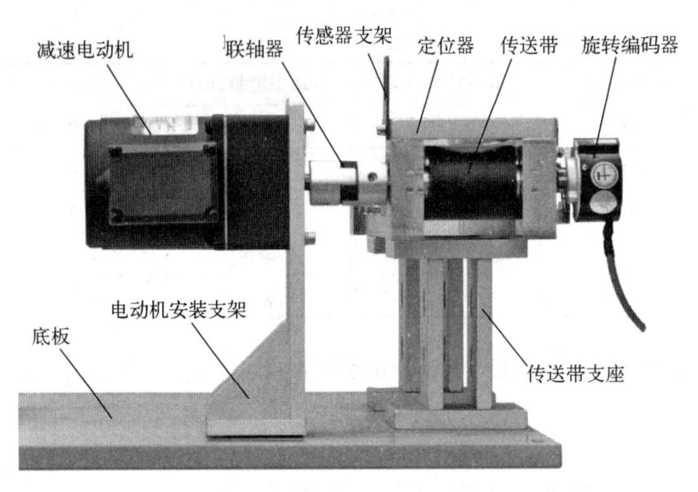

图 6-29　传动带驱动机构

芯体颜色属性应在推料气缸前的适合位置被检测出来。

2）设备上电和气源接通后，若工作单元的 3 个气缸均处于缩回位置，则“正常工作”指示灯 HL1 常亮，表示设备准备好。否则该指示灯以 1 Hz 频率闪烁。

3）当传送带入料口人工放下已装配的工件时，变频器即起动，驱动传动电动机以频率固定为 30 Hz 的速度把工件带往分拣区。

4）如果工件为白色芯金属件，则该工件到达 1 号滑槽中间，传送带停止，工件被推到 1 号槽中；如果工件为白色芯塑料，则该工件到达 2 号滑槽中间，传送带停止，工件被推到 2 号槽中；如果工件为黑色芯，则该工件到达 3 号滑槽中间，传送带停止，工件被推到 3 号槽中。工件被推出滑槽后，该工作单元的一个工作周期结束。仅当工件被推出滑槽后，才能再次向传送带下料。

5）如果在运行期间按下“停止”按钮，则该工作单元在本工作周期结束后停止运行。

【任务实施】

1. 驱动机构电气线路设计及连接

根据控制要求，分拣站的驱动电路设计主要包括编码器、变频器、电动机的选择和连接。

（1）编码器

为了在分拣时准确推出工件，要求使用旋转编码器进行定位检测。YL-335B 分拣站选用了具有 A、B 两相 90°相位差的通用型旋转编码器，用于计算工件在传送带上的位置。编码器直接连接到传送带主动轴上，该旋转编码器的三相脉冲采用 NPN 型集电极开路输出，分辨率为 500 线，工作电源为 DC 12~24 V。使用时将 A、B 两相输出端分别连接到 PLC 的高速计数器 HSC0 输入端，B 相脉冲从 I0. 0 输入，A 相脉冲从 I0. 1 输入，计数倍频设定为 4 倍频。

计算工件在传送带上的位置时，需确定每两个脉冲之间的距离，即脉冲当量 μ。已知分拣单元主动轴的直径为 $d=43$ mm，则减速电动机每旋转一周，皮带上工件移动距离 $L=\pi d=3.14\times43$ mm $=136.35$ mm，故脉冲当量 $\mu=L/500\approx0.273$ mm。各分料槽安装位置尺寸如图 6-30 所示。

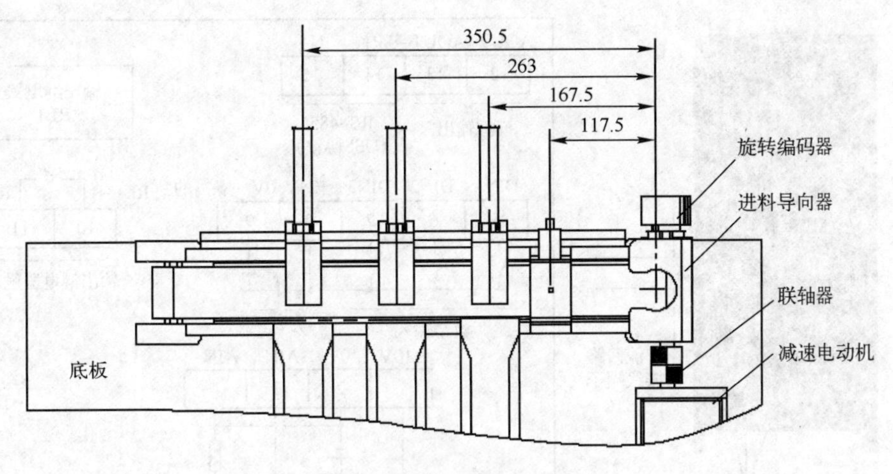

图 6-30　各分料槽安装位置尺寸

当工件从下料口中心线移至传感器中心时，旋转编码器约发出 117.5/0.273=430 个脉冲；移至第一个推杆中心点时，约发出 167.5/0.273=614 个脉冲；移至第二个推杆中心点时，约发出 263/0.273=963 个脉冲；移至第二个推杆中心点时，约发出 350.5/0.273=1284 个脉冲。

需要说明的是，上述脉冲当量的计算只是理论上的推算。实际上，各种误差因素不可避免，如传送带主动轴直径（包括皮带厚度）的测量误差，传送带的安装偏差、张紧度，分拣单元整体在工作台面上的定位偏差等，都将影响理论计算值。因此，理论计算值只能作为估算值。脉冲当量的误差所引起的累积误差会随着工件在传送带上运动距离的增大而迅速增加，甚至达到不可容忍的地步。因而在安装调试时，除了要仔细调整以尽量减少安装偏差外，尚须现场测试脉冲当量值。

（2）变频器

YL-335B 选用的是西门子 MM420（MICROMASTER420）变频器来控制三相交流电动机速度，订货号为 6SE6420-2UD17-5AA1，外形如图 6-31 所示。

图 6-31　MM420 变频器

该变频器额定参数如下。

- 电源电压：380~480 V，三相交流；
- 额定输出功率：0.75 kW；
- 额定输入电流：2.4 A；
- 额定输出电流：2.1 A；
- 外形尺寸：A 型；
- 操作面板：基本操作板（BOP）。

将变频器安装在 DIN 导轨上，然后打开变频器的盖子，按照图 6-32 所示的接线图连接电源和电动机的接线端子。

2. 变频器参数设置

MM420 变频器基本操作面板（BOP）的外形如图 6-33 所示，BOP 参数设置方法与 MM440 类似。

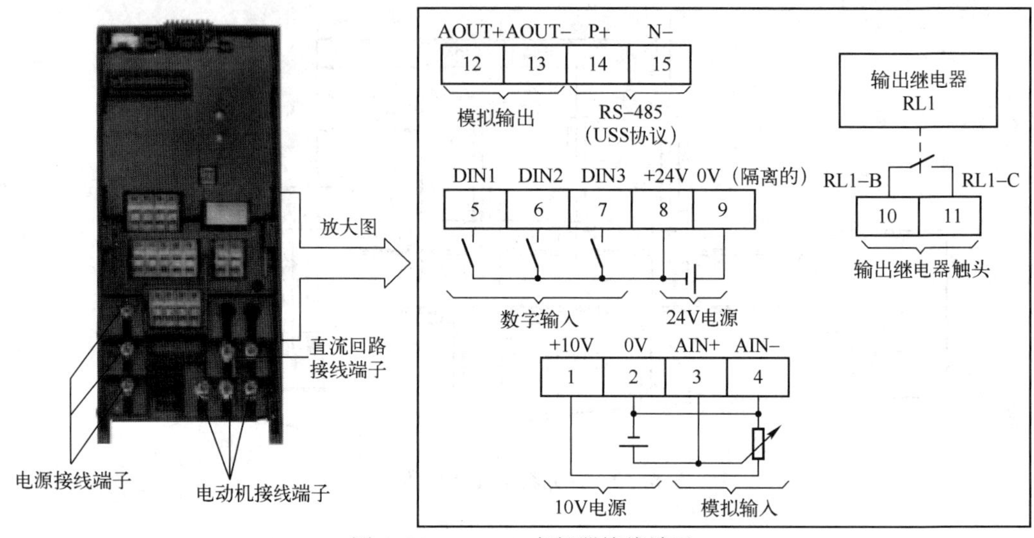

图 6-32　MM420 变频器接线端子

根据分拣系统控制要求，变频器的参数按照表 6-8 所示进行设置。

表 6-8　变频器参数设定表

序号	参数号	出厂值	设置值	说　明
1	P0003	1	1	设用户访问级为标准级
2	P0100	0	0	设置使用地区，0 表示欧洲，功率以 kW 表示，频率为 50 Hz
3	P0304	400	380	电动机额定电压（V）
4	P0305	1. 90	0. 18	电动机额定电流（A）
5	P0307	0. 75	0. 03	电动机额定功率（kW）
6	P0310	50	50	电动机额定频率（Hz）
7	P0311	1395	1300	电动机额定转速（r/min）
8	P0700	2	2	命令信号源由端子排输入
9	P1000	2	3	频率给定输入方式设定为固定频率设定值
10	P0701	1	16	DIN1 功能设定为固定频率设定值（直接选择+ON）
11	P1001	0	30	选择固定频率 1（Hz）
12	P1080	0	0	电动机运行最低频率（Hz）
13	P1082	50	50	电动机运行最高频率（Hz）
14	P1120	10	1	斜坡上升时间（s）
15	P1121	10	0. 2	斜坡下降时间（s）

图 6-33　MM420 变频器基本操作面板（BOP）

3. 输入程序

分拣站的程序结构由主程序和分拣控制子程序组成。主程序主要完成高速计数器编程（在上电第 1 个扫描周期调用 HSC_INIT 子程序，以定义并使能高速计数器 HC0）和工作状态显示控制。分拣控制子程序是一个步进顺控程序，其基本算法是当检测到待分拣工件下料到进料口后，清零 HC0 当前值，以固定频率起动变频器驱动电动机运转；当工件经过安装传感器支架上的光纤探头和电感式传感器时，根据两个传感器动作与否判别工件的属性，决定程序的流向；根据工件属性和分拣任务要求，在相应的推料气缸位置把工件推出，当推料气缸返回后，步进顺控子程序返回初始步。具体可阅读所提供的程序，此处不做详细介绍。将所提供的程序下载到 PLC 中，联机做好调试准备。

4. 运行调试

分拣站的主要功能是按照给定要求进行分拣控制，具体调试步骤如下。

（1）复位功能调试

检查设备连接正常之后，给设备上电和气源接通后，观察指示灯 HL1 的状态。若常亮，则表示设备已准备好；若闪烁，则表示设备未正常复位，检查修复至正常。

（2）运行功能调试

1）按下起动按钮，系统起动，观察指示灯 HL2 的状态。若常亮，则表示设备处于运行状态；若不亮，则表示设备未能运行，检查修复至正常。

2）当在传送带入料口人工放下已装配的工件时，观察变频器是否立即起动，驱动传动电动机以频率固定为 30 Hz 的速度把工件带往分拣区。如果不能按规定速度驱动电动机运行，则检查变频器参数设定，修复至正常。

（3）分拣功能调试。

1）放入白色芯金属件，传送带运转，将工件传送到 1 号滑槽中间，传送带停止，推料气缸 1 伸出，工件被推到 1 号槽中，气缸 1 缩回，传送带运转。

2）放入白色芯塑料件，传送带运转，将工件传送到 2 号滑槽中间，传送带停止，推料气缸 2 伸出，工件被推到 2 号槽中，气缸 2 缩回，传送带运转。

3）放入黑色芯塑料件，传送带运转，将工件传送到 3 号滑槽中间，传送带停止，推料气缸 3 伸出，工件被推到 3 号槽中，气缸 3 缩回，传送带运转。

4）放入黑色芯金属件，传送带运转，将工件传送到 3 号滑槽中间，传送带停止，推料气缸 3 伸出，工件被推到 3 号槽中，气缸 3 缩回，传送带运转。

（4）停止功能调试

如果在运行期间按下“停止”按钮，该工作单元在本工作周期结束后停止运行。

【考核评价】

在规定的时间之内完成任务，从知识与技能、学习态度与团队意识和安全生产与职业操守 3 个方面进行综合考核评价，具体考核标准如表 6-9 所示。

表 6-9　考核评价表

考核内容	考核方式	评价标准与得分				
		标　　准	分值	互评	教师评价	得分
知识与技能（70 分）	教师评价+互评	电路安装是否正确，接线是否规范	20 分			
		变频器参数设置是否正确	30 分			
		程序运行调试是否完全满足控制要求	20 分			
学习态度与团队意识（15 分）	教师评价	自主学习和组织协调能力	5 分			
		分析和解决问题的能力	5 分			
		互助和团队协作意识	5 分			

（续）

考核内容	考核方式	评价标准与得分				
		标　　准	分值	互评	教师评价	得分
安全生产与职业操守（15分）	教师评价+互评	安全操作、文明生产职业意识	5分			
		诚实守信、创新进取精神	5分			
		遵章守纪、产品质量意识	5分			
总分						

【拓展知识】

6.2.4　变频器的维护

尽管新一代通用变频器的可靠性已经很高，但是如果使用不当，仍可能发生故障或出现运行状况不佳的情况，缩短设备的使用寿命。即使是最新一代的变频器，由于长期使用，以及温度、湿度、振动、尘土等环境的影响，其性能也会有一些变化。如果使用合理、维护得当，则能延长变频器的使用寿命，并减少因突发故障造成的生产损失。因此，在存储、使用过程中必须对变频器进行日常检查，并进行定期维护。

日常检查和定期维护的主要目的是尽早发现异常现象，清除尘埃，紧固器件，排除事故隐患等。在通用变频器运行过程中，可以从设备外部目视检查运行状况有无异常，通过键盘面板转换键查阅变频器的运行参数，如输出电压、输出电流、输出转矩、电动机转速等，掌握变频器日常运行值的范围，以便及时发现变频器及电动机问题。

1. 日常检查

日常检查包括在不停止通用变频器运行或不拆卸其盖板的情况下进行通电和起动试验，通过目测通用变频器的运行状况确认有无异常情况。检查的主要内容有：

① 键盘面板显示是否正常，有无缺少字符。仪表指示是否正确，是否有振动、振荡等现象。

② 冷却风扇部分是否运转正常，是否有异常声音等。

③ 变频器及引出电缆是否有过热、变色、变形、异味、噪声、振动等异常情况。

④ 变频器的周围环境是否符合标准规范，温度与湿度是否正常。

⑤ 变频器的散热器温度是否正常，电动机是否有过热、异味、噪声、振动等异常情况。

⑥ 变频器控制系统是否有集聚尘埃的情况。

⑦ 变频器控制系统的各连接线及外围电器元件是否有松动等异常现象。

⑧ 检查变频器的进线电源是否正常，电源开关是否有电火花、缺相，引线压接螺栓是否松动，电压是否正常等。

2. 定期维护

对变频器进行定期维护时，一定要切断电源，待监视器无显示及主电路电源指示灯熄灭后才能进行检查。检查内容如表6-10所示。

表 6-10　变频器定期维护内容

检 查 项 目	检 查 内 容	异 常 对 策
主回路端子、控制回路端子螺栓	螺栓是否松动	用螺钉旋具拧紧
散热片	是否有灰尘	用 0.4~0.6 MPa 压强的干燥压缩空气吹掉
PCB（印制电路板）	是否有灰尘	用 0.4~0.6 MPa 压强的干燥压缩空气吹掉
冷却风扇	是否有异常声音、异常振动	更换冷却风扇
功率元件	是否有灰尘	用 0.4~0.6 MPa 压强的干燥压缩空气吹掉
铝电解电容	是否变色、异味、鼓泡	更换铝电解电容

运行期间应定期（例如，每 3 个月或 1 年）停机检查以下项目：

① 功率元器件、印制电路板、散热片等表面有无粉尘、油雾吸附，有无腐蚀及锈蚀现象。粉尘吸附时可用压缩空气吹扫，散热片上有油雾吸附时可用清洗剂清洗。出现腐蚀和锈蚀现象时要采取防潮防蚀措施，严重时要更换受蚀部件。

② 检查滤波电容和印制电路板上电解电容有无鼓肚变形现象，有条件时可测定实际电容值。出现鼓肚变形现象或者实际电容量低于标称值的 85%时，要更换电容器。更换电容器的电容量、耐压等级以及外形和连接尺寸应与原部件一致。

③ 散热风机和滤波电容器属于变频器的损耗件，有定期强制更换的要求。散热风机的更换标准通常是正常运行 3 年后，或者风机累计运行 15000 h 后。若能够保证每班检查风机运行状况，那么也可以在检查发现异常时再更换。当变频器使用的是标准规格的散热风机时，只要风机功率、尺寸和额定电压与原部件一致就可以使用。当变频器使用的是专用散热风机时，应向变频器厂家订购备件。滤波电容器的更换标准通常是正常运行 5 年后，或者变频器累计通电时间达 30000 h 时。有条件时，也可以在检测到实际电容量低于标称值的 85%时更换。

一般，变频器的定期检查应一年进行一次，绝缘电阻检查可以三年进行一次。由于变频器是由多种部件组装而成的，因此当某些部件经长期使用后，性能降低、劣化，这是故障发生的主要原因。为了长期安全生产，某些部件必须及时更换。变频器定期检查的目的，主要是根据键盘面板上显示的维护信息估算零部件的使用寿命，及时更换元器件。

6.2.5　变频器的故障检修

1. 常见故障

变频器的自诊断功能、报警及保护功能非常齐全，熟悉这些功能对于正确使用变频器非常重要。变频器故障时会有相应的指示，在理解其常见故障及分析其原因后，才可以进行正确的故障处理。变频器的常见的故障有过电流、过电压、欠电压、过热、过载等。

（1）过电流

过电流主要用于保护变频器，是变频器报警最为频繁的现象，可能出现在工作过程中、升速或降速过程中。这种现象一般不能复位，主要原因有模块损坏、驱动电路损坏、电流检测电路损坏、设定值不当等。

若拖动系统在工作中出现过电流，则主要原因有：电动机遇到冲击负载，或传动机构出现“卡住”现象，引起电动机电流的突然增加；变频器的输出侧出现短路，如输出端到电动机之间的连接线发生短路，或电动机内部发生短路；变频器自身工作不正常，如逆变桥中的同一桥臂的两个逆变器件由于过热、本身老化等原因出现异常。

由于负载经常变动，因此在工作过程中、升速或降速过程中，短时间的过电流总是难免的。对变频器的过电流处理原则是尽量不跳闸，只有当冲击电流的峰值太大，或防止跳闸措施（防止失速功能）不能解决问题时才迅速跳闸。防止失速功能在电流超过限定值时能自动地适当降低其工作频率，在电流降到限定值以下时再逐渐恢复工作频率。

（2）过电压

引起过电压跳闸的主要原因：电源电压过高；降速时间设定太短；降速过程中，再生制动的放电单元工作不理想，包括来不及放电（应增加外接制动电阻和制动单元）和放电支路发生故障，实际并不放电；在 SPWM 调制方式中，电路以一系列脉冲的方式进行工作，由于电路中存在着绕组和线路分布电容，所以在每一个脉冲的上升和下降过程中，都可能产生峰值很大的脉冲电压，这个脉冲电压叠加到直流电压上去，形成具有破坏作用的脉冲高压。

在升速过程中出现的过电压，可以采取暂缓升速的方法来防止过电压跳闸。而在降速过程中出现的过电压，可以采取暂缓降速的方法来防止过电压跳闸。

（3）欠电压

引起欠电压跳闸的原因：电源电压过低，电源缺相；整流桥故障，如果整流桥的部分整流器件损坏，则整流后的电压降下降；在滤波电容器充电完毕后，由于接触器 KM 或可控硅 SCR 损坏，预充电电阻 R_L 未“切出”电路。如图 6-34 所示，由于 R_L 长时间接入电路，负载电流得不到及时的补充，因此导致直流电压下降。

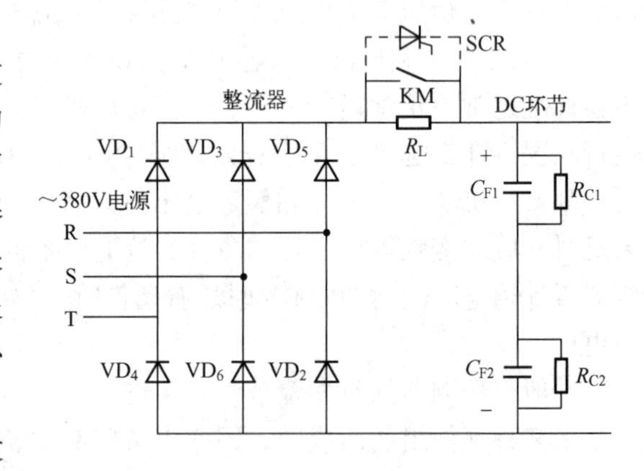

图 6-34　主电路的整流与 DC 环节

对于电源方面引起的欠电压，变频器设定保护动作电压。但通常动作电压一般都较低，这是由于新系列的变频器都有各种补偿功能，使电动机能够继续运行。对于整流器件或 SCR 损坏，应该及时检查并予以更换。

（4）过热

过热也是一种比较常见的故障，因此需要设置过热保护。过热保护主要有风扇运转保护、逆变模块散热板的过热保护、制动电阻的过热保护。变频器的内装风扇是箱体散热的主要手段，它将保证逆变器和其他控制电路的正常工作。在变频器内，逆变模块是产生热量的主要部件，也是最重要的部件。

过热产生的主要原因有周围温度过高、风机堵转、温度传感器性能不良、电动机过热等。在夏季，如果由于变频器操作室的制冷、通风效果不良而导致环境温度升高，则会发生过热保护跳闸。

发生过热保护跳闸时，应检查变频器内部的风扇是否损坏、操作室温度是否偏高、制动电阻是否长时间运行而过热，如果有以上现象，则应采取措施进行强制冷却，保证变频器安全运行。

（5）输出不平衡

输出不平衡一般表现为电动机抖动、转速不稳，产生的主要原因有电动机的绕组或变频器到电动机之间的传输线发生单相接地、模块损坏、驱动电路损坏、电抗器损坏等。例如一台11 kW的变频器，输出电压相差100 V左右。打开机器后进行初步在线检查，没有发现逆变模块有问题，测量六路驱动电路也没发现故障，将其模块拆下测量，发现大功率晶体管不能正常导通和关闭，该模块已经损坏。

（6）过载

过载也是变频器跳动比较频繁的故障之一。过载主要用于保护电动机，在常规的电动机控制电路中，是用具有反时限的热继电器来进行过载保护的。在变频器内，由于能够方便而准确地检测电流，并且可以通过精确的计算实现反时限的保护特性，因此大大提高了保护的可靠性和精确性。由于它能实现与热继电器类似的保护功能，故称为电子热保护器或电子热继电器。电子热保护器通过微机运算，其反时限特性与电动机的发热和冷却特性相吻合，从而能准确地计算保护的动作时间。因此，在一台变频器控制一台电动机的情况下，变频调速系统中可以不用接入热继电器。

一般来讲，由于电动机的过载能力较强，而变频器本身的过载能力较差，只要变频器参数表的电动机参数设置恰当，一般不会出现电动机过载。因此在出现过载报警时，如果变频器的容量没有比电动机的容量加大一档或两档，那么应首先分析到底是电动机过载还是变频器自身过载，此时可以通过检测变频器输出电压和输出电流来确定。

（7）开关电源损坏

这是变频器最常见的故障，通常是由于开关电源的负载发生短路造成的。

2. 变频器故障检修实例

MM440系列变频器故障代码及解决对策见附录2。下面介绍几个西门子6SE48系列变频器的故障检修实例。

故障实例1： 电源类故障。

故障现象： 操作面板显示屏显示“power supply failture”故障信息。

故障分析与处理： 若显示“power supply failture”故障信息，则一般是由于变频器的直流控制电压的供电电源出现故障，可能由以下几种原因形成。

1）电源板故障。即电源和信号探测板有问题，这又分为两种情况。一种情况是直流电压超过限制值，正常所供给的直流电压有一定的上下限，P24 V（直流电压为24 V）不能低于18 V，P15 V即直流电压为15 V，N15 V即直流电压为-15 V，它们的绝对值不能低于13 V，否则电子线路板会因无合适的直流电压而不能正常工作。这块电源板上有整流滤波等大功率环节，因此使用时间长了以后，容易产生过热而损坏。另一种情况是开关电源的故障，这都需要对线路板进行维修。

2）电容器容量发生变化。变频器经过一段时间的运行后，3300 μf的电容会有一定程度的老化，电容里的液体泄漏，导致变频器的储能有限。一般运行5~8年后才开始有此类问题，这时需要对电容进行检测，发现一定数量的电容容量降低后，必须进行更换。在电容的更换过程中，也容易出现两个问题：一是电容和电源板的间隙较近，中间有安装孔，电容较易通过安装孔对电源板放电而引起故障；二是电容安装螺钉容易起毛刺，如果安装不牢固，也容易引起电容放电，不能正常开机。

故障实例 2：过热故障。

故障现象：操作面板显示屏显示“over tem-perature”故障信息。

故障分析与处理：显示该故障的原因是变频器的散热温度太高。变频器的发热主要是逆变器件引起的，逆变器件也是变频器中最重要而又最脆弱的部件，所以用来测温的温度传感器（NTC）装在逆变器件的上半部分。当温度超过 60℃时，变频器通过一个信号继电器来预报警；当达到 70℃时，变频器自动停机，来进行自我保护。过热一般由以下 5 种情况引起：

1）环境温度高。有的车间环境温度高，离控制室距离太远，为节省电缆和易于现场操作，只好将变频器安装在车间现场。这时可在变频器的入风口加冷气管道来帮助散热。

2）风扇故障。变频器的排风风机是一个 24 V 的直流电动机，若出现风机轴承损坏或线圈烧坏而导致的风机不转，即可引起变频器过热。

3）散热片太脏。在变频器的逆变器的背后装有铝片散热装置，运行时间长以后，由于静电的作用，外面会覆盖灰尘，严重影响散热器的效果，所以要定时吹扫和清理。

4）负载过载。变频器所带负载长时间过载，引起发热。这时要检查电动机、传动机构和所带负载。

5）温度传感器故障。NTC 是一个负的温度控制器，它的阻值随着温度升高而降低。这种情况比较少见。

故障实例 3：接地故障。

故障现象：操作面板显示屏显示“ground fault”故障信息。

故障分析与处理：显示该故障的主要原因是该变频器的输出端接地，或者因为电缆太长，对地产生一个太大的电容。接地故障有以下几种情况：

1）所带电动机接地。电动机在运转过程中，由于轴承或线圈发热的原因，使电动机线圈的某相接地或绝缘性能变差，造成接地故障，这时需对电动机进行检修。

2）所接电缆接地。连接电动机和变频器的电缆破损或过热引起绝缘性能变差，也容易引起接地故障。

3）变频器内部故障。在变频器长时间运行后，内部线路板绝缘性能变差，也会引起对地绝缘电阻偏小，变成接地故障。这时需对变频器线路板做绝缘处理，断电后喷绝缘漆，可消除此故障。

【项目小结】

本项目安排了 YL-335B 自动生产线中的输送站和分拣站两个工作单元的电气设计与调试，分别介绍了伺服技术和变频器技术在机电控制系统中的具体应用，进一步培养学习者的工程实践能力。本项目主要介绍了伺服电动机的定位控制编程、变频器的选用、变频器外围设备的选择、变频器的日常维护和故障检修等知识。

伺服电动机的定位控制编程可通过 S7-200 PLC 的两个内置 PTO/PWM 发生器建立高速脉冲串（PTO）或脉宽调节（PWM）信号波形。利用 STEP 7-Micro/WIN 提供的位控向导可以帮助用户在很短的时间内完成 PWM、PTO 或位控模块的组态。向导可以生成位置指令，用户可以用这些指令在其应用程序中为速度和位置提供动态控制。

变频器的选用涉及类型、品牌型号和规格等内容。变频器类型的选择主要根据负载的要求来进行。变频器规格的选择主要考虑标称功率、电动机额定电流、电动机实际运行电流、转矩过载能力等。

变频器的外围电器元件主要有断路器、接触器、输入交流电抗器、无线电噪声滤波器、制动电阻及制动单元、直流电抗器、输出交流电抗器等。

变频器属于精密设备，安装和操作必须遵守操作规范，储存和安装必须考虑场所的温度、湿度、灰尘和振动等情况。变频器有墙挂式安装、柜式安装两种方式，可根据使用要求进行选择。变频器的接线分主电路的接线和控制电路的接线两部分，接线时应采取适当的抗干扰措施。

变频器应在安装完成后投入使用前进行调试，在通电前要进行检查，调试时应注意仪器仪表的正确使用。变频器在存储、使用过程中必须进行日常检查，并进行定期保养维护。日常检查和定期维护的主要目的是尽早发现异常现象，清除尘埃，紧固器件，排除事故隐患等。

随着经济改革的不断深入，市场竞争的不断加剧，节能降耗已成为降低生产成本、提高产品质量的重要手段之一，变频器控制技术的迅速发展正是顺应了工业生产自动化发展的要求。目前，变频调速技术已经成为当前电力传动技术的一个主要发展方向。

思考与练习

一、选择题

1. 型号为 2UC13-7AA1 的 MM440 变频器适配的电动机容量为（　　）kW。

A. 0.1　　B. 1　　C. 10　　D. 100

2. 对于风机类的负载，宜采用（　　）的转速上升方式。

A. 直线形　　B. S 形　　C. 正半 S 形　　D. 反半 S 形

3. 下列（　　）负载的负载惯性很大，起动时可能会振荡，一般选用容量稍大的变频器。

A. 风机　　B. 恒转矩　　C. 恒功率　　D. 泵类

4. 变频器安装场所周围的振动加速度应小于（　　）m/s^2。

A. 1　　B. 6.8　　C. 9.8　　D. 10

5. 变频器起动频率要根据变频器（　　）的特性及大小进行设置。

A. 驱动负载　　B. 容量　　C. 功率　　D. 工作环境

6. 为了消除残留偏差，一般要有（　　）控制环节。

A. P　　B. D　　C. I　　D. PD

7. 一般变频器的定期检查应（　　）进行一次。

A. 3 个月　　B. 6 个月　　C. 9 个月　　D. 12 个月

8. S7-200 PLC 有（　　）个内置 PTO/PWM 发生器，用以建立高速脉冲串（PTO）或脉宽调节（PWM）信号波形。

A. 1　　B. 2　　C. 3　　D. 4

9. 卷扬机负载转矩属于（　　）。

A. 恒转矩负载　　B. 恒功率负载

C. 二次方律负载　　D. 以上都不是

10. 风机、泵类负载转矩属于（　　）。

A. 恒转矩负载　　B. 恒功率负载

C. 二次方律负载　　D. 以上都不是

11. 空气压缩机一般选（　　）变频器。

A. 通用型　　B. 专用型　　C. 电阻型　　D. 以上都不是

二、填空题

1. 通用变频器的选择包括__________选择和________选择两个方面，其总的原则是首先保证满足________要求，再尽可能__________。

2. 常见的负载类型主要有______________、______________和____________3类。

3. 变频器的常用外围设备主要有__________、__________、__________、__________和________等。

4. 变频器属于精密设备，安装和操作必须遵守操作规范，变频器的安装环境主要考虑的因素有__________、__________、__________和__________等。

5. 变频器的安装方式主要有______________和____________，目前最好的安装方式是__________。

6. 变频器的接线分______________和____________两部分，其中，控制电路的接线又分__________和__________。

7. 变频器的维护工作主要包括__________和__________两方面内容。

8. 变频器安装时，要求其正上方和正下方要避免可能阻挡进风、出风的大部件，四周距离控制柜顶部、底部、隔板或其他部件的距离不应小于________。

9. 变频器的常见故障有__________、________、________、__________和________等。

10. 变频器交流电源输入端子为 L_1、L_2、L_3，根据应用电压不同，可分为220 V单相和380 V三相两种规格。当三相时，接入 L_1、L_2、L_3的__________端上；当单相时，接入 L_1、L_2、L_3的__________端上。

11. 输入电源必须接到变频器输入端子______________上，电动机必须接到变频器端子__________上__________。

12. 直流电抗器的主要作用是改善变频器的__________，防止电源对变频器的影响，保护变频器及抑制__________。

13. 变频器的主电路中，断路器的功能主要有隔离作用和__________作用。

14. 变频器的主电路中，接触器的功能是在变频器出现故障时__________，并防止掉电及故障后的再起动。

15. 变频器的主电路中，输入交流电抗器可抑制变频器输入电流的____________，明显改善功率因数。

16. 多台变频器安装在同一控制箱里时，其间应设置________。

三、判断题

1. 电动机名牌上的额定值 P_N 是指电动机在额定电压、额定频率下运行时，电动机轴上能够长期、安全、稳定输出的最大机械功率。(　　)

2. 电动机名牌上的额定值 I_N 是指电动机在额定情况下运行时，定子绕组中能够长期、安全、连续通过的最大线电流。(　　)

3. 电动机名牌上的额定值 U_N 是指电动机在额定情况下运行时，外加于定子绕组上的相电压。(　　)

4. 对于连续工作的负载来说，可使电动机在运行期间达到稳定温升，因此不允许电动机过载。(　　)

5. 恒功率负载指负载转矩的大小与转速成正比，而其功率基本维持不变的负载。(　　)

6. 二次方律负载是指转矩与速度的二次方成正比例变化的负载。(　　)

7. 在变频器选择时可以笼统地认为放大一级功率进行选择。(　　)

8. 由于变频器的保护功能较齐全，且断路器也有过电流保护功能，因此进线侧可不接熔断器。(　　)

9. 变频器的主电路中，输出交流电抗器可抑制变频器的辐射干扰和感应干扰，还可抑制电动机的振动。(　　)

10. 变频器的主电路中，输出交流电抗器是选购件，当变频器干扰严重或电动机振动时，可考虑接入。(　　)

11. 在变频器处于停机状态时，如果有故障，变频器面板的 LED 显示窗显示相应的故障代码。(　　)

12. 变频器处于运行状态时，如果有故障，则变频器立即停机。(　　)

13. 变频器与电动机之间的连接线越长越好。(　　)

14. 变频器控制回路易受外界干扰，因此必须对控制回路采取适当的屏蔽措施。(　　)

15. 变频器主、控电缆不需要分开铺设，只要保证电器设备相隔距离即可。(　　)

16. 变频器运行时，不会对电网电压造成影响。(　　)

17. 变频器容量较大时，可为其单独配置供电变压器，以防止电网对变频器的干扰。(　　)

18. 风机变频调速参数设置，下限频率一般为 0。(　　)

19. 风机变频调速参数设置，容量越大，加减速时间越长。(　　)

四、简答题

1. 如何根据电动机电流选择变频器容量?

2. 在进行变频器容量选择时有哪些注意事项?

3. 变频器的安装场所须满足什么条件?

4. 多台变频器共用一台控制柜，安装时应注意什么问题?

5. 简要说明变频器系统调试的方法和主要步骤。

6. 变频器的常用故障有哪些? 如何处理?

附　　录

附录 A　MM440 系列变频器参数设置表

不同类型参数设置见附表 A-1～A-14 所列。

附表 A-1　常用参数

参　数　号	参数名称	默　认　值	用户访问级
r0000	驱动装置只读参数的显示值	—	2
P0003	用户的参数访问级	1	1
P0004	参数过滤器	0	1
P0010	调试用的参数过滤器	0	1

附表 A-2　快速调试参数

参　数　号	参数名称	默　认　值	用户访问级
P0100	适用于欧洲/北美地区	0	1
P3900	快速调试结束	0	1

附表 A-3　复位参数

参　数　号	参数名称	默　认　值	用户访问级
P0970	复位为出厂设置值	0	1

附表 A-4　变频器参数（P0004=2）

参　数　号	参数名称	默　认　值	用户访问级
r0018	硬件的版本	—	1
r0026	CO：直流回路电压实际值	—	2
r0037	CO：变频器温度	—	3
r0039	CO：能量消耗计量表（kW·h）	—	2
P0040	能量消耗计量表清零	0	2
r0200	功率组合件的实际标号	—	3
P0201	功率组合件标号	0	3
r0203	变频器的实际标号	—	3
r0204	功率组合件的特征	—	3
r0206	变频器的额定功率	—	2
r0207	变频器的额定电流	—	2
r0208	变频器的额定电压	—	2

（续）

参数号	参数名称	默认值	用户访问级
P0210	电源电压	230	3
r0231	电缆的最大长度	—	3
P0290	变频器的过载保护	2	3
P0292	变频器的过载报警信号	15	3
P1800	脉宽调制频率	4	2
r1801	CO：脉宽调制的开关频率实际值	—	3
P1802	调制方式	0	3
P1820	输出相序反向	0	2

附表 A-5　电动机数据（P0004=3）

参数号	参数名称	默认值	用户访问级
r0035	CO：电动机温度实际值	—	2
P0300	选择电动机类型	1	2
P0304	电动机额定电压	230	1
P0305	电动机额定电流	3.25	1
P0307	电动机额定功率	0.75	1
P0308	电动机额定功率因数	0.000	2
P0309	电动机额定效率	0.0	2
P0310	电动机额定频率	50.00	1
P0311	电动机额定速度	0	1
r0313	电动机的极对数	—	3
P0320	电动机的磁化电流	0.0	3
r0330	电动机的额定滑差	—	3
r0331	电动机的额定磁化电流	—	3
r0332	电动机的额定功率因数	—	3
P0335	电动机的冷却方式	0	2
P0340	电动机参数的计算	0	2
P0344	电动机的重量	9.4	3
P0346	磁化时间	1.000	3
P0347	退磁时间	1.000	3
P0350	定子电阻（线间）	4.0	2
r0384	转子时间常数	—	3
r0395	CO：定子总电阻（%）	—	3
P0610	电动机 I^2t（电动机温度响应）温度保护	2	3
P0611	电动机 I^2t 时间常数	100	2
P0614	电动机 I^2t 过载报警的电平	100.0	2
P0640	电动机过载因子（%）	150.0	2
P1910	选择电动机数据是否自动测定	0	2
r1912	自动测定的定子电阻	—	2

附表 A-6　命令和数字 I/O 参数（P0004=7）

参 数 号	参 数 名 称	默 认 值	用户访问级
r0002	驱动装置的状态	—	2
r0019	CO/BO：BOP 控制字	—	3
r0052	CO/BO：激活的状态字 1	—	2
r0053	CO/BO：激活的状态字 2	—	2
r0054	CO/BO：激活的控制字 1	—	3
r0055	CO/BO：激活的辅助控制字	—	3
P0700	选择命令源	2	1
P0701	选择数字输入 1 的功能	1	2
P0702	选择数字输入 2 的功能	12	2
P0703	选择数字输入 3 的功能	9	2
P0704	选择数字输入 4 的功能	0	2
P0719	选择命令和频率设定值	0	3
r0720	数字输入的数目	—	3
r0722	CO/BO：各个数字输入的状态	—	2
P0724	开关量输入的防颤动时间	3	3
P0725	选择数字输入的 PNP/NPN 接线方式	1	3
r0730	数字输出的数目	—	3
P0731	BI：选择数字输出 1 的功能	52:3	2
r0747	CO/BO：各个数字输入的状态	—	3
P0748	数字输出反相	0	3
P0800	BI：下载参数 0	0:0	3
P0801	BI：下载参数 1	0:0	3
P0840	BI：ON/OFF1	722.0	3
P0842	BI：ON/OFF1，反转方向	0:0	3
P0844	BI：1. OFF2	1:0	3
P0845	BI：2. OFF2	19:1	3
P0848	BI：1. OFF3	1:0	3
P0849	BI：2. OFF3	1:0	3
P0852	BI：脉冲使能	1:0	3
P1020	BI：固定频率选择，位 0	0:0	3
P1021	BI：固定频率选择，位 1	0:0	3
P1022	BI：固定频率选择，位 2	0:0	3
P1035	BI：使能 MOP（升速命令）	19.13	3
P1036	BI：使能 MOP（减速命令）	19.14	3
P1055	BI：使能正向点动	0.0	3
P1056	BI：使能反向点动	0.0	3

(续)

参 数 号	参 数 名 称	默 认 值	用户访问级
P1074	BI：禁止辅助设定值	0.0	3
P1110	BI：禁止负向的频率设定值	0.0	3
P1113	BI：反向	722.1	3
P1124	BI：使能点动斜坡时间	0.0	3
P1230	BI：使能直流注入制动	0.0	3
P2103	BI：1. 故障确认	722.2	3
P2104	BI：2. 故障确认	0.0	3
P2106	BI：外部故障	1.0	3
P2220	BI：固定 PID 设定值选择，位 0	0.0	3
P2221	BI：固定 PID 设定值选择，位 1	0.0	3
P2222	BI：固定 PID 设定值选择，位 2	0.0	3
P2235	BI：使能 PID—MOP（升速命令）	19.13	3
P2236	BI：使能 PID—MOP（减速命令）	19.14	3

附表 A-7　模拟 I/O 参数（P0004=8）

参 数 号	参 数 名 称	默 认 值	用户访问级
r0750	ADC（模-数转换输入）的数目	—	3
r0752	ADC 的实际输入（V 或 mA）	—	2
r0753	ADC 的平滑时间	3	3
r0754	标定后的 ADC 实际值（%）	—	2
r0755	CO：标定后的 ADC 实际值（4000 h）	—	2
P0756	ADC 的类型	0	2
P0757	ADC 输入特性标定的 x_1 值（V/mA）	0	2
P0758	ADC 输入特性标定的 y_1 值	0.0	2
P0759	ADC 输入特性标定的 x_2 值（V/mA）	10	2
P0760	ADC 输入特性标定的 y_2 值	100.0	2
P0761	ADC 死区的宽度（V/mA）	0	2
P0762	信号消失的延迟时间	10	3
r0770	DAC（数-模转换输出）的数目	—	3
P0771	CI：DAC 输出功能选择	21：0	2
P0773	DAC 的平滑时间	2	2
r0774	实际的 DAC 输出（V 或 mA）	—	2
P0776	DAC 的型号	0	2
P0777	DAC 输出特性标定的 x_1 值	0.0	2
P0778	DAC 输出特性标定的 y_1 值	0	2
P0779	DAC 输出特性标定的 x_2 值	100.0	2
P0780	DAC 输出特性标定的 y_2 值	20	2
P0781	DAC 死区的宽度	0	2

附表 A-8　设定值通道和斜坡函数发生器参数（P0004=10）

参 数 号	参数名称	默 认 值	用户访问级
P1000	选择频率设定值	2	1
P1001	固定频率 1	0.00	2
P1002	固定频率 2	5.00	2
P1003	固定频率 3	10.00	2
P1004	固定频率 4	15.00	2
P1005	固定频率 5	20.00	2
P1006	固定频率 6	25.00	2
P1007	固定频率 7	30.00	2
P1016	固定频率方式—位 0	1	3
P1017	固定频率方式—位 1	1	3
P1018	固定频率方式—位 2	1	3
P1019	固定频率方式—位 3	1	3
r1024	CO：固定频率的实际值	—	3
P1031	存储 MOP 设定值	0	2
P1032	禁止反转的 MOP 设定值	1	2
P1040	MOP 设定值	5.00	2
r1050	CO：MOP 的实际输出频率	—	3
P1058	正向点动频率	5.00	2
P1059	反向点动频率	5.00	2
P1060	点动的斜坡上升时间	10.00	2
P1061	点动的斜坡下降时间	10.00	2
P1070	CI：主设定值	755.0	3
P1071	CI：标定的主设定值	1.0	3
P1075	CI：辅助设定值	0.0	3
P1076	CI：标定的辅助设定值	1.0	3
r1078	CO：总的频率设定值	—	3
r1079	CO：选定的频率设定值	—	3
P1080	最小频率	0.00	1
P1082	最大频率	50.00	1
P1091	跳转频率 1	0.0	3
P1092	跳转频率 2	0.00	3
P1093	跳转频率 3	0.00	3
P1094	跳转频率 4	0.00	3
P1101	跳转频率的宽度	2.00	3
r1114	CO：方向控制后的频率设定值	—	3
r1119	CO：未经斜坡函数发生器的频率设定值	—	3

（续）

参数号	参数名称	默认值	用户访问级
P1120	斜坡上升时间	10.00	1
P1121	斜坡下降时间	10.00	1
P1130	斜坡上升起始段圆弧时间	0.00	2
P1131	斜坡上升结束段圆弧时间	0.00	2
P1132	斜坡下降起始段圆弧时间	0.00	2
P1133	斜坡下降结束段圆弧时间	0.00	2
P1134	平滑圆弧的类型	0	2
P1135	OFF3 斜坡下降时间	5.00	2
r1170	CO：通过斜坡函数发生器的频率设定值	—	3

附表 A-9　驱动装置的特点（P0004=12）

参数号	参数名称	默认值	用户访问级
P0005	选择需要显示的参量	21	2
P0006	显示方法	2	3
P0007	背板亮光延迟时间	0	3
P0011	锁定用户定义的参数	0	3
P0012	用户定义参数解锁	0	3
P0013	用户定义的参数	0	3
P1200	捕捉再起动	0	2
P1202	电动机电流：捕捉后再起动	100	3
P1203	搜寻速率：捕捉后再起动	100	3
P1210	自动再起动	1	2
P1211	自动再起动重试次数	3	3
P1215	使能抱闸制动	0	2
P1216	释放抱闸制动延迟时间	1.0	2
P1217	斜坡下降后的抱闸时间	1.0	2
P1232	直流注入制动的电流	100	2
P1233	直流注入制动的持续时间	0	2
P1236	复合制动电流	0	2
P1237	动力制动	0	2
P1240	直流电压控制器的组态	1	3
r1242	CO：最大直流电压的接通电平	—	3
P1243	最大直流电压的动态因子	100	3
P1253	直流电压控制器的输出限幅	10	3
P1254	直流电压接通电平的自动检测	1	3

附表 A-10　电动机的控制参数（P0004=13）

参数号	参数名称	默认值	用户访问级
r0020	CO：实际的频率设定值	—	3
r0021	CO：实际频率	—	2
r0022	转子实际速度	3	3

（续）

参 数 号	参 数 名 称	默 认 值	用户访问级
r0024	CO：实际输出频率	—	3
r0025	CO：实际输出电压	—	2
r0027	CO：实际输出电流	—	2
r0034	电动机的 I^2t 温度计算值	—	2
r0056	CO/BO：电动机的控制状态	—	3
r0067	CO：实际输出电流限值	—	3
r0071	CO：最大输出电压	—	3
r0086	CO：实际的有效电流	—	3
P1300	控制方式	0	2
P1310	连续提升	50.0	2
P1311	加速提升	0.0	2
P1312	起动提升	0.0	2
P1316	提升结束的频率	20.0	3
P1320	可编程 *U/f* 特性的频率坐标 1	0.00	3
P1321	可编程 *U/f* 特性的频率坐标 1	0.0	3
P1322	可编程 *U/f* 特性的频率坐标 2	0.00	3
P1323	可编程 *U/f* 特性的频率坐标 2	0.0	3
P1324	可编程 *U/f* 特性的频率坐标 3	0.00	3
p1325	可编程 *U/f* 特性的频率坐标 3	0.0	3
P1333	FCC 的起动频率	10.0	3
P1335	滑差补偿	0.0	2
P1336	滑差极限	250	2
r1337	CO：*U/f* 特性的滑差频率	—	3
P1338	*U/f* 特性谐振阻尼的增益系数	0.00	3
P1340	最大电流（I_{max}）控制器的比例增益系数	0.000	3
P1341	最大电流（I_{max}）控制器的积分时间	0.300	3
r1343	CO：最大电流（I_{max}）控制器的输出频率	—	3
r1344	CO：最大电流（I_{max}）控制器的输出电压	—	3
P1350	电压软起动	0	3

附表 A-11　通信参数（P0004=20）

参 数 号	参 数 名 称	默 认 值	用户访问级
P0918	CB（通信板）地址	3	2
P0927	修改参数的途径	15	2
r0964	微程序（软件）版本数据	—	3
r0967	控制字 1	—	3
r0968	状态字 1	—	3

（续）

参数号	参数名称	默认值	用户访问级
P0971	从 RAM 到 EEPROM 传输数据	0	3
P2000	基准频率	50.00	2
P2001	基准电压	1000	3
P2002	基准电流	0.10	3
P2009	USS 规格化	0	3
P2010	USS 波特率	6	2
P2011	USS 地址	0	2
P2012	USSPZD 的长度	2	3
P2013	USSPKW 的长度	127	3
P2014	USS 停止发报时间	0	3
r2015	CO：从 BOP 到 PZD 链接（USS）	—	3
P2016	CI：从 PZD 到 BOP 链接（USS）	52:0	3
r2018	CO：从 CQM 到 PZD 链接（USS）	—	3
P2019	CI：从 PZD 到 COM 链接（USS）	52:0	3
r2024	USS 报文无错误	—	3
r2025	USS 拒收报文	—	3
r2026	USS 字符帧错误	—	3
r2027	USS 超时错误	—	3
r2028	USS 奇偶错误	—	3
r2029	USS 不能识别起始点	—	3
r2030	USSBCC 错误	—	3
r2031	USS 长度错误	—	3
r2032	BO：从 BOP 链接控制 1（USS）	—	3
r2033	BO：从 BOP 链接控制 2（USS）	—	3
r2036	BO：COM 链接控制 1（USS）	—	3
r2037	BO：COM 链接控制 2（USS）	—	3
P2040	CB 报文停止时间	20	3
P2041	CB 参数	0	3
r2050	CO：从 CB 到 PZD 链接	—	3
P2051	CI：从 PZD 到 CB 链接	52:0	3
r2053	CB 识别	—	3
r2054	CB 诊断	—	3
r2090	BO：CB 发出的控制字 1	—	3
r2091	BO：CB 发出的控制字 2	—	3

附表 A-12　报警、警告和控制参数（P0004=21）

参数号	参数名称	默认值	用户访问级
r0947	最新的故障码	—	2
r0948	故障时间	—	3
r0949	故障数值	—	3

（续）

参数号	参数名称	默认值	用户访问级
P0952	故障的总数	0	3
P2100	选择报警号	0	3
P2101	停车的反冲值	0	3
r2110	警告信息号	—	2
P2111	警告信息的总数	0	3
r2114	运行时间计数器	—	3
P2115	AOP 实时时钟	0	3
P2150	回线频率 f_hys	3.00	3
P2155	门限频率 f_1	30.00	3
P2156	门限频率 f_1 的延迟时间	10	3
P2164	回线频率差	3.00	3
P2167	关断频率 f_off	1.00	3
P2168	延迟时间 T_off	10	3
P2170	门限电流 I_thresh	100.0	3
P2171	电流延迟时间	10	3
P2172	直流回路电压门限值	800	3
P2173	直流回路电压延迟时间	10	3
P2179	判定无负载的电流限制	3.0	3
P2180	判定无负载的延迟时间	20.10	3
r2197	CO/BO：监控字 1	—	2

附表 A-13　PI 控制器参数（P00004=22）

参数号	参数名称	默认值	用户访问级
P2200	BI：使能 PID 控制器	0:0	2
P2201	固定的 PID 设定值 1	0.00	2
P2202	固定的 PID 设定值 2	10.00	2
P2203	固定的 PID 设定值 3	20.00	2
P2204	固定的 PID 设定值 4	30.00	2
P2205	固定的 PID 设定值 5	40.00	2
P2206	固定的 PID 设定值 6	50.00	2
P2207	固定的 PID 设定值 7	60.00	2
P2216	固定的 PID 设定值方式_位 0	1	3
P2217	固定的 PID 设定值方式_位 1	1	3
P2218	固定的 PID 设定值方式_位 2	1	3
r2224	CO：实际的固定 PID 设定值	—	2
P2231	PID-MOP 的设定值储存	0	2
P2232	禁止 PID-MOP 的反向设定值	1	2
P2240	PID-MOP 的设定值	10.00	2
r2250	CO：PID-MOP 的设定值输出	—	2
P2251	PID 方式	0	3
P2253	CI：PID 设定值	0:0	2

（续）

参　数　号	参数名称	默　认　值	用户访问级
P2254	CI：PID 微调信号源	0:0	3
P2255	PID 设定值的增益因子	100.00	3
P2256	PID 微调的增益因子	100.00	3
P2257	PID 设定值的斜坡上升时间	1.00	2
P2258	PID 设定值的斜坡下降时间	100	2
r2260	CO：实际的 PID 设定值	—	2
P2261	PID 设定值滤波器的时间常数	0.00	3
r2262	CO：经滤波的 PID 设定值	—	3
P2264	CI：PID 反馈	755:0	2
P2265	PID 反馈信号滤波器的时间常数	0.00	2
r2266	CO：PID 经滤波的反馈	—	2
P2267	PID 反馈的最大值	100.00	3
P2268	PID 反馈的最小值	0.00	3
P2269	PID 增益系数	100.00	3
P2270	PID 反馈的功能选择器	0	3
P2271	PID 变送器的类型	0	2
r2272	CO：已标定的 PID 反馈信号	—	2
r2273	CO：PID 错误	—	2
P2280	PID 的比例增益系数	3.000	2
P2285	PID 的积分时间	0.000	2
P2291	PID 的输出上限	100.00	2
P2292	PID 的输出下限	0.00	2
P2293	PID 设定值的斜坡上升/下降时间	1.00	3
r2294	CO：实际的 PID 输出	—	2

附表 A-14　MM440 的“命令和数字 I/O(P004=7)”及“设定值通道和斜坡函数发生器(P0004=10)”增加参数

参　数　号	参数名称	默　认　值	用户访问级
P0705	选择数字输入 5 的功能	15	2
P0706	选择数字输入 6 的功能	15	2
P0707	选择数字输入 7 的功能	0	2
P0708	选择数字输入 8 的功能	0	2
P1008	固定频率 8	35.00	2
P1009	固定频率 9	40.00	2
P1010	固定频率 10	45.00	2
P1011	固定频率 11	50.00	2
P1012	固定频率 12	55.00	2
P1013	固定频率 13	60.00	2
P1014	固定频率 14	65.00	2
P1015	固定频率 15	65.00	2

附录 B　MM440 系列变频器故障代码及解决对策

附表 B　故障代码及解决对策

故障代码	故障成因分析	故障诊断及处理
F0001 过电流	电动机电缆过长 电动机绕组短路 输出接地 电动机堵转 变频器硬件故障 加速时间过短（P1120） 电动机参数不正确 起动提升电压过高（P1310） 矢量控制参数不正确	1. 变频器通电时出现 F0001 故障且不能复位，需拆除电动机并将变频器参数恢复为出厂设定值。如果此故障依然出现，则联系西门子维修部门。 2. 起动过程中出现 F0001，可以适当增加加速时间，减轻负载，同时要检查电动机接线，检查机械抱闸是否打开。 3. 检查负载是否突然波动。 4. 用钳形表检查三相输出电流是否平衡。 5. 对于特殊电动机，需要确认电动机参数，并正确修改 U/f 曲线。 6. 对于变频器输出端安装了接触器的情况，检查是否在变频器运行中有通断动作。 7. 对于一台变频器拖动多台电动机的情况，确认电动机电缆总长度和总电流
F0002 过电压	输入电压过高或者不稳定 再生能量回馈 PID 参数不合适	1. 延长降速时间 P1121，使能最大电压控制器 P1240=1。 2. 测量直流母线电压，并且与 r0026 的显示值比较，如果相差太大，建议维修。 3. 负载是否平稳。 4. 测量三相输入电压。 5. 检查制动单元、制动电阻是否工作。 6. 如果使用 PID 功能，则检查 PID 参数
F0003 欠电压	输入电压低 冲击负载 输入断相	1. 测量三相输入电压。 2. 测量三相输入电流是否平衡。 3. 测量变频器直流母线电压，并且与 r0026 显示值比较，如果相差太大，需维修。 4. 检查制动单元是否正确接入。 5. 输出是否有接地情况
F0004 变频器过温	冷却风量不足，机柜通风不好，环境温度过高	1. 检查变频器本身的冷却风机。 2. 可以适当降低调制脉冲的频率。 3. 降低环境温度
F0005 变频器 I^2T 过载	电动机功率（P0307）大于变频器的负载能力（P0206） 负载有冲击	检查变频器实际输出电流 r0027 是否超过变频器的最大电流 r0209
F0011 电动机过热	负载的工作/停止周期不符合要求 电动机超载运行 电动机参数不对	1. 检查变频器输出电流。 2. 重新进行电动机参数识别（P1910=1）。 3. 检查温度传感器
F0022 功率组件故障	制动单元短路，制动电阻阻值过低 电动机接地 IGBT 短路 组件接触不良	1. 如果 F0022 在变频器通电时就出现且不能复位，则重新插拔 I/O 板或者维修。 2. 如果故障出现在变频器起动的瞬间，则检查斜坡上升时间是否过短。 3. 检查制动单元制动电阻。 4. 检查电动机的电缆是否接地
F0041 电动机参数检测失败	电动机参数自动检测故障	检查电动机类型、接线、内部是否有短路，手动测量电动机阻抗写入数 P0350
F0042 速度控制优化失败	电动机动态优化故障	检查机械负载是否脱开，重新优化
F0080 模拟输入信号丢失	断线，信号超出范围	检查模拟量接线，测试信号输入
F0453 电动机堵转	电动机转子不旋转	检查机械抱闸，重新优化

（续）

故障代码	故障成因分析	故障诊断及处理
A0501 过电流限幅	电动机电缆过长 电动机内部有短路 接地故障 电动机参数不正确 电动机堵转 补偿电压过高 起动时间过短	1. 检查电动机电缆。 2. 检查电动机的绝缘性。 3. 检查变频器的电动机参数、补偿电压、加减速时间设置是否正确
A0502 过电压限幅	线电压过高或者不稳 再生能量回馈	1. 测量三相输入电压。 2. 调整加减速时间参数 P1121。 3. 安装制动电阻。 4. 检查负载是否平衡
A0503 欠电压报警	电网电压低 输入断相 冲击性负载	1. 测量变频器输入电压。 2. 如果变频器在轻载时能正常运行，但重载时报欠电压故障，测量三相输入电流，则可能断相，也可能是变频器整流桥故障。 3. 检查负载
A0504 变频器过温	冷却风量不足，机柜通风不好 环境温度过高	1. 检查变频器的冷却风机。 2. 改善环境温度。 3. 适当降低调制脉冲的频率
A0505 变频器过载	变频器过载 工作/停止周期不符合要求 电动机功率（P0307） 超过变频器的负载能力（P0206）	可以通过检查变频器实际输出电流 r0027 是否接近变频器的最大电流 r0209，如果接近，说明变频器过载，建议减小负载
A0511 电动机 I^2T 过载	电动机过载 负载的“工作—停机”周期中，工作时间太长	1. 检查负载的工作—停机周期是否正确。 2. 检查电动机的过温参数（P0626~P0628）是否正确。 3. 检查电动机的温度报警电平（P0604）是否匹配。 4. 检查所连接传感器是否是 KTY 84 型
A0512 电动机温度信号丢失	连接至电动机温度传感器的信号线断线	如果已检查出信号线断线，则温度监控开关应切换到采用电动机的温度模型进行监控
A521 运行环境过温	运行环境温度超出报警值	1. 检查环境温度是否在允许限值以内。 2. 检查变频器运行时，冷却风机是否正常转动。 3. 检查冷却风机的进风口是否有任何阻塞
A0541 电动机数据自动检测已激活	已选择电动机数据的自动检测（P1910）功能，或检测正在进行	如果此时 P1910 = 1，则需要马上起动变频器激活自动检测
A0590 编码器反馈信号丢失的报警	从编码器来的反馈信号丢失	1. 检查编码器的安装及参数设置。 2. 检查变频器与编码器之间的接线。 3. 手动运行变频器，检查 r0061 是否有反馈信号。 4. 增加编码器信号丢失的门限值（P0492）
A0910 最大电压 Vdc-max 控制器未激活	电源电压一直太高 电动机由负载带动旋转，使电动机处于再生制动方式下运行 负载的惯量特别大	检查电源输入电压是否在许可范围内，负载是否匹配，是否安装制动单元、制动电阻
A0911 最大电压 Vdc-max 控制器激活	直流母线电压超过 P2172 所设定的门限值	检查电源电压不应超过铭牌上所标示的数值，斜坡下降时间（P1121）必须与负载的惯量相匹配
A0922	变频器无负载	输出没接电动机，或者电动机功率过小

参 考 文 献

[1] 石秋洁．变频器基础应用 [M]. 2版．北京：机械工业出版社，2014.
[2] 周奎．变频器系统运行与维护 [M]. 北京：机械工业出版社，2014.
[3] 张承慧．交流电机变频调速及其应用 [M]. 北京：机械工业出版社，2014.
[4] 李志平，刘维林．西门子变频器技术及应用 [M]. 北京：中国电力出版社，2014.
[5] 龚中华．交流伺服与变频技术应用 [M]. 北京：人民邮电出版社，2014.
[6] 张娟．变频器应用与维护项目教程 [M]. 北京：化学工业出版社，2014.
[7] 薛晓明．变频技术与应用 [M]. 北京：北京理工大学出版社，2013.
[8] 曾允文．变频调速技术基础教程 [M]. 北京：机械工业出版社，2013.
[9] 段刚．PLC变频器应用技术项目教程 [M]. 北京：机械工业出版社，2013.
[10] 李良仁．变频调速技术与应用 [M]. 北京：电子工业出版社，2012.
[11] 钱海月．变频器控制技术 [M]. 北京：电子工业出版社，2013.
[12] 宁秋平．电气控制变频技术应用 [M]. 北京：电子工业出版社，2012.
[13] 宋爽．变频技术及应用 [M]. 北京：高等教育出版社，2014.
[14] 姚锡禄．变频器技术应用 [M]. 北京：电子工业出版社，2009.
[15] 郭艳萍．变频器及伺服应用技术 [M]. 北京：人民邮电出版社，2018.
[16] 向晓汉．西门子SINAMIC G120/S120变频技术与应用 [M]. 北京：机械工业出版社，2020.